液化天然气操作工职业技能鉴定试题集

液化天然气操作工

（中级）

薛文河　王小尚　吴　斌　主编

中国石化出版社

内容提要

《液化天然气操作工职业技能鉴定试题集》由中国石化天然气分公司组织、青岛液化天然气有限责任公司编写。内容包括：液化天然气操作工初级工、中级工、高级工、技师的国家职业标准、鉴定要素细目表、理论知识试题和技能操作试题，是液化天然气操作工进行职业技能鉴定的必备学习资料。

图书在版编目(CIP)数据

液化天然气操作工：中级/薛文河，王小尚，吴斌主编．—北京：中国石化出版社，2022.7

液化天然气操作工职业技能鉴定试题集

ISBN 978-7-5114-6696-9

Ⅰ．①液…　Ⅱ．①薛…②王…③吴…　Ⅲ．①液化天然气-操作-职业技能-鉴定-习题集　Ⅳ．①TE8-44

中国版本图书馆CIP数据核字(2022)第087949号

中国石化出版社出版发行

地址：北京市东城区安定门外大街58号

邮编：100011　电话：(010)57512500

发行部电话：(010)57512575

http://www.sinopec-press.com

E-mail:press@sinopec.com

北京柏力行彩印有限公司印刷

全国各地新华书店经销

*

787×1092毫米 16开本 21印张 530千字

2022年6月第1版　2022年6月第1次印刷

定价：148.00元

《液化天然气操作工职业技能鉴定试题集》
编委会

前　言

近年来，随着能源消费结构的调整，液化天然气（LNG）以其独特的清洁优势备受青睐。作为产业链的重要一环，LNG 接收站建设也在我国得以迅速发展。在 LNG 接收站生产运行过程中，LNG 接收站技能操作工已逐步成为一个专业性较强的工种。

中国石化的 LNG 接收站建设始于天然气分公司青岛 LNG 接收站，经过多年建设与运营积累下的经验，已相继为多个项目的拟建设或布局提供帮助。

为适应 LNG 接收站建设运行发展需求，有针对性地做好 LNG 操作人员培训，不断提高 LNG 操作工的技能操作水平，在中国石化天然气分公司精心组织下，青岛液化天然气有限责任公司结合多年技能操作班组培训工作的经验，本着实用性、针对性、通用性原则，历时近两年时间，经过反复提炼修订，最终完成了本套丛书——液化天然气操作工职业技能鉴定试题集（初级、中级、高级、技师）的开发工作。

本套试题集的推出填补了中国石化 LNG 接收站操作工种技能鉴定题库的空白。书中理论知识题库和技能操作题库鉴定范围相对应，理论知识题库共 931 个鉴定点、近 6700 道题目，技能操作题库共 121 个鉴定点，每个鉴定点对应相应题目。题型及内容具有具体化、可量化、可检验、可考核的特点，更加符合培训、鉴定的实际需求，便于操作，适用性强。

本套试题集，由薛文河、王小尚、吴斌任主编，薛文河、鞠迅编写“职业道德基本知识”部分；薛文河、杨帆编写“天然气基础知识”

“液化天然气基础知识”部分；薛文河、陈国霞编写“化工工艺基础知识”“识绘图”“培训与指导”部分；韩荣鑫编写“机械基础知识”部分；王敏、康勃编写“电工基础知识”部分；杨春慧、刘培峰编写“仪表基础知识”部分；李相环编写“健康、安全、环保及公共安全基础知识”部分；伍建良、赵金睿编写“计量基础知识”部分；王杉、柳智编写“分析化验基础知识”部分；林剑彬编写“LNG 船岸界面和国际贸易知识”部分；薛文河、徐静静编写“相关标准、法律、法规知识”部分；杨剑编写“计算机知识”部分；丁超编写“记录填写知识”“公用工程与辅助设施”部分；彭明、刘培峰编写“开车准备”“开车操作”部分；彭明编写“卸料、储存”“计算”“管理”部分；陈晨编写“槽车充装”部分；夏硕编写“高压气化外输”“BOG 处理”部分；何冬林编写“轻烃回收”部分；丁超、韩荣鑫、陈晨编写“设备维护与保养”部分；夏硕、陈晨编写“事故判断”部分；彭明、陈晨编写“事故处理”部分。

参加审定的人员（以姓氏笔画为序）有于自然、马鸣、王华、王杉、王亮、王保庆、王剑琨、王晓红、孔祥逢、田新军、刘卫红、汲广胜、伍建良、吕静、陈力、张大伟、张林、杨书忠、陈民岗、吴仲昆、李志庭、李威、李磊、郑元杰、庞正宽、赵连成、胡超、徐志远、高晓芳、高菽蔓、高辉、焦长安、董顺、路江华、魏世军。

由于本题库初次面向读者，书中疏漏之处在所难免，请广大读者提出宝贵意见。

目　　录

一、国家职业标准

职业功能	工作内容	技能要求	相关知识要求
1 工艺操作	1.1 开车准备	1. 能引氮气、仪表风、水等进装置 2. 能完成 LNG 管道及设备的气密、置换、干燥等操作 3. 能完成开车前流程设置操作 4. 能投用安全阀(阀组) 5. 能操作典型工艺阀组(包括热膨胀安全阀、工艺放空、注氮、旁路等) 6. 能用 DCS 远程测试开关阀、调节阀动作并确认现场阀门状态的正确性	1. 氮气、仪表风作用 2. LNG 管道、设备气密、干燥置换方法、注意事项 3. 装置工艺流程、流程设置注意事项 4. 安全阀类型、投用注意事项 5. 典型工艺阀组的种类、作用 6. 集散控制系统(DCS)操作方法 7. 远程控制阀在 DCS 系统中的作用
	1.2 开车操作	1. 能使用点火系统点燃火炬长明灯 2. 能引 LNG 介质进入装置 3. 能完成储罐预冷、充填阶段阀门操作 4. 能完成管道预冷、充填阶段阀门操作 5. 能填写管道、储罐预冷速度记录 6. 能做好系统隔离操作 7. 能检查保冷有无明显漏冷	1. 火炬点火系统类型及操作程序 2. 火炬防回火系统的类型 3. 装置引低温介质注意事项 4. LNG 储罐预冷、充填步骤(包括立管预冷、填充) 5. 低温管道预冷、充填步骤 6. LNG 储罐预冷监控方法 7. 系统隔离的种类、方法、注意事项 8. 盲板的类型 9. 保冷材料、保冷结构及冷桥的相关知识
	1.3 公用工程与辅助设施	1. 能完成螺杆式空气压缩机启、停操作 2. 能完成往复式压缩机启、停操作 3. 能完成微热再生干燥装置启、停操作 4. 能完成制氮装置启、停操作 5. 能操作污水处理装置 6. 能看懂污水化验指标 7. 能完成软化水装置启、停操作 8. 能完成电解制氯装置启、停操作 9. 能完成制氯装置电解槽酸洗操作 10. 能完成海水泵启、停操作 11. 能操作旋转滤网、耙式清污机 12. 能完成海水消防泵启、停操作 13. 能完成液氮接卸、汽化输出操作 14. 能完成热水锅炉启、停操作	1. 螺杆式空气压缩机的操作方法及运行参数 2. 往复式压缩机的工作原理、结构 3. 往复式压缩机操作方法及注意事项 4. 微热再生干燥装置的操作程序、注意事项 5. 制氮装置操作程序、注意事项 6. 污水处理装置工作原理、结构 7. 污水控制指标 8. 软化水系统操作程序、注意事项 9. 电解制氯装置操作程序、注意事项 10. 电解槽酸洗的作用 11. 制氯装置电解槽酸洗的操作程序、注意事项 12. 海水泵工作原理、结构 13. 海水泵操作方法及注意事项 14. 旋转滤网的操作方法 15. 耙式清污机的操作方法 16. 海水消防泵操作程序、注意事项 17. 液氮接卸、汽化操作程序及注意事项 18. 热水锅炉操作步骤、注意事项

续表

职业功能	工作内容	技能要求	相关知识要求
1　工艺操作	1.4 卸料、储存及槽车充装	1. 能操作登船梯到指定位置 2. 能操作卸料臂完成船岸管口对接 3. 能完成卸料臂预冷、ESD 测试、卸料臂排凝等接卸操作 4. 能控制 BOG 返回船舱的流量 5. 能完成储罐进料操作 6. 能投用、切断码头保冷循环 7. 能判断缆绳张力状态 8. 能操作 LTD 进行温度、密度测量 9. 能完成储罐进料管线排凝、预冷作业 10. 能控制储罐压力 11. 能操作启、停罐内泵 12. 能控制低压总管压力 13. 能完成槽车安检、充装操作 14. 能完成装车区保冷循环投用及监控 15. 能操作装车撬批量控制器，实现就地控制 16. 能操作 TMS 装车管理系统 17. 能完成装车区凝液收集罐排凝作业	1. 登船梯的操作程序、注意事项 2. 卸料臂的操作程序、注意事项 3. 卸料臂预冷控制要点、控制方法 4. 卸船作业程序、注意事项 5. 返回船舱 BOG 流量控制方法 6. 储罐上下进液选择标准、进料操作注意事项 7. 码头保冷循环的作用、操作注意事项 8. 缆绳张力监控系统的作用，张力异常的判断方法 9. LTD 工作原理、作用 10. 储罐进料管线倒空置换方法、预冷注意事项 11. 储罐压力控制方法 12. 罐内泵操作步骤、注意事项 13. 低压总管压力控制原理、注意事项 14. 装车区保冷循环投用步骤 15. 槽车的种类及槽罐结构 16. 液化天然气槽车充装控制逻辑 17. 装车撬批量控制器的控制原理使用、操作及注意事项 18. TMS 装车管理系统操作规程 19. 槽车区排凝罐操作步骤、注意事项 20. 槽车充装操作步骤及注意事项
	1.5 高压汽化外输	1. 能完成高压泵启、停操作 2. 能完成海水开架式气化器(ORV)投用、停用操作 3. 能完成海水开架式气化器(ORV)运行情况巡检 4. 能完成浸没燃烧式气化器(SCV)投用、停用操作 5. 能完成中间介质气化器(IFV)投用、停用操作 6. 能投用、停用 LNG 换热器 7. 能完成计量撬投用、停用操作 8. 能看懂高压汽化外输系统因果联锁 9. 能完成排凝罐排凝操作	1. 高压泵操作步骤及注意事项 2. 开架式气化器(ORV)海水投用、停用的操作方法及注意事项 3. 开架式气化器(ORV)LNG 投用、停用操作步骤及注意事项 4. 开架式气化器(ORV)海水分布调整及注意事项 5. 浸没燃烧式气化器(SCV)冷却水系统的作用、操作方法、注意事项 6. 浸没燃烧式气化器(SCV)风机的工作原理、操作方法、注意事项 7. 烟气指标控制 8. 浸没燃烧式气化器(SCV)点火系统、加碱系统的操作步骤、注意事项 9. 浸没燃烧式气化器(SCV)LNG 投用、停用操作步骤及注意事项 10. 中间介质气化器(IFV)海水投用、停用的操作方法及注意事项 11. 丙烷充装、卸载操作步骤及注意事项 12. 中间介质气化器(IFV)LNG 投用、停用操作步骤及注意事项 13. 换热器工作原理、操作注意事项 14. 计量撬操作步骤、注意事项 15. LNG 高压汽化外输系统工艺及设备联锁逻辑 16. 排凝罐排凝操作方法、注意事项

续表

职业功能	工作内容	技能要求	相关知识要求
1 工艺操作	1.6 BOG处理	1. 能完成BOG压缩机启、停操作 2. 在DCS上手动调节再冷凝系统参数，并维持物料和热量平衡 3. 能发现再冷凝器液位、压力异常 4. 能利用火炬系统排放燃烧多余BOG 5. 能投用、停用BOG直接外输系统 6. 能利用减温器控制BOG压缩机入口温度 7. 能控制火炬分液罐的液位、温度等工艺参数(高空火炬和地面火炬) 8. BOG冷换器的操作及控制 9. 能对BOG压缩机入口过滤器吹扫操作 10. 能投用和切换燃料气加热器	1. BOG压缩机操作步骤及注意事项 2. BOG压缩机负荷调节原理 3. BOG再冷凝器运行参数及手动和自动切换注意事项 4. 火炬系统的排放控制逻辑和点火方式、工作原理、作用 5. BOG外输系统操作程序及注意事项 6. 减温器操作程序及注意事项 7. 火炬分液罐工作原理及参数控制(高空火炬和地面火炬) 8. BOG冷换器的操作原理 9. BOG压缩机入口过滤器吹扫操作步骤 10. 燃料气加热器的操作
	1.7 轻烃回收	1. 能完成低温泵启、停操作 2. 能进行闪蒸罐简单工艺操作 3. 能进行脱甲烷塔简单工艺操作 4. 能进行闪蒸汽凝液罐简单工艺操作 5. 能检查静设备工艺状态 6. 能完成蒸汽流程简单工艺操作 7. 能将产品高压泵出口外送总管由保冷循环切换至正常流程	1. 低温泵操作步骤、注意事项 2. 闪蒸罐的倒空、置换操作步骤及注意事项 3. 脱甲烷塔工艺参数及控制方法 4. 闪蒸汽凝液罐工艺参数及控制方法 5. 静设备主要工艺参数及控制方法 6. 蒸汽流程隔离、倒空操作及注意事项 7. 产品高压泵出口外送总管保冷循环的作用、切换步骤及注意事项
2 设备维护与保养	2.1 设备维护与保养	1. 能检查设备、管道保冷问题 2. 能检查管托问题 3. 能完成转动设备定期切换 4. 能完成阀门开关测试 5. 能检查过滤器状态、更换过滤器 6. 能完成抽、堵盲板前后工艺隔离、置换 7. 能发现、处理海水开架式气化器海水槽附着污泥、海生物 8. 能进行*DN*50、2.0MPa及以下垫片更换； 9. 能更换就地压力表 10. 能完成设备润滑注脂	1. 设备、管道保冷结构和失效的原因、保冷材料性能 2. 管托的类型、作用 3. 转动设备切换的意义、方法、注意事项 4. 不同类型阀门的性能、用途 5. 阀门执行机构类型、工作原理 6. 过滤器的类型、结构，更换注意事项 7. 工艺隔离、置换操作要点、注意事项 8. 海水开架式气化器海水槽清洗注意事项 9. 垫片的规格型号及更换垫片注意事项 10. 就地压力表更换注意事项 11. 设备润滑注脂的方法及注意事项

续表

职业功能	工作内容	技能要求	相关知识要求
3　事故判断与处理	3.1 事故判断	1. 能判断罐内泵、高压泵无法启动的原因 2. 能判断 BOG 管网进液事故 3. 能判断螺杆压缩机无法正常加载故障 4. 能判断燃料气压力、温度异常情况 5. 能判断制氯系统停车原因 6. 能判断槽车超压、超装、泄漏等异常情况	1. 罐内泵、高压泵的联锁逻辑、报警指标 2. BOG 与 LNG 不同的物理特性 3. 螺杆压缩机常见故障判断方法 4. 燃料气压力、温度的影响因素 5. 制氯系统联锁逻辑及常见故障判断方法 6. 装车撬常见故障判断方法 7. 槽车常见故障判断方法
	3.2 事故处理	1. 能复位联锁停车的设备及关断的阀门 2. 能根据罐内泵、高压泵启泵联锁处理无法启动情况 3. 能处理 BOG 管网进液问题 4. 能按指令完成高压泵、气化器等设备紧急停车操作 5. 能完成装车撬紧急停车及工艺处理作业 6. 能完成电动消防泵、柴油消防泵定期测试 7. 能进行低温冻伤的初步处理 8. 能处理制氯装置停车故障 9. 能处理卸料臂泄漏事故 10. 能处理槽车超压、超装、泄漏等异常情况 11. 能操作雨淋阀、喷淋系统	1. 设备、阀门复位方法、注意事项 2. 罐内泵、高压泵操作步骤、常见故障处理方法 3. BOG 管线、测温点现场布置情况 4. 高压泵、气化器等设备紧急停车方法及注意事项 5. 装车撬紧急停车方法及注意事项 6. 消防泵测试要求、注意事项 7. 低温冻伤处理常识、注意事项 8. 制氯装置常见故障处理方法 9. 卸料臂泄漏应急处置方法 10. 槽车异常故障处理方法 11. 充装过程泄漏应急处置方法 12. 雨淋阀、喷淋系统操作方法及注意事项
4　绘图与计算	4.1 识绘图	1. 能绘制装置工艺流程图 2. 能识读仪表联锁图	1. 装置工艺流程 2. 仪表联锁常用图例
	4.2 计算	1. 能查 LNG 组分表 2. 能根据生产计划计算设备启动数量 3. 能计算离心泵性能参数 4. 能计算往复式压缩机的工艺性能参数 5. 能计算 LNG 密度、饱和蒸汽压 6. 能计算精馏塔回流比	1. LNG 组分换算常识 2. 设备性能参数、物料平衡知识 3. 离心泵流量、扬程、汽蚀余量、效率计算方法 4. 往复式压缩机压缩比、排气量等计算方法 5. LNG 密度、饱和蒸汽压计算方法 6. 回流比定义及计算方法

二、理论知识鉴定要素细目表

职业：天然气处理工　　工种：液化天然气操作工　　等级：中级　　鉴定方式：知识　　鉴定点总数：279

鉴定范围（篇）	代码	比重	鉴定范围（章）	代码	比重	鉴定范围（节）	代码	比重	序号	鉴定点（考核点）	重要程度
基本要求	A	20	职业道德	A	2	职业道德基本知识	A	2	001	职业道德的基本内涵	Z
									002	社会主义市场经济对职业道德的正面影响	X
									003	企业文化的功能	X
									004	职业道德对增强企业凝聚力、竞争力的作用	X
									005	职业道德是人生事业成功的保证	X
									006	文明礼貌的具体要求	X
									007	爱岗敬业的具体要求	X
									008	对诚实守信基本内涵的理解	X
									009	办事公道的具体要求	X
									010	勤劳节约的现代意义	X
									011	企业员工遵纪守法的要求	X
									012	团结互助的基本要求	X
									013	创新的基本要求	Y
			基础知识	B	18	天然气基础知识	A	1	001	天然气的运移	Y
									002	天然气的净化	X
									003	人工煤气、液化石油气和天然气的主要区别	X
									004	天然气基本用途	X
						液化天然气基础知识	B	1	001	液化天然气的运输方式	X
									002	液化天然气的冷能利用	X
						化工工艺基础知识	C	3	001	流体黏度的概念	Y
									002	流体的压缩性	X
									003	流体的流动状态	X

续表

鉴定范围（篇）	代码	比重	鉴定范围（章）	代码	比重	鉴定范围（节）	代码	比重	序号	鉴定点（考核点）	重要程度
基本要求	A	20	基础知识	B	18	化工工艺基础知识	C	3	004	流体静力学基本方程	X
									005	热传导的基本概念	X
									006	热辐射的基本概念	Z
									007	热对流的基本概念	Y
									008	理想气体状态方程	X
									009	露点的概念	X
						机械基础知识	D	2	001	离心泵的基本结构	X
									002	离心泵零部件的作用	X
									003	离心泵汽蚀的概念	Y
									004	机械密封结构	X
									005	机械密封工作原理	X
									006	常用阀门的基本结构	X
									007	润滑管理常识	X
									008	化学腐蚀的概念	Y
									009	压力容器的概念	X
									010	压力管道的概念	X
									011	压力试验的作用	Z
									012	密封试验的作用	Z
						电工基础知识	E	2	001	正弦交流电的概念	X
									002	用电设备维修知识	Y
									003	装置设备接地	Z
									004	防雷防静电知识	X
									005	常用电动机的类型	X
									006	动力电的种类	Y
									007	现场控制开关的使用	X
									008	触电急救知识	X
						仪表基础知识	F	2	001	膨胀式温度计的特点	X
									002	温度变送器的特点	X
									003	压力变送器的特点	X
									004	电磁流量计的特点	X
									005	旋涡式流量计的特点	X
									006	质量流量计的特点	X
									007	法兰式液位计的特点	X

续表

鉴定范围（篇）	代码	比重	鉴定范围（章）	代码	比重	鉴定范围（节）	代码	比重	序号	鉴定点（考核点）	重要程度
基本要求	A	20	基础知识	B	18	仪表基础知识	F	2	008	浮筒式液位计的特点	X
									009	伺服液位计的特点	X
									010	液位温度密度检测仪表的特点	X
									011	可燃气体探测器的特点	X
									012	火焰探测器的特点	X
									013	调节阀的气开气关作用方式	X
									014	控制回路的类型	Y
						健康、安全、环保及公共安全基础知识	G	1	001	劳动保护及用品	Y
									002	安全技术规程	X
									003	直接作业基本知识	X
									004	防火、防爆基本知识	Y
									005	灭火方法及消防器材使用	Y
									006	安全标志、安全色	X
									007	中国石化 HSSE 管理体系基本知识	X
									008	安全生产法规基本知识	Y
									009	事故的预防	X
									010	应急预案知识	X
						计量基础知识	H	1	001	超声波流量计的工作原理	X
									002	超声波流量计使用、维护与检定	X
									003	地衡的使用、维护与检定	X
									004	计量器具强检规定	Y
						分析化验基础知识	I	1	001	露点仪分类	X
									002	可燃气体检测仪原理	X
									003	色谱分析特点	X
									004	水样的保留时间	Z
									005	LNG 取样系统原理	Y
						LNG 船岸界面和国际贸易知识	J	1	001	LNG 码头接卸设施操作要求	X
									002	LNG 码头导助航设施	X
									003	LNG 船舶特性	Y

续表

鉴定范围（篇）	代码	比重	鉴定范围（章）	代码	比重	鉴定范围（节）	代码	比重	序号	鉴定点（考核点）	重要程度
基本要求	A	20	基础知识	B	18	LNG船岸界面和国际贸易知识	J	1	004	LNG船舶靠泊作业操作要点	X
									005	LNG船舶系泊作业操作要点	X
									006	LNG船舶装卸作业操作要点	X
									007	LNG国际贸易常用术语	Z
						相关标准、法律、法规知识	K	1	001	液化天然气设施干燥置换	X
									002	液化天然气设施预冷	X
									003	液化天然气接收站试运投产	X
									004	液化天然气接收站运行规程	X
									005	常见特种设备的分类	X
									006	常见特种设备的使用要求	X
									007	劳动者的权利和义务	X
									008	安全生产法规基础知识	X
						计算机知识	L	1	001	windows 操作系统	X
									002	word 的使用	X
									003	excel 的使用	X
									004	powerpoint 的使用	Y
									005	计算机病毒知识	Y
									006	计算机网络知识	X
									007	快捷键的使用	Y
									008	计算机病毒类型	Y
						记录填写知识	M	1	001	岗位交接班记录本的填写要求	X
									002	岗位巡检记录表填写要求	X
相关知识要求	B	80	工艺操作	A	40	开车准备	A	5	001	氮气、仪表风管网投用要点	Y
									002	设备、管道气密测试要点	Z
									003	设备、管道干燥置换的方法	X

续表

鉴定范围（篇）	代码	比重	鉴定范围（章）	代码	比重	鉴定范围（节）	代码	比重	序号	鉴定点（考核点）	重要程度
相关知识要求	B	80	工艺操作	A	40	开车准备	A	5	004	开车前流程设置检查要点	X
									005	先导式压力安全阀投用注意事项	X
									006	LNG 储罐真空安全阀的工作原理	Y
									007	LNG 典型工艺阀组的类型	X
									008	集散控制系统(DCS)操作方法	X
									009	远程控制阀在 DCS 系统中的作用	Z
						开车操作	B	5	001	火炬的作用	X
									002	火炬点火系统的工作原理	Y
									003	火炬点火系统点火方式	X
									004	火炬防回火系统的类型	X
									005	卸料管道液氮预冷的作用	Y
									006	LNG 储罐工艺流程特点	X
									007	LNG 储罐的预冷方法	X
									008	LNG 管道的预冷方法	X
									009	系统隔离的作用	Y
									010	系统隔离的方法	X
									011	盲板的类型	Y
									012	保冷系统的结构	Z
									013	常用的保冷材料	Y
									014	保冷漏冷的现象	X
						公用工程与辅助设施	C	5	001	螺杆式空气压缩机的操作方法	X
									002	往复式压缩机操作方法	X
									003	净化压缩空气储罐的作用	X
									004	微热再生干燥装置操作方法	Y
									005	PSA 制氮装置的操作方法	X
									006	污水处理装置的工艺原理	X
									007	污水控制指标	X

续表

鉴定范围（篇）	代码	比重	鉴定范围（章）	代码	比重	鉴定范围（节）	代码	比重	序号	鉴定点（考核点）	重要程度
相关知识要求	B	80	工艺操作	A	40	公用工程与辅助设施	C	5	008	软化水系统的操作方法	X
									009	电解制氯装置加药的作用	X
									010	电解制氯装置的操作方法	X
									011	电解槽酸洗的作用	X
									012	电解槽酸洗的操作方法	X
									013	海水泵的操作方法	X
									014	旋转滤网的操作方法	Y
									015	耙式清污机的操作方法	Y
									016	电动海水消防泵的操作方法	Y
									017	柴油海水消防泵的操作方法	X
									018	液氮接卸、汽化输出的操作方法	X
									019	热水锅炉的操作方法	X
						卸料、储存及槽车充装	D	10	001	登船梯的操作要点	X
									002	卸料臂的操作方法	X
									003	卸料臂液压系统的组成	Y
									004	卸料臂预冷操作要点	X
									005	码头 ESD 测试程序	Y
									006	卸料臂排凝的步骤	X
									007	卸料作业的程序	X
									008	储罐进料操作注意事项	X
									009	返回船舱 BOG 流量控制方法	Y
									010	码头保冷循环操作要点	X
									011	辅助靠泊系统的组成	Y
									012	快速脱缆钩的工作原理	Y
									013	储罐 LTD 的工作原理	X
									014	储罐进料管线倒空置换的方法	Y
									015	储罐进料管线预冷注意事项	Y

续表

鉴定范围（篇）	代码	比重	鉴定范围（章）	代码	比重	鉴定范围（节）	代码	比重	序号	鉴定点（考核点）	重要程度
相关知识要求	B	80	工艺操作	A	40	卸料、储存及槽车充装	D	10	016	罐内泵启停操作步骤	X
									017	罐内泵回流线作用	X
									018	罐内泵泵筒放空线作用	X
									019	低压总管压力控制原理	X
									020	槽车的种类及槽罐结构	Y
									021	槽车充装控制逻辑	X
									022	TMS 装车管理系统操作要点	X
									023	制单操作要点及异常情况处理要点	X
									024	槽车区排凝罐操作要点	X
									025	槽车安检要点	X
									026	槽车装车前检查要点	X
									027	槽车装车前吹扫方法	X
									028	槽车装车后吹扫方法	X
									029	槽车接、卸臂作业要点	Y
									030	槽车充装过程检查要点	X
									031	槽车装车后检查要点	Y
									032	批控器的工作原理	X
						高压汽化外输	E	5	001	高压离心泵启动操作要点	X
									002	高压离心泵启动控制的逻辑	X
									003	高压离心泵停机操作要点	X
									004	ORV 投用操作要点	X
									005	SCV 投用操作要点	X
									006	IFV 投用操作要点	X
									007	ORV 停机操作要点	X
									008	SCV 停机操作要点	X
									009	IFV 停机操作要点	X
									010	ORV 的控制逻辑	Y
									011	SCV 的控制逻辑	Y
									012	IFV 的控制逻辑	Y
									013	LNG 换热器操作要点（C_2 装车换热器）	Z

续表

鉴定范围（篇）	代码	比重	鉴定范围（章）	代码	比重	鉴定范围（节）	代码	比重	序号	鉴定点（考核点）	重要程度
相关知识要求	B	80	工艺操作	A	40	高压汽化外输	E	5	014	SCV 燃烧器冷却水系统的作用	X
									015	SCV 的烟气指标	Y
									016	SCV 加碱系统的作用和控制原理	X
									017	高压外输系统排凝罐排凝操作要点	X
									018	计量外输系统的操作控制	Y
									019	发球筒的操作要点	X
						BOG 处理	F	5	001	减温器的操作要点	X
									002	BOG 压缩机的启停操作注意事项	X
									003	地面火炬系统操作注意事项	Y
									004	BOG 压缩机负荷控制原理	X
									005	再冷凝器操作控制要点	X
									006	BOG 系统压力的控制要点	Y
									007	BOG 冷换器操作注意事项	Y
									008	BOG 压缩机润滑油温度的控制	Y
									009	BOG 压缩机冷却水温度的控制	X
									010	燃料气加热器控制要点	X
									011	高空火炬系统操作注意事项	X
									012	BOG 处理方式	X
						轻烃回收	G	5	001	闪蒸罐压力及液位控制回路	X
									002	脱甲烷塔灵敏板温度控制回路	X
									003	闪蒸汽凝液罐液位控制回路	X
									004	轻烃回收装置脱甲烷塔压力控制要点	X

续表

鉴定范围（篇）	代码	比重	鉴定范围（章）	代码	比重	鉴定范围（节）	代码	比重	序号	鉴定点（考核点）	重要程度
相关知识要求	B	80	工艺操作	A	40	轻烃回收	G	5	005	轻烃回收装置静设备操作压力控制要点	Y
									006	轻烃回收装置低温泵操作压力控制要点	Z
									007	轻烃回收装置低温泵的启动操作	X
									008	轻烃回收装置低温泵的停机操作	X
									009	轻烃回收装置蒸汽系统的倒空操作	X
									010	轻烃回收装置 LNG 高压外送线的投用和停用操作	X
			设备维护与保养	B	10	设备维护与保养	A	10	001	管道保冷失效的原因	Y
									002	保冷材料特性	Y
									003	转动设备定期切换要求	Y
									004	常温泵巡检要点	X
									005	低温泵巡检要点	X
									006	螺杆压缩机巡检要点	Y
									007	BOG 压缩机巡检要点	X
									008	ORV 巡检要点	X
									009	SCV 巡检要点	X
									010	制氯装置巡检要点	X
									011	阀门执行机构的类型	X
									012	阀门外漏的原因	X
									013	阀门内漏的原因	X
									014	过滤器的类型	X
									015	过滤器更换的注意事项	X
									016	盲板抽堵作业前后工艺处置的要点	X
									017	垫片更换注意事项	X
									018	就地压力表更换注意事项	X
									019	设备润滑注脂要点	X

续表

鉴定范围（篇）	代码	比重	鉴定范围（章）	代码	比重	鉴定范围（节）	代码	比重	序号	鉴定点（考核点）	重要程度
相关知识要求	B	80	事故判断与处理	C	20	事故判断	A	10	001	燃料气温度的影响因素	X
									002	制氯系统联锁逻辑要点	Z
									003	制氯系统整流器故障判断方法	Y
									004	制氯装置压力、流量异常判断方法	Y
									005	BOG 与 LNG 不同的性质	X
									006	BOG 管网进液的现象	X
									007	螺杆压缩机无法加载故障的判断方法	Y
									008	螺杆压缩机温度异常判断方法	Y
									009	燃料气压力的影响因素	X
									010	槽车超压情况判断	X
									011	槽车超装情况判断	X
									012	槽车泄漏情况判断	Y
						事故处理	B	10	001	设备、阀门联锁的作用	Y
									002	联锁复位注意事项	X
									003	罐内泵常见故障处理方法	X
									004	高压泵常见故障处理方法	X
									005	BOG 管网进液的危害	X
									006	BOG 管网进液位置的查找方法	Y
									007	低温冻伤的危害	Y
									008	低温冻伤初步处理的注意事项	Y
									009	洗眼器的工作原理	Z
									010	制氯装置常见故障处理方法	X
									011	雨淋阀工作原理	Y
									012	喷淋系统的作用	Y
									013	槽车超压处理办法	X
									014	槽车超装处理办法	X
									015	槽车泄漏处理办法	X

续表

鉴定范围（篇）	代码	比重	鉴定范围（章）	代码	比重	鉴定范围（节）	代码	比重	序号	鉴定点（考核点）	重要程度
相关知识要求	B	80	绘图与计算	D	10	识绘图	A	5	001	工艺流程图仪表控制点的表示方法	X
									002	工艺流程图的绘制方法	X
									003	投影法的基本概念	Y
									004	三视图的特点	Z
						计算	B	5	001	LNG 组分摩尔比、质量比换算	Y
									002	离心泵流量及扬程计算方法	X
									003	离心泵汽蚀余量计算方法	Y
									004	离心泵效率计算方法	Y
									005	往复式压缩机压缩比计算方法	X
									006	往复式压缩机排气量计算方法	Y
									007	LNG 密度计算方法	X
									008	LNG 饱和蒸汽压计算方法	Y

三、理论知识试题

单选题

1. 职业道德是指从事一定职业劳动的人们，在长期的职业活动中形成的(　　)。
A. 行为规范　　B. 操作程序　　C. 劳动技能　　D. 思维习惯
答案：A
2. 在下列选项中属于职业道德范畴的是(　　)。
A. 企业经营的业绩　　B. 企业发展的战略
C. 员工的技术水平　　D. 员工的内心信念
答案：D
3. 职业道德是一种(　　)的约束机制。
A. 强制性　　B. 非强制性　　C. 随意性　　D. 自发性
答案：B
4. 在市场经济条件下，职业道德具有(　　)的社会功能。
A. 鼓励人们自由地选择职业　　B. 遏制牟利最大化
C. 促进人们的行为规范化　　D. 最大限度地克服人们受利益驱动
答案：C
5. 在市场经济条件下，(　　)是职业道德社会功能的重要表现。
A. 克服利益导向　　B. 遏制牟利最大化
C. 增强决策科学化　　D. 促进员工行为的规范化
答案：D
6. 市场经济条件下，职业道德最终将起到(　　)的作用。
A. 促进企业决策科学化　　B. 提高企业竞争力
C. 决定企业经济效益　　D. 决定企业前途与命运
答案：B
7. 在企业的生产经营活动中，(　　)不是职业道德所具有的功能。
A. 激励作用　　B. 决策能力　　C. 规范行为　　D. 遵纪守法
答案：B
8. 企业文化所具有的功能不包括(　　)。
A. 激励功能　　B. 导向功能　　C. 整合功能　　D. 娱乐功能
答案：D
9. 在下列选项中属于企业文化所具有的功能是(　　)。
A. 锻炼功能　　B. 整合功能　　C. 娱乐功能　　D. 社交功能
答案：B

10. 在下列选项中属于企业文化所具有的功能是(　　)。

A. 整合功能　　B. 技术培训功能　　C. 科研功能　　D. 社交功能

答案：A

11. 为了促进企业的规范化发展，需要发挥企业文化的(　　)功能。

A. 娱乐　　B. 主导　　C. 决策　　D. 自律

答案：D

12. 职业道德最终将起到(　　)的作用。

A. 决定企业经济效益　　B. 促进企业决策科学化

C. 增强企业竞争力　　D. 树立企业员工守业意识

答案：C

13. 职业道德起到(　　)的作用。

A. 增强企业员工独立意识　　B. 模糊企业上级与员工之间关系

C. 促使企业员工循规蹈矩做事情　　D. 增强企业凝聚力

答案：D

14. 在下列选项中属于职业道德所具有的作用是(　　)。

A. 增强企业的凝聚力　　B. 增强企业的离心力

C. 决定企业的经济效益　　D. 增强企业员工的独立性

答案：A

15. 职业道德通过(　　)，起着增强企业凝聚力的作用。

A. 协调员工之间的关系　　B. 增加职工福利

C. 为员工创造发展空间　　D. 调节企业与社会的关系

答案：A

16. 职业道德是人的事业成功的(　　)。

A. 重要保证　　B. 最终结果　　C. 先决条件　　D. 显著标志

答案：A

17. 下列选项中，关于职业道德与人的事业成功的关系的正确论述是(　　)。

A. 职业道德是人事业成功的重要条件

B. 职业道德水平高的人肯定能够取得事业的成功

C. 缺乏职业道德的人更容易获得事业的成功

D. 人的事业成功与否与职业道德无关

答案：A

18. 职业道德与人生事业之间的关系是(　　)。

A. 具有职业道德的人一定能够获得事业的成功

B. 没有职业道德的人不会获得事业的成功

C. 获得事业成功的人往往具有较高的职业道德

D. 缺乏职业道德的人往往更容易获得事业的成功

答案：C

19. 正确阐述职业道德与人生事业之间关系的选项是(　　)。

A. 没有职业道德的人不会获得事业的成功

B. 获得事业成功的前提条件是要具有职业道德

C. 获得事业成功的人往往并不需要较高的职业道德

D. 具有职业道德是获得事业成功的重要条件

答案：D

20. 在职业交往活动中，符合仪表端庄具体要求的是(　　)。

A. 着装华贵　　B. 适当化妆或戴饰品

C. 饰品俏丽　　D. 发型要突出个性

答案：B

21. 在职业道德活动中，对客人做到(　　)是符合语言规范的具体要求的。

A. 言语细致，反复介绍　　B. 语速要快，不浪费客人时间

C. 用尊称，不用忌语　　D. 语气严肃，维护自尊

答案：C

22. 在商业活动中，不符合待人热情要求的是(　　)。

A. 严肃待客，表情冷漠　　B. 主动服务，细致周到

C. 微笑大方，不厌其烦　　D. 亲切友好，宾至如归

答案：A

23. 爱岗敬业作为职业道德的重要内容，是指员工(　　)。

A. 热爱自己喜欢的岗位　　B. 热爱有钱的岗位

C. 强化职业责任　　D. 不应多转行

答案：C

24. 在市场经济条件下，不符合爱岗敬业要求的是(　　)的观念。

A. 树立职业理想　　B. 强化职业责任

C. 干一行、爱一行、专一行　　D. 多转行多受锻炼

答案：D

25. 爱岗敬业的具体要求是(　　)。

A. 根据效益来决定是否爱岗　　B. 转变择业观念

C. 提高职业技能　　D. 增强把握择业的机遇意识

答案：C

26. 在对待职业和岗位，(　　)并不是爱岗敬业所要求的。

A. 树立职业理想　　B. 干一行、爱一行、专一行

C. 遵守企业的规章制度　　D. 一职定终身，不改行

答案：D

27. 在市场经济条件下，(　　)不违反职业道德规范中关于诚实守信的要求。

A. 通过诚实合法劳动来实现利益最大化

B. 打进对手内部，增强竞争优势

C. 根据服务对象来决定是否遵守承诺

D. 凡是有利于增大企业利益的行为就做

答案：A

28. 关于诚实守信的认识和判断中，下列正确的选项是(　　)。

A. 一贯地诚实守信是一种不明智的行为

B. 诚实守信是维持市场经济秩序的基本法则

C. 是否诚实守信要视具体对象而定

D. 追求利益最大化原则高于诚实守信的原则

答案：B

29. 职工对企业诚实守信应该做到的是(　　)。

A. 效忠所属企业，无论在何种情况下，都始终把企业利益放在第一位

B. 维护企业信誉，树立质量意识和服务意识

C. 扩大企业影响，多对外谈论企业之事

D. 完成本职工作即可，企业未来的发展由有见识的人来谋划

答案：B

30. (　　)是企业诚实守信的内在要求。

A. 维护企业信誉　　B. 增加职工福利　　C. 注重经济效益　　D. 开展员工培训

答案：A

31. 要做到办事公道，则在处理公私关系时就要做到(　　)。

A. 公私不分　　B. 假公济私　　C. 公平公正　　D. 先公后私

答案：C

32. 办事公道是指从业人员在进行职业活动时要做到(　　)。

A. 追求真理，坚持原则　　B. 有求必应，助人为乐

C. 公私不分，一切平等　　D. 知人善任，提拔知己

答案：A

33. 要坚持办事公道，就要努力做到(　　)。

A. 公私不分　　B. 有求必应　　C. 公正公平　　D. 全面公开

答案：C

34. 在下列事项中属于办事公道的是(　　)。

A. 顾全大局，一切服从上级　　B. 大公无私，拒绝亲戚求助

C. 知人善任，努力培养知己　　D. 坚持原则，不计个人得失

答案：D

35.《中华人民共和国劳动法》规定，劳动者应当完成(　　)，提高(　　)，执行劳动安全卫生规程，遵守劳动纪律和(　　)。

A. 劳动任务 职业技能　职业道德　　B. 任务 效率　职业道德

C. 任务 工作水平 劳动合同　　D. 劳动任务 思想修养 工作分工

答案：A

36. 2020 年 11 月 24 日，在全国劳动模范和先进工作者表彰大会上的重要讲话中，总书记精辟阐释了三种精神的科学内涵，分别是“爱岗敬业、争创一流、艰苦奋斗、勇于创新、

淡泊名利、甘于奉献的(　　)精神”，“崇尚劳动、热爱劳动、辛勤劳动、诚实劳动的(　　)精神”，“执着专注、精益求精、一丝不苟、追求卓越的(　　)精神”，强调它们“是以爱国主义为核心的民族精神和以改革创新为核心的时代精神的生动体现，是鼓舞全党全国各族人民风雨无阻、勇敢前进的强大精神动力”。

A. 劳动精神　工匠精神　劳模精神　B. 劳模精神　劳动精神　工匠精神
C. 劳模精神　工匠精神　劳动精神　D. 工匠精神　劳模精神　劳动精神

答案：B

37. 关于勤劳节俭的论述中，下列正确的选项是(　　)。

A. 勤劳一定能使人致富　B. 勤劳节俭有利于企业持续发展
C. 新时代需要巧干，不需要勤劳　D. 新时代需要创造，不需要节俭

答案：B

38. 勤劳节俭的现代意义在于(　　)。

A. 勤劳节俭是促进经济和社会发展的重要手段
B. 勤劳是现代市场经济需要的，而节俭则不宜提倡
C. 节俭阻碍消费，因而会阻碍市场经济的发展
D. 勤劳节俭只有利于节省资源，但与提高生产效率无关

答案：A

39. 职业纪律是企业的行为规范，职业纪律具有(　　)的特点。

A. 明确的规定性　B. 高度的强制性　C. 通用性　D. 自愿性

答案：A

40. 当企业员工违反职业纪律，企业(　　)。

A. 不能给予罚款处罚　B. 员工受劳动合同保护，不能给予处分
C. 应视情节轻重，给予恰当处分　D. 警告的效果往往不大

答案：C

41. 职业纪律是指从事这一职业的员工应该共同遵守的行为准则，它包括的内容有(　　)。

A. 交往规则　B. 操作程序　C. 群众观念　D. 外事纪律

答案：D

42. 在企业的生产经营活动中，要求员工遵纪守法的是(　　)。

A. 约束人的体现　B. 为了保证经济活动正常进行所决定的
C. 领导者人为的规定　D. 追求利益的体现

答案：B

43. 在企业的生产经营活动中，(　　)不符合平等尊重的要求。

A. 根据员工的技术专长进行分工
B. 对待不同的服务对象采取一视同仁的服务态度
C. 师徒之间要平等和互相尊重
D. 取消员工之间的一切差别

答案：D

44. 在日常接待工作中，对待不同服务对象，服务态度都应真诚热情，(　　)。
A. 尊卑有别　　B. 女士优先　　C. 一视同仁　　D. 外宾优先
答案：C
45. 在企业的生产经营活动中，不符合平等尊重要求的是(　　)。
A. 真诚相待，一视同仁　　B. 互相借鉴，取长补短
C. 男女有序，尊卑有别　　D. 男女平等，友爱亲善
答案：C
46. 企业生产经营活动中，促进员工之间平等尊重的措施是(　　)。
A. 互利互惠，平均分配　　B. 加强交流，平等对话
C. 只要合作，不要竞争　　D. 人心叵测，谨慎行事
答案：B
47. 关于创新的论述，下列正确的选项是(　　)。
A. 创新就是出新花样　　B. 创新就是独立自主
C. 创新是促进企业进步的灵魂　　D. 创新不需要引进外国的新技术
答案：C
48. 关于创新的论述，不正确的选项是(　　)。
A. 创新需要“标新立异”　　B. 服务也需要创新
C. 创新是促进企业进步的灵魂　　D. 引进别人的新技术不算创新
答案：D
49. 关于创新的论述中，下列正确的选项是(　　)。
A. 不墨守成规，但也不可以标新立异
B. 企业经不起折腾，大胆地闯早晚会出问题
C. 创新是企业发展的动力
D. 创新需要灵感，但不需要情感
答案：C
50. 企业创新要求员工努力做到(　　)。
A. 不能墨守成规，但也不能标新立异
B. 大胆地破除现有的结论，自创理论体系
C. 大胆地试大胆地闯，敢于提出新问题
D. 激发人的灵感，遏制冲动和情感
答案：C
51. 关于天然气的运移说法正确的是(　　)。
A. 一定是从生油气层向储集层运移
B. 天然气的运移没有规律
C. 天然气的运移就是天然气的聚集
D. 天然气本身具有的流动性促使运移
答案：D
52. 下列说法正确的是(　　)。

A. 天然气的运移都有利于形成气藏

B. 天然气的运移是形成气藏的必要条件

C. 地壳运动是促使天然气运移的唯一动力

D. 其他选项都正确

答案：B

53. 不属于天然气运移动力的是(　　)。

A. 大气压力　　B. 地静压力　　C. 水动力　　D. 热力

答案：A

54. 天然气的主要运输方式为(　　)。

A. 槽车运输　　B. 内河航运　　C. 铁路运输　　D. 管道输送

答案：D

55. 下列选项中不属于天然气输送系统中的液体和固体杂质的主要来源有(　　)。

A. 采气时井下带来的凝析油、凝析水、岩屑粉尘

B. 管道施工时留下的焊渣

C. 天然气中的氮气和硫化物

D. 管道未干燥导致存在的水分

答案：C

56. 天然气净化产生的“三废”指的是(　　)。

A. 废水、废物、废渣　　B. 废水、废气、废渣

C. 废液、废物、废渣　　D. 废水、废物、废气

答案：B

57. 我国天然气气质标准中规定在天然气交接点的压力和温度条件下，天然气中对水分的要求是(　　)。

A. 无游离水　　B. 无冷凝水　　C. 小于 $10mg/m^3$　　D. 干燥烘干

答案：A

58. 采出的天然气将其进行初加工后，作为产品向市场销售时，其组成中(　　)所占比例最大。

A. 甲烷　　B. 乙烷　　C. 丙烷　　D. 丁烷

答案：A

59. 天然气凝液(NGL)回收是指从(　　)和凝析气中回收乙烷、丙烷、丁烷、戊烷、己烷等烃类混合物的过程。

A. 富气　　B. 湿气　　C. 伴生气　　D. 气藏气

答案：C

60. LPG 与 NG 分别是指(　　)。

A. 液化石油气与天然气　　B. 液化天然气与天然气

C. 液化天然气与压缩天然气　　D. 天然气与冷态天然气

答案：A

61. 人工煤气按生产方式不同分为(　　)3 种。

A. 干馏煤气、汽化煤气、天然气　　B. 干馏煤气、汽化煤气、油制气
C. 干馏煤气、天然气、油制气　　D. 汽化煤气、天然气、油制气
答案：B
62. 同样体积的水煤气、高炉煤气、液化石油气、天然气、(　　)的发热量最高。
A. 人工煤气　　B. 高炉煤气　　C. 液化石油气　　D. 天然气
答案：C
63. 1kg 液化石油气折合天然气约为(　　)m^3。
A. 2　　B. 1.6　　C. 1.3　　D. 1.1
答案：D
64. 下列不属于天然气主要用途的是(　　)。
A. 发电　　B. 化工原料　　C. 城市燃气　　D. 航天燃料
答案：D
65. 下列不属于天然气应用的主要优点是(　　)。
A. 绿色环保　　B. 经济实惠　　C. 安全可靠　　D. 运输方便
答案：D
66. 天然气易于燃烧，热效率高，控制简单，便于运输，(　　)小，可作清洁燃料。
A. 耗率量　　B. 对环境污染　　C. 气量　　D. 热量
答案：B
67. 天然气中甲烷经蒸汽转化和部分氧化可制成合成气($CO+H_2$)，用它可生产(　　)和合成气等系列产品。
A. 煤气　　B. 钾肥　　C. 甲醇　　D. 液化气
答案：C
68. LNG 运输规模最大的是(　　)。
A. 槽车运输　　B. 内河航运　　C. 海运　　D. 管道
答案：C
69. 下列关于液化天然气长距离管道输送特点的说法，错误的是(　　)。
A. 管道输送初期投资成本低　　B. 技术趋于成熟
C. 管材选择是关键　　D. 低温输送工艺设计是重要环节
答案：A
70. 低温液体长距离输送管道，防止液体汽化的措施之一是将管道的操作压力控制在临界冷凝压力之(　　)，管道内流体温度控制在临界冷凝温度之(　　)。
A. 下　上　　B. 上　下　　C. 上　上　　D. 下　下
答案：B
71. 由 LNG 接收站或工业性液化装置储存的 LNG，一般由(　　)载运到各地，供居民燃气或工业燃气用。
A. LNG 陆地管道　　B. LNG 海上管道　　C. LNG 船　　D. LNG 槽车
答案：D
72. LNG 的冷能一般不用于制造(　　)等产品。

A. 液态氧　B. 液态氢　C. 液化二氧化碳　D. 干冰

答案：B

73. LNG 通过气化器汽化后使用，汽化时放出很大的冷量，其热值约为(　　)。

A. 830kJ/kg　B. 850kJ/kg　C. 800kJ/kg　D. 780kJ/kg

答案：A

74. LNG 具有冷量，系统温度越低时，冷量越(　　)，即外界消耗的功越(　　)。

A. 小　多　B. 小　少　C. 大　多　D. 大　少

答案：C

75. LNG 所蕴含的冷能是指 LNG 从自身的储存状态变化到使用天然气所要求的状态过程中，LNG 工质所能吸收的热量，即初终两个状态之间的(　　)。

A. 冷差　B. 㶲差　C. 熵差　D. 焓差

答案：D

76. 气体的黏度随温度升高而(　　)。

A. 减小　B. 增大　C. 先增后减　D. 不变

答案：B

77. 液体的黏度随温度升高而(　　)。

A. 减小　B. 增大　C. 先增后减　D. 不变

答案：A

78. 流体的动力黏度 μ 与(　　)有关。

A. 流体种类、温度等　B. 流体种类、压力等

C. 压力、体积等　D. 温度、压力等

答案：A

79. 流体的黏度分为动力黏度、(　　)和相对黏度。

A. 绝对黏度　B. 条件黏度　C. 运动黏度　D. 恩氏黏度

答案：C

80. 在压力为 5×10^5Pa 情况下，每增加 10^5Pa 时，水的体积(　　)改变。

A. 无明显　B. 无　C. 明显　D. 较大

答案：A

81. 在温度不变的条件下，流体在压力作用下体积缩小的性质称为(　　)。

A. 可变性　B. 压缩性　C. 压缩形变　D. 体积变化

答案：B

82. 在压力不变的条件下，流体温度升高时其体积增大的性质称为(　　)。

A. 体积膨胀　B. 体积形变　C. 膨胀性　D. 可变性

答案：C

83. 对气体而言，其压缩性要比液体(　　)。

A. 大得多　B. 小得多　C. 相同　D. 可能大也可能小

答案：A

84. 流动阻力的大小与流体本身的物理性质、(　　)及壁面的形状等因素有关。

A. 流速　　B. 流动状况　　C. 流量　　D. 运动黏度

答案：B

85. 液体在圆管中流动时，下临界雷诺数的值为(　　)。

A. 10　　B. 2000～3000　　C. 2000　　D. 3000

答案：D

86. 从层流过渡到紊流状态，雷诺数(　　)。

A. 相同　　B. 增大　　C. 减小　　D. 不变

答案：B

87. 从层流转变为紊流时的雷诺数称为(　　)。

A. 上临界雷诺数　　B. 下临界雷诺数　　C. 临界雷诺数　　D. 动力黏度

答案：A

88. 材料的导热系数值越大，则材料导热能力(　　)。

A. 越强　　B. 减弱　　C. 不变　　D. 消失

答案：A

89. 在平壁导热过程中，平壁的厚度越大，则导热热阻(　　)。

A. 减小　　B. 不变　　C. 越大　　D. 无规则变化

答案：C

90. 在平壁导热过程中，平壁材料的热导率越大，则导热热阻(　　)。

A. 越小　　B. 不变　　C. 越大　　D. 无规则变化

答案：A

91. 热传导的含义是(　　)。

A. 以射线的方式来传播热量

B. 依靠热微粒的流动或流体对流的形式来传播热能

C. 热量从物体端传到另一端的现象

D. 以电磁波的形式向周围传播热能，而不受介质的影响

答案：C

92. 所有温度大于0K(－273.15℃)的实际物体都具有发射热辐射的能力，并且温度越高，发射热辐射的能力(　　)。

A. 减小　　B. 越强　　C. 变化不明显　　D. 消失

答案：B

93. 理想的辐射体，在单位时间内的辐射能力与物体最高的绝对温度的(　　)成正比。

A. 一次方　　B. 二次方　　C. 三次方　　D. 四次方

答案：D

94. 同一波长下黑体的光谱辐射力在温度越高时，光谱辐射力(　　)。

A. 不变　　B. 减小　　C. 越大　　D. 消失

答案：C

95. 热辐射的含义是(　　)。

A. 以射线的方式来传播热量

B. 依靠热微粒的流动或流体对流的形式来传播热能

C. 热量从物体端传到另一端的现象

D. 以电磁波的形式向周围传播热能，而不受介质的影响

答案：A

96. 随着流体不同部分的相对位移，把热量从一处带到另一处的现象称为(　　)。

A. 热传导　　B. 导热　　C. 热对流　　D. 热辐射

答案：C

97. 单位时间内固体和流体所交换的热量与对流换热系数(　　)。

A. 成正比　　B. 成反比　　C. 无关　　D. 不规则变化

答案：A

98. 对流换热过程中单位时间内与流体所交换的热量与流体和固体表面的温度差(　　)。

A. 成反比　　B. 无关　　C. 变化不明显　　D. 成正比

答案：D

99. 流体各部分之间发生相对位移所引起的热传递过程是(　　)。

A. 热辐射　　B. 热传导　　C. 热对流　　D. 散热

答案：C

100. 关于理想气体状态方程式的说法错误的是(　　)。

A. 该方程是一个包括气体体积、压力与温度关系的方程式

B. 它是一个近似经验定律

C. 该方程可应用于任何温度与压力下的气体

D. 该方程只适用于理想气体，对于真实气体，需修正后才能应用

答案：C

101. 将一定质量气体的(　　)、温度联系起来的方程式叫气体状态方程式。

A. 压力、密度　　B. 压力、体积　　C. 压力、重量　　D. 体积、密度

答案：B

102. 理想气体的三个基本状态参数之间存在着一定的函数关系，正确表达方式为(　　)。

A. $pV=RT$　　B. $pT=RV$　　C. $TV=Rp$　　D. $p/V=RT$

答案：A

103. 理想气体状态方程中的摩尔气体常数 R 的数值，是通过实验测定出来的。常数 R 值的大小是(　　)。

A. $9.15J \cdot mol^{-1} \cdot K^{-1}$　　B. $9.80J \cdot mol^{-1} \cdot K^{-1}$

C. $8.31J \cdot mol^{-1} \cdot K^{-1}$　　D. $10.0J \cdot mol^{-1} \cdot K^{-1}$

答案：C

104. 蒸汽压表示该液体在一定温度下的(　　)能力。

A. 液化　　B. 固化　　C. 汽化　　D. 转化

答案：C

105. 在某一温度下，一种物质的液相与其上方的气相呈平衡状态时的压力，称为(　　)。

A. 饱和蒸汽压　　B. 临界压力　　C. 大气压　　D. 汽化压力

答案：A

106. 将混合液体在一定压力下升高温度，使其全部汽化，然后再降低温度当饱和气相出现第一滴液体，这时的温度叫(　　)。

A. 泡点　　B. 露点　　C. 沸点　　D. 干点

答案：B

107. 锅炉露点腐蚀产生的原因是烟气温度(　　)露点温度。

A. 高于　　B. 等于　　C. 低于　　D. 无法确定

答案：C

108. 下列不属于离心泵的必须零部件的是(　　)。

A. 电机定子　　B. 电机转子　　C. 诱导轮　　D. 叶轮

答案：C

109. 立式离心泵的叶轮中心线方向为(　　)。

A. 水平方向　　B. 竖直方向

C. 与水平呈 30°角　　D. 与竖直呈 30°角

答案：B

110. 介质自离心泵叶轮出来后进入的部件为(　　)。

A. 电机　　B. 扩散器(蜗壳)　　C. 诱导轮　　D. 吸入口

答案：B

111. 离心泵叶轮的入口为(　　)。

A. 叶轮靠近对称轴中心处　　B. 叶轮靠近最大直径处

C. 叶轮直径 1/2 处　　D. 其他选项都不正确

答案：A

112. 离心泵主要做功部件是(　　)。

A. 泵轴　　B. 叶轮　　C. 扩散器　　D. 电机

答案：B

113. 用来保护轴不受磨损，必要时可更换的零部件为(　　)。

A. 轴头　　B. 轴肩　　C. 轴套　　D. 叶轮

答案：C

114. 高速重载的离心泵一般采用(　　)。

A. 滚动轴承　　B. 滑动轴承

C. 调心轴承　　D. 其他选项都不正确

答案：B

115. 可改善进入离心泵的流体状态，有效降低汽蚀余量的部件为(　　)。

A. 叶轮　　B. 扩散器　　C. 诱导轮　　D. 泵轴

答案：C

116. 不属于离心泵汽蚀常见现象的是(　　)。
A. 振动增大　　B. 噪声增大
C. 流量变小，扬程升高　　D. 流量变小，扬程变低
答案：C
117. 离心泵汽蚀的原因在于泵入口处流体压力(　　)流体的饱和蒸汽压，致使部分流体蒸发形成气泡，随后溃灭产生局部高压。
A. 大于　　B. 等于　　C. 小于　　D. 都有可能
答案：C
118. 离心泵形成汽蚀的本质原因是(　　)。
A. 离心泵超负荷运行
B. 离心泵入口压力小于流体饱和蒸汽压
C. 离心泵入口压力大于流体饱和蒸汽压
D. 离心泵转子系统不平衡
答案：B
119. 操作最有可能引发离心泵发生汽蚀的是(　　)。
A. 将离心泵原安装位置降低　　B. 输送饱和蒸汽压较低的流体
C. 将离心泵的安装位置抬高　　D. 将输送热水的泵改为输送冷水
答案：C
120. 不属于机械密封基本结构的是(　　)。
A. 静止环(静环)　　B. 补偿缓冲件　　C. 旋转环(动环)　　D. 滚动轴承
答案：D
121. 适合用于易燃易爆介质的机械密封结构形式是(　　)。
A. 单端面密封　　B. 双端面密封
C. 允许微量泄漏的密封　　D. 其他选项都不正确
答案：B
122. 双端面机械密封在腔内引入封液的压力通常(　　)密封介质压力。
A. 高于　　B. 等于　　C. 低于　　D. 无法判断
答案：A
123. 机械密封基本部件中，与泵轴相对静止的是(　　)。
A. 动环　　B. 静环　　C. 端盖　　D. 静环辅助密封圈
答案：A
124. 机械密封正常工作时，一般不会发生(　　)。
A. 温度升高并稳定到某一数值　　B. 产生微量机械杂质
C. 泄漏少量密封介质　　D. 静环与动环相对静止
答案：D
125. 机械密封正常工作时，若密封介质压力波动，可以作为压力补偿的是(　　)。
A. 动环摩擦力　　B. 静环摩擦力
C. 介质压力　　D. 其他选项都不正确
答案：C

126. 不属于机械密封的基本要求的是(　　)。

A. 有足够的刚度和强度　　B. 有良好的耐热冲击能力

C. 有较大的摩擦系数　　D. 有良好的自润滑性

答案：C

127. 3 套机械密封的刚度从小到大依次为 X、Y、Z，则在同等压力波动下，最容易发生泄漏的是(　　)。

A. X　　B. Y　　C. Z　　D. 无法判断

答案：A

128. 不属于常见阀门基本结构的是(　　)。

A. 阀杆　　B. 动环　　C. 阀芯　　D. 阀体

答案：B

129. 阀门的驱动方式大部分采用螺纹旋转驱动，在阀门开关过程中不属于阀杆的常见运行方式为(　　)。

A. 旋转　　B. 升降　　C. 侧移　　D. 既旋转又升降

答案：C

130. 阀体是介质流通的通道，它承受介质压力的强制关闭时的作用力。阀体与管道的连接方式一般不包括(　　)。

A. 丝扣连接　　B. 铆接连接　　C. 法兰连接　　D. 焊接连接

答案：B

131. 填料盒防止介质泄漏，加在填料盒中的软质填料受压盖挤压后，紧紧地压在(　　)与填料盒壁上，实现可靠的密封。

A. 阀杆　　B. 阀体　　C. 阀芯　　D. 阀盖

答案：A

132. 润滑管理“五定”不包括(　　)。

A. 定人　　B. 定时　　C. 定组　　D. 定量

答案：C

133. 润滑管理“三级过滤”不包括(　　)。

A. 固定储油桶到领油大桶　　B. 领油大桶到油壶

C. 领油大桶到润滑部位　　D. 油壶到润滑部位

答案：C

134. 润滑油常规分析项目不包括(　　)。

A. 黏度　　B. 机械杂质　　B. 水含量　　D. 碱值

答案：D

135. 设备润滑油视镜中一般要求油位位于视镜(　　)高度处。

A. 底部平齐　　B. 1/3　　C. 2/3　　D. 顶部平齐

答案：C

136. 金属与外部介质直接起化学作用，引起表面的破坏，而过程中没有电流产生的腐蚀现象为(　　)。

A. 化学腐蚀　　B. 电化学腐蚀　　C. 无氧腐蚀　　D. 有氧腐蚀

答案：A

137. 化学腐蚀初始阶段，会在金属表面形成一层极薄的氧化膜，该氧化膜对化学腐蚀速度的影响是(　　)。

A. 使腐蚀速度加快　　B. 使腐蚀速度不变

C. 使腐蚀速度变慢　　D. 对腐蚀作用没有影响

答案：C

138. 金属发生化学腐蚀时，金属与非电解质物质直接发生反应，通常情况下，金属被(　　)。

A. 还原　　B. 氧化

C. 既被氧化又被还原　　D. 既不被氧化又不被还原

答案：B

139. 金属发生氢腐蚀是一种化学腐蚀，是在高温高压下钢中过量的氢与钢中固溶的碳或碳化物作用生成甲烷造成的。氢腐蚀分为孕育期、迅速腐蚀期、饱和期，关于氢腐蚀饱和期的现象下列说法正确的是(　　)。

A. 晶界碳化物及其附近有大量亚微型充满甲烷的鼓泡形核，钢的力学性能没有明显变化

B. 小鼓泡长大达到临界密度后，便沿晶界连接起来形成裂纹，钢的体积膨胀，力学性能迅速下降

C. 裂纹彼此连接的同时，碳逐渐耗尽，钢的力学性能和体积不再改变

D. 小鼓泡长大达到临界密度后，便沿晶界连接起来形成裂纹，钢的体积膨胀，力学性能不再改变

答案：C

140. 设计压力为 $1.6\text{MPa} \leq p < 10.0\text{MPa}$ 的压力容器属于(　　)。

A. 低压压力容器　　B. 中压压力容器　　C. 高压压力容器　　D. 超高压压力容器

答案：B

141. 关于定义压力容器的参数中，正确的是(　　)。

A. 与最高工作压力有关，与容积无关

B. 与最高工作压力有关，与容积有关

C. 与最高工作压力无关，与容积无关

D. 与最高工作压力无关，与容积有关

答案：B

142. 根据生产工艺过程中的作用原理分类，属于换热压力容器的是(　　)。

A. 反应釜　　B. 合成塔　　C. 冷凝器　　D. 分解塔

答案：C

143. 采用抗拉强度下限大于 540MPa 的材料制造的压力容器属于(　　)。

A. Ⅰ类压力容器　　B. Ⅱ类压力容器

C. Ⅲ类压力容器　　D. 其他选项都不正确

答案：C

144. 根据国家市场监督管理总局2014年10月30日发布的《质检总局关于修订〈特种设备目录〉的公告(2014年第114号)》，以下属于压力管道的是(　　)。

A. 最高工作压力为0.05MPa，公称直径为100mm输送LNG的管道

B. 最高工作压力为0.1MPa，公称直径为20mm输送LNG的管道

C. 最高工作压力为0.1MPa，公称直径为50mm输送LNG的管道

D. 最高工作压力为0.05MPa，公称直径为500mm输送LNG的管道

答案：C

145. 根据压力管道分类规则，属于工业管道的是(　　)。

A. GA2级　　B. GB1级　　C. GB2级　　D. GC1级

答案：D

146. 根据压力等级分类，10MPa $< P \leqslant$ 100MPa的管道属于(　　)。

A. 低压管道　　B. 中压管道　　C. 高压管道　　D. 超高压管道

答案：C

147. LNG接收站中高压泵出口管道属于(　　)。

A. GA类管道　　B. GB类管道　　C. GC类管道　　D. 不属于压力管道

答案：C

148. 关于压力试验，说法正确的是(　　)。

A. 压力试验过程中，通过观察承压部件有无明显变形或破裂，来验证承压部件是否具有设计压力下安全运行所必需的承压能力

B. 压力试验过程中，通过观察打压部件有无明显变形或破裂，来验证承压部件是否具有设计压力下安全运行所必需的承压能力

C. 压力试验过程中，通过观察打压部件有无明显变形或破裂，来验证打压部件是否具有设计压力下安全运行所必需的承压能力

D. 压力试验过程中，通过观察承压部件有无明显变形或破裂，来验证打压部件是否具有设计压力下安全运行所必需的承压能力

答案：A

149. 通常情况下，压力试验宜采用的打压介质类型为(　　)。

A. 液体介质　　B. 气体介质　　C. 固体介质　　D. 气液混合介质

答案：A

150. 不属于压力管道在压力试验前应具备的条件的是(　　)。

A. 焊缝及其他待检部位已经涂漆完毕

B. 管道上的膨胀节已设置了临时加固措施

C. 管道上的安全阀已拆卸或隔离

D. 试压方案已经过批准

答案：A

151. 承受内压的地上金属钢管试验压力应为设计压力的(　　)倍。

A. 1.1　　B. 1.25　　C. 1.5　　D. 1.75

答案：C

152. 泄漏性试验是在设计压力下，检查泄漏点是否可靠的验证性试验，以下不属于管道泄漏性试验的检查要点的是(　　)。

A. 阀门填料函　　B. 管道表面　　C. 法兰连接处　　D. 排气排水阀处

答案：B

153. 以下宜作为管道泄漏性试验介质的是(　　)。

A. 空气　　B. 水　　C. 液氮　　D. LNG

答案：A

154. 泄漏性试验常用的检测方法不包括(　　)。

A. 发泡剂　　B. 显色剂

C. 气体分子检测仪　　D. 压力表

答案：D

155. 管道泄漏性试验的试验压力通常为(　　)。

A. 设计压力　　B. 设计压力 1.1 倍

C. 设计压力的 1.25 倍　　D. 设计压力的 1.5 倍

答案：A

156. 正弦交流电的电动势的解析式是(　　)。

A. $e = E_m \sin(\omega t + \phi)$　　B. $u = U_m \sin(\omega t + \phi)$

C. $i = I_m \sin(\omega t + \phi)$　　D. $u = U_m \sin\omega t$

答案：A

157. 任意瞬间，两个同频率的正弦交流电相位之差称为(　　)。

A. 相位差　　B. 相差　　C. 初相位　　D. 相同

答案：A

158. “220V，40W”灯泡中 220V 是交流电压的(　　)。

A. 最大值　　B. 瞬时值　　C. 有效值　　D. 平均值

答案：C

159. 正弦交流电的三要素是指(　　)。

A. 电阻、电感和电容　　B. 有效值、频率和初相位

C. 电流、电压和相位差　　D. 瞬时值、最大值和有效值

答案：B

160. 万用表的转换开关是实现(　　)。

A. 各种测量种类及量程的开关　　B. 万用表电流接通的开关

C. 接通被测物的测量开关　　D. 万用表接地开关

答案：A

161. 照明系统保护开关用空气开关，当空气开关用带瞬时脱扣器时应按照负荷的(　　)倍选用。

A. 1　　B. 1.1　　C. 1.7　　D. 6

答案：B

162. 漏电保护装置是防止触电事故发生的重要工具。下列关于漏电保护器的说法正确的是(　　)。

A. 漏电保护器既可用来保护人身安全，还可用来对低压系统或设备的对地绝缘状况起到监督作用

B. 动力与照明合用的三相四线线路和三相照明线路可以选用三极或四极保护器

C. 建筑施工工地的施工电气设备应安装漏电保护装置，临时性电气设备可不安装

D. 漏电保护器在日常使用中不可在通电状态下按动实验按钮来检验其是否灵敏可靠

答案：A

163. 应用氖泡指示的试电笔不可用来(　　)。

A. 判断有电无电　　B. 区别相线和中性线

C. 判断电压高低　　D. 判断电流大小

答案：D

164. 用电设备的接地分为(　　)。

A. 保护性接地与安全性接地　　B. 保护性接地与功能性接地

C. 工作接地与安全接地　　D. 保护接地与防雷接地

答案：B

165. 三相五线供电中，保护接地线绝缘层颜色应为(　　)。

A. 黑白双色　　B. 黄黑双色　　C. 黄蓝双色　　D. 黄绿双色

答案：D

166. 接地线是统称，在具体的接地线路上，它又有接地线、接地干线和(　　)之分。

A. 屏蔽线　　B. 电源线　　C. 接地支线　　D. 输入线

答案：C

167. 成套接地线应用有透明护套的多股软铜线和专用线夹组成，接地线截面积应满足装设地点短路电流的要求，且高压接地线的截面积不得小于(　　)。

A. $10mm^2$　　B. $16mm^2$　　C. $25mm^2$　　D. $32mm^2$

答案：C

168. 防雷装置的接地电阻，一般要求为(　　)Ω 以下。

A. 1　　B. 4　　C. 10　　D. 100

答案：C

169. 直击雷过电压是由于雷电直接击中的电气设备、线路或建筑物，强大的雷电流通过该物体泄入大地，在物体上产生(　　)。

A. 接触电阻　　B. 泄放电阻　　C. 雷电波　　D. 较高的电位降

答案：D

170. 人工接地体在土壤中的埋设深度不应小于(　　)。

A. 0.5m　　B. 0.8m　　C. 1.0m　　D. 1.2m

答案：A

171. 线路穿钢管和两端接地的目的在于起到(　　)。

A. 屏蔽　　B. 散流　　C. 集肤效应　　D. 跨接

答案：A

172. 电动机在运行中，从系统吸收无功功率，其作用是(　　)。

A. 建立磁场　　B. 进行电磁能量转换

C. 既建立磁场，又进行能量转换　　D. 不建立磁场

答案：C

173. 在交流电动机、直流电动机的选择中，直流电动机的优点是(　　)。

A. 启动及调速特性好　　B. 价格便宜

C. 维护方便　　D. 电动机的结构简单

答案：A

174. 异步电动机与同步电动机相比其缺点是(　　)。

A. 调整方法少　　B. 功率因数不能调整

C. 设备多　　D. 结构复杂

答案：B

175. 三相异步电动机启动方法不包括(　　)。

A. 直接启动　　B. 升压启动　　C. 降压启动　　D. 变频器启动

答案：B

176. 选择低压动力线路导线截面积时应先按(　　)进行计算，然后再对其他条件进行校验。

A. 发热条件　　B. 经济电流密度　　C. 机械强度　　D. 允许电压损失

答案：A

177. 下列关于低压动力配电箱的功能说法正确的是(　　)。

A. 只对动力设备配电

B. 只对照明设备配电

C. 不仅对动力设备配电，也可兼向照明设备配电

D. 只给小容量的单相动力设备配电

答案：C

178. 动力配电箱一般用于工厂车间及民用建筑中，作交流 50Hz、(　　)以下三相三线、三相四线系统的动力配电用。

A. 220V　　B. 380V　　C. 500V　　D. 1000V

答案：C

179. 在三相五线制系统中宜使用(　　)电缆。

A. 两芯软橡胶电缆　　B. 三芯软橡胶电缆

C. 四芯软橡胶电缆　　D. 五芯软橡胶电缆

答案：D

180. 当断路器拒合时，以下故障排除中，不当的操作为(　　)。

A. 检查二次回路　　B. 重新合闸

C. 检查线圈是否烧损　　D. 检查是否有卡滞现象

答案：B

181. 表示控制开关的文字符号是(　　)。

A. MK　　B. ZK　　C. KK　　D. FU

答案：C

182. 自动空气断路器的保护装置基本配置一定有(　　)。

A. 热脱扣和电磁脱扣　　B. 失压脱扣

C. 分励脱扣　　D. 报警接点

答案：A

183. 隔离开关的作用是(　　)。

A. 断开电流　　B. 拉合带正常负荷的线路

C. 隔断电源　　D. 拉合母线

答案：C

184. 触电急救必须分秒必争，立即就地迅速用(　　)法进行抢救，并坚持不断地进行，同时应及早与医疗部门联系。

A. 口对鼻吹气法　　B. 举臂压胸人工呼吸法

C. 口对口吹气法　　D. 心肺复苏法

答案：D

185. 当人体触电时，从外部来看(　　)的途径是最危险的。

A. 左手到右手　　B. 右手到左手　　C. 右手到脚　　D. 左手到脚

答案：D

186. 通过人体的电流强度取决于(　　)。

A. 触电电压　　B. 人体电阻

C. 触电电压和人体电阻　　D. 其他选项都不对

答案：C

187. 被电击的人能否获救，关键在于(　　)。

A. 能否尽快脱离电源和施行紧急救护　　B. 人体电阻的大小

C. 触电的方式　　D. 触电电压

答案：A

188. 属于膨胀式温度计的是(　　)。

A. 玻璃温度计　　B. 热电偶　　C. 热电阻　　D. 辐射温度计

答案：A

189. (　　)温度计属于固体膨胀式温度计。

A. 水银　　B. 双金属　　C. 热电偶　　D. 酒精

答案：B

190. 膨胀式温度计的测温是基于物体受热时产生膨胀的原理，可分为(　　)。

A. 气体膨胀式和液体膨胀式　　B. 气体膨胀式和液体膨胀式

C. 液体膨胀式和固体膨胀式　　D. 气体膨胀式、液体膨胀式和固体膨胀式

答案：C

191. (　　)属于膨胀式温度计，它主要由液体、存储器、毛细管和标尺组成。

A. 双金属温度计　B. 热电阻　C. 热电偶　D. 玻璃管式温度计

答案：D

192. 热电阻与温度变送器配合使用时，可采用(　　)导线制接法。

A. 5　B. 3　C. 4　D. 2

答案：B

193. 接收站使用的温度变送器输出信号类型主要是(　　)。

A. 4～20mA　B. 0～20mA　C. 0～10mA　D. 4～16mA

答案：A

194. 若接收站使用的一台温度变送器输出4～20mA对应的量程为－200～100℃，当控制系统接收到4mA，实际温度为(　　)。

A. 0℃　B. －100℃　C. －200℃　D. 100℃

答案：C

195. 关于智能温度变送器，下列说法正确的是(　　)。

A. 对高、低频干扰信号的抑制方面存在缺陷

B. 在大功率变频控制系统中不能可靠应用

C. 无法与单元组合仪表及DCS、PLC等系统配套使用

D. 内部采用数字化调校、无零点及满度电位器等诸多先进技术

答案：D

196. 压力变送器的测量范围为0～100kPa，现零点迁移100%，则仪表测量范围为(　　)。

A. 0～100kPa　B. 50～100kPa　C. 0～200kPa　D. 100～200kPa

答案：D

197. 压力变送器按照输出信号可分为(　　)和气动压力变送器。

A. 电动压力变送器　B. 电容式压力变送器

C. 谐振式压力变送器　D. 电感式压力变送器

答案：A

198. 压力变送器不是按照转换原理分类的是(　　)。

A. 电容式压力变送器　B. 电动压力变送器

C. 谐振式压力变送器　D. 电感式压力变送器

答案：B

199. (　　)测量原理是基于法拉第电磁感应定律：导电液体在磁场中作切割磁力线运动时，导体产生感应电势，感应电势与体积流量具有线性关系。

A. 电磁流量计　B. 涡街流量计　C. 超声波流量计　D. 质量流量计

答案：A

200. 关于电磁流量，以下说法错误的是(　　)。

A. 电磁流量计不能测量气体介质流量

B. 电磁流量变送器地线接在公用地线、上下水管道就足够了

C. 电磁流量计的输出电流与介质流量有线性关系
D. 电磁流量变送器和工艺管道紧固在一起就可以不必再接地线了
答案：B

201. 关于电磁流量计的说法错误的是(　　)。
A. 不受流体温度、黏度、密度以及导电率(一定范围)的影响
B. 可正、反向测量
C. 不受外界强电磁干扰
D. 不能测量气体、蒸汽和含有大量气体的液体
答案：C

202. 电磁流量计是采用(　　)信号。
A. 频率　　B. 相位差　　C. 电流　　D. 电压
答案：D

203. 涡街流量计的测量原理是，在流体流动的方向上放置一个非流线型物体时，在某一雷诺数范围内，当流体流速足够大时，流体因边界层的分离作用，在物体的下游两侧将交替形成非对称的(　　)。
A. 波浪　　B. 流线　　C. 旋涡列　　D. 流体
答案：C

204. 涡街流量计的旋涡频率 f 信号的检测方法很多，有(　　)法检测、有差压法检测。
A. 电学　　B. 热学　　C. 光学　　D. 力学
答案：B

205. 旋涡式流量计有两种：其中的一种是应用(　　)的旋涡列原理制成的流量计称为涡街流量计。
A. 自然振荡　　B. 简谐振荡　　C. 强迫振荡　　D. 等幅振荡
答案：A

206. 涡街流量计为电流输出时，输出的电流与流量成(　　)关系。
A. 平方　　B. 开方　　C. 非线性　　D. 线性
答案：D

207. 质量流量计是以(　　)部分进行质量/密度/温度测量的。
A. 显示器　　B. 变送器　　C. 手操器　　D. 传感器
答案：D

208. 按照质量流量计原理，质量流量计与(　　)成正比。
A. 振动频率　　B. 相位差　　C. 振幅　　D. 电阻值
答案：B

209. 质量流量计调零时需要保证(　　)。
A. 静止和断电　　B. 空管和通电　　C. 满管和静止　　D. 满管和断电
答案：C

210. 压力升高时，质量流量计流量读数会(　　)。
A. 减少　　B. 增加　　C. 不变　　D. 不可测
答案：A

211. 当被测液位为零时，作用在差压式液位计的正负压差的压力并不相等，这时需用(　　)的方法来抵消固定差压。

A. 迁移　　B. 冷端补偿　　C. 放大　　D. 更换差压式液位计

答案：A

212. 用单法兰液位计测量开口容器液位时，液位计已经校好后因维护需要仪表安装位置下移一段距离，则仪表指示(　　)。

A. 下降　　B. 上升　　C. 不变　　D. 不确定

答案：B

213. 用双法兰液位计测量液位时，液位计的零点和量程均已调好，后因维护需要上移一段距离，则液位计(　　)。

A. 零点上升，量程不变　　B. 零点下降，量程不变

C. 零点不变，量程增大　　D. 零点和量程都不变

答案：D

214. 浮筒液位计卡住时，输出指示(　　)。

A. 到“0”　　B. 最大　　C. 停住不变　　D. 不确定

答案：C

215. (　　)测量液位是基于阿基米德原理。

A. 浮球式液位计　　B. 浮筒式液位计　　C. 法兰式液位计　　D. 雷达液位计

答案：B

216. 浮筒式液位计所测的液位越高，其浮筒所受浮力(　　)。

A. 不变　　B. 越小　　C. 越大　　D. 不一定

答案：A

217. 属于变浮力液位计的有(　　)。

A. 浮球液位计　　B. 雷达液位计　　C. 磁翻板液位计　　D. 浮筒液位计

答案：D

218. 某接收站每台储罐共有 2 台伺服液位计，其测量液位的原理是利用(　　)。

A. 阿基米德原理　　B. 连通器原理　　C. 静压测量原理　　D. 变浮力原理

答案：A

219. 不属于伺服液位计组成部件的是(　　)。

A. 轮箍　　B. 电机　　C. 浮子　　D. 转子

答案：D

220. 伺服液位计使用前应检查液位计安装的紧密性，检查输入电压和输出电流是否在正常值内，通电(　　)以上，待设备稳定后再检测数据是否准确。

A. 3min　　B. 4min　　C. 10min　　D. 15min

答案：D

221. 与差压式液位计比较，伺服液位计的测量速度(　　)。

A. 较快　　B. 较慢　　C. 一样　　D. 无法比较

答案：B

222. 不属于 LTD 测量的参数是(　　)。

A. 液位　　B. 温度　　C. 密度　　D. 压力

答案：D

223. LTD 是一款集密度、温度和液位测量于一体的紧凑型设备，其传感探头共安装有两个传感器，这两个传感器是(　　)。

A. 液位和密度传感器　　B. 液位和温度传感器

C. 温度和密度传感器　　D. 其他选项均不正确

答案：C

224. 下列描述不是 LTD 传感探头组成部分的是(　　)。

A. 温度传感器　　B. 液位传感器　　C. 密度传感器　　D. 振动管

答案：B

225. LTD 温度测量的精度是(　　)。

A. ±0.1℃　　B. ±0.05℃　　C. ±0.3℃　　D. ±0.5℃

答案：A

226. 可燃气体探测器显示面板上“LEL”表示(　　)。

A. 爆炸下限　　B. 爆炸上限　　C. 最高容许浓度　　D. 爆炸浓度

答案：A

227. 可燃气体探测器的安装位置是根据所测气体的(　　)确定。

A. 数量　　B. 流量　　C. 体积　　D. 密度

答案：D

228. 100% LEL 甲烷的体积百分数是(　　)。

A. 1%　　B. 5%　　C. 15%　　D. 100%

答案：B

229. 红外光学型可燃气体探测仪是利用红外传感器通过红外线光源的吸收原理来检测现场环境的(　　)类可燃气体。

A. 单分子　　B. 双分子　　C. 碳氢　　D. 烃

答案：C

230. 三频红外火焰探测器采用(　　)探测，灵敏度高。

A. 接触式　　B. 非接触式　　C. 静态式　　D. 主动式

答案：B

231. 下列场所中，不宜选择火焰探测器的是(　　)。

A. 火灾时有强烈的火焰辐射的场所

B. 液体燃烧火灾等无阴燃阶段的火灾场所

C. 需要对火焰做出快速反应的场所

D. 探测区域内有高温物体的场所

答案：D

232. 火焰探测器利用光电效应探测火灾，主要探测火焰发出的(　　)。

A. 可见光

B. 蓝光

C. 紫外或红外光

D. 按红、橙、黄、绿、蓝、靛、紫次序连续分布的彩色光谱

答案：C

233. 对火灾发展迅速，有强烈的火焰辐射和少量的烟、热的场所，应选择(　　)探测器。

A. 火焰　　B. 感温　　C. 感烟　　D. 可燃气体

答案：A

234. 调节阀的气开、气关选择的考虑角度是(　　)。

A. 气动薄膜的执行机构的正反作用　　B. 安全角度

C. 阀芯的正反作用　　D. 气源压力

答案：B

235. 发现调节阀失灵时，下列应对措施不正确的是(　　)。

A. 由自动改手动　　B. 改副线控制

C. 联系仪表检修　　D. 做好工艺流程切换

答案：A

236. 气开式调节阀是指输入风压增大时，阀门开(　　)，气关式调节阀是指输入风压增大时，阀门开(　　)。

A. 大　大　　B. 小　大　　C. 大　小　　D. 小　小

答案：C

237. (　　)是指气压信号从膜片上部进入，阀杆下移。

A. 气关式调节阀　　B. 反作用调节阀

C. 气开式调节阀　　D. 正作用调节阀

答案：D

238. (　　)通常是指由一个被控对象、一个检测元件及传感器、一个调节器和一个执行器所构成的单闭环控制系统，有时也称单回路控制系统。

A. 简单控制系统　　B. 分程控制系统

C. 串级控制系统　　D. 比值控制系统

答案：A

239. (　　)就是一个调节器同时控制两个或两个以上的调节阀，每一个调节阀根据工艺的要求在调节器输出的一段信号范围内动作。

A. 简单控制系统　　B. 分程控制系统　　C. 串级控制系统　　D. 比值控制系统

答案：B

240. (　　)是由主、副两个调节器串接工作的，主调节器的输出作为副调节器的给定值，副调节器的输出去操纵调节阀，以实现对主变量的定值控制

A. 简单控制系统　　B. 分程控制系统　　C. 串级控制系统　　D. 比值控制系统

答案：C

241. (　　)是实现两个或两个以上的参数符合一定比例关系的控制系统。

A. 简单控制系统　B. 分程控制系统　C. 串级控制系统　D. 比值控制系统

答案：D

242. 下列(　　)的说法是正确的。

A. 工人在放有易燃易爆物品的场所作业时应该使用化纤防护用品

B. 允许将劳动防护用品折合为现金发给个人

C. 发放的劳动防护用品不准转卖

D. 进入生产厂区可以不戴安全帽

答案：C

243. 防止毒物危害的最佳方法是(　　)。

A. 穿工作服　B. 用无毒或低毒的替代品

C. 佩戴呼吸器具　D. 穿劳保鞋

答案：B

244. 劳动防护用品分为一般劳动防护用品和(　　)劳动防护用品。

A. 特别　B. 特种　C. 个别　D. 定制

答案：B

245. 现场操作时，工人要穿“三紧”式工作服，“三紧”是指(　　)紧、领口紧和下摆紧。

A. 袖口　B. 裤口　C. 裤腿　D. 鞋带

答案：A

246. 正确佩戴安全帽有两个要点：一是安全帽的帽衬与帽壳之间应有一定间隙；二是(　　)。

A. 必须系紧下颚带　B. 必须时刻佩戴　C. 必须涂上黄色　D. 必须涂上红色

答案：A

247. 可燃气体与空气的混合物，在遇明火发生爆炸时，可燃气体在混合气体中的最低浓度称为(　　)。

A. 爆炸点　B. 爆炸上限　C. 爆炸下限　D. 爆炸极限

答案：C

248. 灭火器表上的压力指针低于绿色区进入红区时(　　)。

A. 可正常使用　B. 应及时报修　C. 应将灭火器报废　D. 应干燥处理

答案：B

249. 安全阀的作用是(　　)。

A. 节流　B. 通断

C. 阻止　D. 自动放空泄压，保护管道及设备

答案：D

250. 关于汽车槽车安全运输管理描述不正确的是(　　)。

A. 槽车按当地公安、交通部门规定的路线、时间和车速行驶

B. 驾驶室内严禁吸烟

C. 行驶中应经常注意观察槽车储罐的压力和温度，当罐内液温达到40℃时，应采取遮阳或罐外水冷降温等安全措施

D. 槽车在恶劣路面上行驶时，应加速行驶，以尽快通过恶劣路段，减少震动和冲击时间

答案：D

251. 国标 30871 中规定，(　　)以上高处作业时，必须办理作业许可证。

A. Ⅳ级　B. Ⅲ级　C. Ⅱ级　D. Ⅰ级

答案：C

252. 破土作业时深度大于(　　)m 时，应设置应急逃生通道。

A. 2　B. 1.5　C. 1　D. 0.5

答案：A

253. 企业应在可能产生职业病危害的工作场所、作业岗位、设备设施的醒目位置设置(　　)。

A. 安全标识　B. 警示带　C. 警示语言　D. 警示标识

答案：D

254. 重量 40 吨以下的起重作业为(　　)级起重作业。

A. 四　B. 三　C. 二　D. 一

答案：B

255. (　　)不是天然气火灾的特点。

A. 火灾爆炸危险性大　B. 火焰温度高、辐射热强

C. 易形成大面积火灾　D. 无复燃复爆性

答案：D

256. LNG 接收站工艺装置区内的大部分区域为爆炸危险(　　)。

A. 0 区　B. 1 区　C. 2 区　D. 3 区

答案：C

257. 除了利用行政电话 119 专号报火警外，接收站站内设置了(　　)，各单元的火灾报警控制器间通过总线方式联网。

A. SIS 系统　B. DCS 系统

C. 火灾自动报警系统　D. FGS 系统

答案：C

258. 构成火灾三要素的不包括(　　)。

A. 氧化物　B. 可燃物　C. 爆炸物　D. 点火源

答案：C

259. 正常的灭火器其内部压力显示表的指针应指在(　　)。

A. 绿色区域　B. 红色区域　C. 黄色区域　D. 蓝色区域

答案：A

260. 灭火的基本方法不包括(　　)。

A. 冷却法　B. 抑制法　C. 窒息法　D. 隔离法

答案：B

261. 消防应急照明灯平时是(　　)。

A. 常亮的　　B. 不亮的　　C. 看情况　　D. 其他选项均可

答案：B

262. 常见消防水带的长度为(　　)m。

A. 10　　B. 20　　C. 25　　D. 30

答案：C

263. 安全标志分禁止标志、(　　)、指令标志和提示标志四大类型。

A. 警告标志　　B. 警示标志　　C. 警醒标志　　D. 告知标志

答案：A

264. 禁止标志的含义是禁止人们(　　)的图形标志。

A. 安全行为　　B. 不安全行为　　C. 合法行为　　D. 不合法行为

答案：B

265. 指令标志的含义是(　　)人们必须做出某种动作或采用防范措施的图形标志。

A. 强制　　B. 要求　　C. 通知　　D. 禁止

答案：A

266. 警告标志的基本含义是提醒人们对(　　)引起注意，以避免可能发生危险的图形标志。

A. 前方环境　　B. 后方环境　　C. 两侧环境　　D. 周围环境

答案：D

267. 巡回检查制度，要明确巡检时间、巡检内容和巡检路线，及时整改并销项巡检出的问题，落实巡检情况的(　　)管理。

A. 闭环　　B. 检查　　C. 问题整改　　D. 完整性

答案：A

268. 工程施工的作业监管，应按照作业风险(　　)，由相应能力的属地人员进行监督管理。

A. 难易　　B. 大小　　C. 区域　　D. 部位

答案：B

269. 岗位练兵要以(　　)为单位、班组长为主导，积极采用日常学习、专项培训、操作比武、应急演练等多种岗位练兵形式。

A. 岗位　　B. 班组　　C. 站(队)　　D. 区部

答案：B

270. 依据《中国石化安全检查规定》，综合性检查，基层单位至少(　　)组织1次。

A. 每天　　B. 每周　　C. 每月　　D. 每年

答案：C

271. 生产经营单位的从业人员有权了解其作业场所和工作岗位存在的危险因素、防范措施及(　　)。

A. 劳动用工情况　　B. 安全技术措施

C. 安全投入资金情况　　D. 事故应急措施

答案：D

272. 新《安全生产法》中，生产经营单位的主要负责人对本单位安全生产工作职责由 6 项增加到了 7 项，增加的内容是(　　)。

A. 组织制定并实施本单位安全生产教育和培训计划

B. 保证本单位安全生产投入的有效实施

C. 督促、检查本单位的安全生产工作，及时消除生产安全事故隐患

D. 组织制定并实施本单位的生产安全事故应急救援预案

答案：A

273. 不属于生产经营单位安全投入的是(　　)。

A. 设施设备改造、检验检测费用　　B. 安全评价费用

C. 安全生产图书报刊费用　　D. 员工工伤保险费用

答案：D

274. 劳动者被诊断患有职业病，但用人单位没有依法参加工伤社会保险的，其医疗和生活保障一般由(　　)承担。

A. 劳动者个人承担　　B. 最后的用人单位承担

C. 劳动者家庭承担　　D. 工伤保险机构承担

答案：B

275. 关于化学品火灾扑救的表述中，正确的是(　　)。

A. 扑救爆炸物品火灾时，应立即采用沙土盖压，以减小爆炸物品的爆炸威力

B. 扑救遇湿易燃物品火灾时，应采用泡沫、酸碱灭火剂扑救

C. 扑救易燃液体火灾时，往往采用比水轻又不溶于水的液体用直流水、雾状水灭火

D. 易燃固体、自燃物品火灾一般可用水和泡沫扑救，只要控制住燃烧范围，逐步扑灭即可

答案：D

276. 有些危险化学品可通过一种或多种途径进入人体内，当其在人体累积到一定量时，便会扰乱或破坏肌体的正常生理功能，引起暂时性或持久性的病理改变，甚至危及生命。预防危险化学品中毒的措施有多种，下列措施中，不属于危险化学品中毒事故预防控制措施的是(　　)。

A. 替代　　B. 联锁　　C. 变更工艺　　D. 通风

答案：B

277.《常用化学危险品储存通则》(GB 15603—1995)规定，危险化学品露天堆放，应符合防火、防爆的安全要求，爆炸物品、一级易燃物品和(　　)物品不得露天堆放。

A. 强氧化性　　B. 遇湿易溶　　C. 遇湿燃烧　　D. 强腐蚀性

答案：C

278. 有毒物质进入人体内并累积到一定量时，便会扰乱或破坏肌体的正常生理功能，引起暂时性或持久性的病理改变，甚至危及生命。这种危险特性属于(　　)。

A. 化学性　　B. 腐蚀性　　C. 毒害性　　D. 放射性

答案：C

279. 用消防栓使用消防水带灭火至少(　　)人，方可保证正确安全使用。

A. 1　　B. 2　　C. 3　　D. 4

答案：C

280. 突发事件应对工作实行(　　)的原则。

A. 预防为主、防消结合　　B. 预防为主、防治结合

C. 预防为主、预防与应急相结合　　D. 预防为主、安全第一

答案：C

281. 下面可以用于扑救带电设备电气火灾的灭火剂是(　　)。

A. 泡沫灭火剂　　B. 干粉灭火剂

C. 水　　D. 沙子

答案：B

282. 超声流量计通常具有100%的信号质量，在(　　)的情况下，有可能低于100%。

A. 接近该超声流量计最大压力　　B. 接近该超声流量计最高温度

C. 接近该超声流量计最大量程　　D. 接近该超声流量计最大声速

答案：C

283. 超声流量计计量系统中，温度变送器应安装在(　　)。

A. 流量计上游　　B. 流量计下游　　C. 流量计表体　　D. 其他选项均可

答案：B

284. 超声波流量计的换能器(声波探头)检查主要是测量其(　　)。

A. 电阻值　　B. 电压值　　C. 电流值　　D. 电感值

答案：A

285. 超声波流量计由(　　)组成。

A. 超声换能器、电子数据单元

B. 超声换能器、超声波本体

C. 电子数据单元、超声波本体

D. 超声换能器、电子数据单元、流量计本体

答案：D

286. 涡轮流量计是根据(　　)来进行流量计量的。

A. 节流原理　　B. 差压原理

C. 电磁感应的原理　　D. 静电感应的原理

答案：C

287. 涡轮流量计是一种(　　)流量计。

A. 电子式　　B. 差压式　　C. 质量式　　D. 速度式

答案：D

288. 涡轮流量计由于结构简单，运动部件少，所以压力损失小。工作流量下的压力损失仅为(　　)。

A. 0.015 ~0.05MPa　　B. 0.1 ~0.15MPa

C. 15 ~0.25MPa　　D. 0.25 ~0.5MPa

答案：A

289. 涡轮流量计的特点之一就是测量流量范围宽，量程比一般为(　　)，适用于流量变化幅度较大现场的测量。

A. 5 : 1　　B. 10 : 1　　C. 15 : 1　　D. 20 : 1

答案：B

290. 汽车衡检定一般采用(　　)方式检定。

A. 替代物加砝码　　B. 替代物　　C. 砝码　　D. 叉车

答案：A

291. 贸易交接的汽车衡投用前(　　)。

A. 不需要检定　　B. 在合理的时间检定

C. 提前1年检定　　D. 提前2年检定

答案：B

292. 不属于汽车衡标准配置三大主件的是(　　)。

A. 承重传力机构(秤体)　　B. 高精度称重传感器

C. 打印机　　D. 称重显示仪表

答案：C

293. 对于梅特勒－托利多SCS－80PS汽车衡，下面叙述错误的是(　　)。

A. 地上衡　　B. 数字显示

C. 最大称量为80t　　D. 地中衡

答案：D

294. 使用实行强制检定的工作计量器具的单位和个人，应当向(　　)申请周期检定。

A. 政府计量行政部门

B. 县级以上政府计量行政部门所属的计量检定机构

C. 政府计量行政部门授权的计量检定机构

D. 本地县市级政府计量行政部门指定的计量检定机构

答案：D

295. 对用于(　　)方面的未列入强制检定目录的工作计量器具，可以不实行强制检定。

A. 质量监督　　B. 安全防护　　C. 医疗卫生　　D. 环境检测

答案：A

296. 强检压力表检定周期为(　　)。

A. 6个月　　B. 1年　　C. 2年　　D. 1个检修周期

答案：A

297. 强检测量设备要求检定合格率为(　　)。

A. 95%　　B. 98%　　C. 99%　　D. 100%

答案：D

298. 不属于冷镜式露点仪制冷的方法为(　　)。

A. LNG制冷　　B. 液氮制冷　　C. 高压空气制冷　　D. 半导体制冷

答案：A

299. 镜面式露点仪的原理为不同(　　)含量的气体在不同温度下的镜面上会结露，采用光电检测技术，检测出露层并测量结露时的温度。

A. 水分　　B. 氧气　　C. 氮气　　D. 空气

答案：A

300. 电传感器式露点仪为采用(　　)作为介质，构成电容或电阻，在含水分的气体流经后，介电常数或电导率发生相应变化，测出当时的电容值或电阻值，就能知道当时的气体水分含量。

A. 亲水性材料或憎水性材料　　B. 表面阳离子材料

C. 表面阴离子材料　　D. 耐高温材料

答案：A

301. 镜面式露点仪采用的是(　　)，在保证检露准确、镜面制冷高效率和精密测量结露温度前提下，该种露点仪可作为标准露点仪使用。

A. 直接测量法　　B. 高温测量法　　C. 间接测量法　　D. 低温测量法

答案：A

302. 接触燃烧式可燃气体报警仪中使用的是(　　)。

A. 铂金针　　B. 铂金丝　　C. 铅丝　　D. 铁丝

答案：B

303. 气体测爆仪测定的是可燃气体的(　　)。

A. 爆炸下限　　B. 爆炸上限　　C. 爆炸极限范围　　D. 浓度

答案：D

304. 下列选项中，不是可燃气体检测仪用途的是(　　)。

A. 接触燃烧式动火前的可燃气体浓度分析

B. 检测各种场所的可燃气体浓度及氧气浓度和各种燃气管道和燃气设备的检漏

C. 检测可燃性溶剂的蒸汽浓度

D. 定性分析水中的化学物质

答案：D

305. 不属于气相色谱法的主要特点的是(　　)。

A. 选择性高　　B. 分离效率高　　C. 灵敏度高　　D. 分析速度慢

答案：D

306. 气相色谱作为分析方法的最大特点是(　　)。

A. 进行定性分析　　B. 进行定量分析

C. 分离混合物　　D. 分离混合物并同时进行分析

答案：D

307. 在气相色谱中进行定性试验时，实验室之间可以通用的定性参数是(　　)。

A. 调整保留体积　　B. 调整保留时间　　C. 相对保留值　　D. 保留时间

答案：C

308. 当水样的待测项目为悬浮物时，水样应在 1 ~ 5℃ 避光保存，最长保留时间为(　　)。

A. 6h　　B. 24h　　C. 2d　　D. 3d

答案：A

309. 当水样的待测项目为氯离子时，水样应在 1 ~ 5℃ 避光保存，最长保留时间为(　　)。

A. 30d　　B. 60d　　C. 90d　　D. 15d

答案：A

310. 当水样的待测项目为余氯时，水样保留时间为(　　)。

A. 采集后马上现场分析　　B. 15min

C. 30min　　D. 60min

答案：A

311. 采集水样之前，用(　　)冲洗采样瓶 3 次。

A. 蒸馏水　　B. 水样　　C. 去离子水　　D. 矿泉水

答案：B

312. 为了保证 ISO 8943 过冷度的要求，OPTA 采样系统的取样探头采用(　　)的方式进行保冷。

A. 真空绝热　　B. 保冷循环　　C. 使用保冷材料　　D. 双层异材保冷

答案：A

313. 以下说法错误的是(　　)。

A. LNG 样品气化器的热交换容量应足够使取出的全部 LNG 样品汽化

B. 样品气化器的结构应能使 LNG 的重组分不残留在气化器中

C. 当装备有压缩机输送汽化后的 LNG 时，LNG 气化器的最大汽化量应大于压缩机的最大流量

D. LNG 样品气化器温度必须设置到 90℃ 以上

答案：D

314. 根据 ISO 8943 对 LNG 样品进行采集，采样时间一般为(　　)。

A. 卸料全速开始后一个小时至降速前一个小时结束

B. 全速卸料前

C. 降速阶段

D. 整个全速卸料阶段

答案：A

315. LNG 船舶接卸作业，进行卸料臂操作时，通常首选(　　)进行操作。

A. 就地操作面板　　B. 控制室远程操控

C. 遥控操作装置　　D. 选择阀组单元

答案：C

316. LNG 码头登船梯悬梯通常采用可俯仰式，并带有(　　)机构，整个悬梯与平台旋转以适应各类使用情况。

A. 升降　　B. 伸缩　　C. 变踏步　　D. 自由浮动

答案：D

317. LNG 码头辅助靠泊系统中的激光传感器测试后，应及时清除激光传感器电控盒窗口的盐和污物，否则(　　)。

A. 容易造成激光传感器损坏

B. 容易造成激光光束不成一条直线，测量不精确

C. 容易导致激光传感器无法接收返回的信号

D. 容易造成激光传感器无信号显示

答案：B

318. 不能通过卸料臂远程操作控制器(遥控器)实现的动作是(　　)。

A. 卸料臂前后动作　　B. 双球阀的开关

C. 卸料臂左右动作　　D. 触发卸料臂 ESD 动作

答案：D

319. LNG 码头进出港航道上设置的导助航设施是(　　)。

A. 浮标　　B. 辅助靠泊系统　　C. 灯桩　　D. 气象观测站

答案：A

320. LNG 码头上通常设置的导助航设施是(　　)。

A. 浮标　　B. 辅助靠泊系统　　C. 灯桩　　D. 气象观测站

答案：C

321. LNG 码头进出港航道设置浮标的目的是(　　)。

A. 标示碍航物　　B. 标示航道范围　　C. 收集气象信息　　D. 标示航道距离

答案：B

322. 下列(　　)设施，顶部装有发光器的柱状或梯形铁框架结构的固定航标，一般设置在航道附近的岛、岸边或浅水中或者防坡堤端头。

A. 浮标　　B. 辅助靠泊系统　　C. 灯桩　　D. 气象观测站

答案：C

323. 以下(　　)船舶被喻为“海上超级冷冻车”，是高技术、高难度、高附加值的“三高”产品？

A. LPG 船　　B. 大型油轮　　C. LNG 船　　D. 集装箱船

答案：C

324. 法国 GTT 公司专利 NO. 96 薄膜型 LNG 船舶满载正常海上航行时，船舱蒸发率最大不超过(　　)。

A. 0. 15%　　B. 0. 20%　　C. 0. 25%　　D. 0. 30%

答案：A

325. 薄膜型 LNG 船舶在海上航行时，(　　)船舱液位是允许的？

A. 小于 10%　　B. 大于 10%，且小于 20%

C. 大于 20%，且小于 30%　　D. 任意液位

答案：A

326. LNG 船舶在海上航行时，(　　)类型 LNG 船舶液面晃动效应少、不受装载限制？

A. 薄膜型　　B. 球型(MOSS)　　C. Q－Flex　　D. Q－Max

答案：B

327. LNG 码头辅助靠泊系统，当激光测距仪的发射窗出现划痕时，会出现的情况是(　　)。

A. 激光测距仪无显示　　B. 损坏激光测距仪的光学性能

C. 激光测距仪数值无变化　　D. 激光测距仪数据显示不能归零

答案：B

328. LNG 船舶靠泊码头期间，船岸双方对中的目标是码头气相臂与船舶(　　)对齐。

A. 船中位置　　B. 驾驶台位置

C. 汇管操作平台气相汇管　　D. 汇管操作平台 1# 液相汇管

答案：C

329. LNG 船舶靠泊码头期间，码头辅助靠泊系统通常显示的参数包括(　　)。

A. 船首/船尾与码头距离　　B. 靠泊角度

C. 船首/船尾靠泊速度　　D. 其他选项均有

答案：D

330. 大中型 LNG 船舶靠泊码头时，船舶法向靠泊速度应小于(　　)。

A. 10cm/s　　B. 20cm/s　　C. 30cm/s　　D. 40cm/s

答案：A

331. 不属于快速脱缆钩操作模式的是(　　)。

A. 手动模式脱缆　　B. 就地电动脱缆　　C. 远程电动脱缆　　D. 远程液压脱缆

答案：D

332. LNG 船舶离泊作业时，快速脱缆钩操作方式首选(　　)。

A. 就地手动模式脱缆　　B. 就地电动脱缆

C. 远程电动脱缆　　D. 远程液压脱缆

答案：A

333. 快速脱缆钩的驱动机构，一般采用机械和(　　)驱动系统。

A. 液压　　B. 气压　　C. 电动　　D. 磁动

答案：C

334. 快速脱缆钩远程脱缆时，以下可实现的功能是(　　)。

A. 一键脱放所有系缆钩上的缆绳

B. 一键脱放同一组系缆钩上的缆绳

C. 逐个脱放各个系缆钩缆绳

D. 其他选项均可

答案：D

335. 接收站接卸 LNG 船舶时，关于卸料方式的选择，下列说法正确的是(　　)。

A. 当船上 LNG 的密度大于储罐原有 LNG 的密度时，卸料方式应采用下进液

B. 当船上 LNG 的密度小于储罐原有 LNG 的密度时，卸料方式应采用上进液

C. 当船上 LNG 的密度与储罐原有 LNG 的密度接近时，卸料方式应采用下进液

D. 当船上 LNG 的密度与储罐原有 LNG 的密度接近时，卸料方式应采用上进液

答案：C

336. LNG 船舶卸货期间，当(　　)时，应开始为船舱补压。

A. 启动第一台卸货泵　　B. 船舱压力低需要补压

C. 全速卸料阶段　　D. 减速卸料阶段

答案：B

337. 下列不属于卸料臂预冷控制措施的是(　　)。

A. 调节船方预冷管线预冷阀门的开度

B. 调节船方预冷泵回流阀的开度

C. 调节码头卸料臂预冷放空管线上控制阀的开度

D. 降低储罐的压力

答案：D

338. LNG 船舶卸货作业期间，接收站码头保冷循环将(　　)。

A. 继续运行　　B. 暂时停止

C. 运行及停止交替进行　　D. 视情况而定

答案：B

339. 下列表示买卖双方签订的 LNG 购销协议的英文缩写是(　　)。

A. CIF　　B. SPA　　C. DES　　D. FOB

答案：B

340. LNG 国际贸易常用英文术语“Take or Pay”对应的中文术语是(　　)。

A. 收货或付款　　B. 收款或付款　　C. 照付不议　　D. 收货或发货

答案：C

341. LNG 国际贸易中，下列因素不属于“不可抗力”的是(　　)。

A. 自然灾害　　B. 战乱　　C. 政府禁令　　D. 大雾天气

答案：D

342. LNG 国际贸易执行通过 LNG 船舶运输时，通常利用 LNG 船舶上的货物交接计量系统进行体积计量，LNG 船上的货物计量交接系统英文缩写是(　　)。

A. CTMS　　B. SPA　　C. DES　　D. FOB

答案：D

343. 地面全容式混凝土储罐环形空间内的保冷材料通常是(　　)。

A. 泡沫玻璃　　B. 酚醛树脂　　C. 岩棉　　D. 膨胀珍珠岩

答案：D

344. 通过来货密度选择进料方式，来料密度(　　)时选用(　　)进料，来料密度(　　)时选用(　　)进料。

A. 较高　下　较低　上　　B. 较高　下　较低　上

C. 较低　上　较高　下　　D. 较低　下　较高　上

答案：D

345. 汽化设施维修准备程序应关停相关设备，进行能源(　　)。

A. 隔离 泄压 排放 吹扫　　B. 隔离 试压 排放 吹扫

C. 隔离 试压 排放 置换　　D. 隔离 泄压 排放 置换

答案：A

346. 压缩机的操作模式(测试、就地、远程)由(　　)通过选择器选择。

A. DCS　　B. 就地控制盘　　C. SIS　　D. FGS

答案：B

347. 通常在 SCV 运转调试时，在烟道排放出口检测烟气中(　　)含量，如含量超标，调节燃料气与空气比率使排放合格。

A. 一氧化碳　　B. 氮氧化合物

C. 一氧化碳及氮氧化合物　　D. 一氧化碳及硫化物

答案：C

348. 检测 IFV 和 ORV 出入口海水的最大温差符合(　　)要求。

A. 节能　　B. 职业病　　C. 安全　　D. 环保

答案：D

349. 电气设备着火时，应先将设备停用，切断电源后灭火，灭火时禁用(　　)灭火器。

A. 泡沫式　　B. 二氧化碳　　C. 干式　　D. 四氯化碳

答案：A

350. 建(构)筑物内应急灯具应为(　　)，电池备用时间最少为(　　)min。

A. 自带电源型 30　　B. 集中电源型 30　　C. 子母电源型 30　　D. 自带电源型 60

答案：A

351. 生产过程中的检测仪表应定期进行检验，制定检测仪表的检验、校验规程。校验周期一般不应长于(　　)。

A. 半年　　B. 一年　　C. 两年　　D. 三年

答案：C

352. 应至少(　　)对控制阀和开关阀门进行测试、维护和校验，并做好记录。对于不能退出运行进行全关断测试的关键阀门，应设置局部关断测试阀门，并定期进行阀门的局部关断测试。

A. 半年　　B. 一年　　C. 两年　　D. 三年

答案：B

353. 槽车充装过程中应监控(　　)。

A. 温度、压力、液位、流量　　B. 温度、液位、流量

C. 压力、液位、流量　　D. 温度、压力、液位

答案：A

354. 槽车进站前应检查(　　)。

A. 安全　　B. 安全和人、车的信息

C. 驾驶员信息　　D. 车辆信息

答案：B

355. 装卸汇管上应设隔离阀及液体和气体回流管线用排放口接头，以便软管和装卸臂

断开连接之前能(　　)。

A. 封隔、排空　　B. 泵出、泄压

C. 封隔、排空、泵出、泄压　　D. 排空、泵出

答案：C

356. LNG船靠泊期间，码头应实行(　　)连续值班。

A. 4h　　B. 6h　　C. 12h　　D. 24h

答案：D

357. 关于低温环境作业的防寒保护及冻伤紧急处置说法不正确的是(　　)。

A. 在低温环境作业时，应穿戴防寒服和防寒手套，必要时应佩戴面罩或头罩以及防寒耳罩

B. 当皮肤接触到液化天然气时，应立即到医务室在大量热水中浸没

C. 在皮肤温度恢复之前和之后，可搓揉冻伤的部位。如果大面积冻伤，应脱去衣物，然后用温水冲洗，并立即就医

D. 当眼睛接触到液化天然气时，应立即提起眼睑，用缓和的温水冲洗眼睛至少15min，严禁使用热水。如仍感不适，立即就医治疗

答案：C

358. 关于个人劳动防护用品说法不正确的是(　　)。

A. 对于生产中必不可少的安全帽等用品必须根据工种的要求配备并保证质量

B. 可使用无安全标志的特种劳动防护用品

C. 劳动防护用品不应超过使用期限

D. 劳动防护用品有缺陷时应立即报废更换

答案：B

359. 关于有毒、有害危险化学品的管理说法正确的是(　　)。

A. 有毒、有害化学品应储存在专用仓库内，储存方式、方法与储存数量应符合国家标准，不需专人管理

B. 有毒有害化学品出入库，应进行检查等级并且应定期检查

C. 有毒、有害化学品专用仓库，无须设置明显标志

D. 特种设备以及危险物品的容器、运输工具未经取得专业资质的机构检测、检验合格，取得安全使用证或者安全标志，可以采取措施先投入使用

答案：B

360. 关于静电接地保护说法正确的是(　　)。

A. 在接收站内生产储运过程中会产生静电积累的管道、容器、储罐和加工设备均应作静电接地，其接地系统与其他公用接地系统连接时，其接地电阻应符合其中最小值的要求

B. 当接收站内有易燃品槽车装卸时，应配备防静电接地保护装置并能在接地不符合要求的情况下自动终止装卸作业

C. 如果在加载或卸载的系统中可能有杂散电流或常见外加电流(例如阴极保护)存在

时，应采取防止火花的保护措施

D. 接地回路应采用黄绿双色绝缘电缆作为连接线，接地极材料应采用铜或镀锌钢，接地电阻大于10Ω

答案：C

361. 下列管道(　　)属于公用燃气管道。

A. GA1　　B. GA2　　C. GB1　　D. GB2

答案：C

362. 按照特种设备目录，不属于锅炉分类的是(　　)。

A. 承压蒸汽锅炉　　B. 承压热水锅炉

C. 有机热载体锅炉　　D. 承压换热器

答案：D

363. 不属于承压蒸汽锅炉的是(　　)。

A. 电站锅炉　　B. 工业锅炉　　C. 生活锅炉　　D. 热水锅炉

答案：D

364. 以下压力容器中属于中压容器的是(　　)。

A. 设计压力为0.5MPa　　B. 设计压力为5MPa

C. 设计压力为50MPa　　D. 设计压力为500MPa

答案：B

365. 全过程安全监察的中心和关键环节是(　　)。

A. 设计　　B. 制造　　C. 使用　　D. 检验

答案：C

366. 压力容器的安全阀应该(　　)安装。

A. 水平　　B. 垂直　　C. 与水平呈45°　　D. 随便

答案：B

367. 压力表的量程应该为压力容器最高工作压力的(　　)倍。

A. 1.5～3　　B. 1.1　　C. 1.3　　D. 4

答案：A

368. 液位计是(　　)压力容器内液位变化的安全装置。

A. 控制　　B. 显示

C. 控制和显示　　D. 其他选项都不正确

答案：B

369. 根据《劳动法》有关集体合同的规定，职工个人与企业订立的劳动合同中，劳动条件和(　　)标准不得低于集体合同的规定。

A. 社会保险　　B. 福利待遇　　C. 合同期限　　D. 劳动报酬

答案：D

370. 根据《劳动法》有关集体合同的规定，集体合同由工会代表职工与企业签订；没有建立工会的企业，由推举的(　　)与企业签订。

A. 工会主席　　B. 职工代表　　C. 群众代表　　D. 行政领导

答案：B

371.《劳动法》有关工时制度的规定，国家实行劳动者每日工作时间不超过 8h、平均每周工作时间不超过(　　)h 的工时制度。

A. 38　　B. 44　　C. 54　　D. 60

答案：B

372.《劳动法》有关延长工作时间的规定，因特殊原因需要延长工作时间的，在保障劳动者身体健康的条件下延长工作时间每日不得超过 3h，但是每月不得超过(　　)h。

A. 36　　B. 40　　C. 44　　D. 24

答案：A

373. 根据《劳动合同法》的有关规定，下列表述错误的是(　　)。

A. 用人单位有权了解劳动者与劳动合同直接相关的基本情况，劳动者应当如实说明

B. 用人单位招用劳动者，不得扣押劳动者的居民身份证和其他证件

C. 为降低新入职员工流失风险，用人单位可以在招聘时向劳动者收取部分担保金

D. 用人单位招用劳动者时，应当如实告知劳动者工作内容、工作条件、工作地点、职业危害、安全生产状况、劳动报酬，以及劳动者要求了解的其他情况

答案：C

374. 根据《劳动合同法》的有关规定，用人单位招用劳动者时，以下说法不正确的是(　　)。

A. 用人单位应当如实告知劳动者工作内容、工作条件、工作地点、职业危害、安全生产状况、劳动报酬，以及劳动者要求了解的其他情况

B. 用人单位有权了解劳动者与劳动合同直接相关的基本情况，劳动者应当如实说明

C. 用人单位不得扣押劳动者的居民身份证和其他证件，不得要求劳动者提供担保或者以其他名义向劳动者收取财物

D. 禁止用人单位招用未满十八周岁的未成年人

答案：D

375. 根据《劳动合同法》有关规定，下列表述错误的是(　　)。

A. 建立劳动关系，应当订立书面劳动合同

B. 已建立劳动关系，未同时订立书面劳动合同的，应当自用工之日起一个月内订立书面劳动合同

C. 已建立劳动关系，未同时订立书面劳动合同的，应当自用工之日起两个月内订立书面劳动合同

D. 用人单位与劳动者在用工前订立劳动合同的，劳动关系自用工之日起建立

答案：C

376. 根据《劳动合同法》的有关规定，用人单位自用工之日起满(　　)年不与劳动者订立劳动合同的，视为用人单位与劳动者已订立无固定期限劳动合同。

A. 1　　B. 3　　C. 5　　D. 10

答案：A

377. 在 Windows 10 中，当桌面上打开多个窗口时，其中活动窗口(　　)。

A. 有 2 个　　B. 有多个　　C. 只有 1 个　　D. 没有

答案：C

378. 在默认情况下，在 Windows 中直接按(　　)键可快速打开或关闭汉字输入法。

A. Ctrl + 空格　　B. Ctrl + Tab　　C. Shift + 空格　　D. Alt + 空格

答案：A

379. 在 Windows 10 中，剪贴板是一个临时存储区，它不可存储(　　)。

A. 文本格式　　B. 图像　　C. 声音　　D. 动画

答案：A

380. 在 Word 中，要同时保存多个文档，应(　　)。

A. 选择文件菜单中的“保存”命令

B. 选择文件菜单中的“另存为”命令

C. 按住 Shift 键，选择文件菜单中的“保存”命令

D. 按住 Shift 键，选择文件菜单中的“另存为”命令

答案：B

381. 在 Word 文档中，选中某段文字，然后 2 次单击“格式”工具栏上的“倾斜”按钮，则(　　)。

A. 产生错误　　B. 这段文字向左倾斜

C. 这段文字向右倾斜　　D. 这段文字的字符格式不变

答案：D

382. 在 Word 中，将文档中的一部分文字内容复制到别处，先要进行的第一步操作是(　　)。

A. 粘贴　　B. 复制　　C. 选择　　D. 剪切

答案：C

383. 在 Excel 中，如果要选择不连续的工作表，可按住(　　)键，再分别单击各工作表的标签。

A. Ctrl　　B. Shift　　C. Alt　　D. Esc

答案：A

384. 在 Excel 工作表中，(　　)命令会在数据清单列标题的各单元格内加入一个下拉箭头。

A. 自动筛选　　B. 记录单　　C. 分类汇总　　D. 排序

答案：D

385. 在 Excel 中，将单元格变为活动单元格的操作是(　　)。

A. 用鼠标单击该单元格

B. 将鼠标指针指向该单元格

C. 在当前单元格内键入该目标单元格地址

D. 不用任何操作，因为每一个单元格都是活动的

答案：A

386. 在 PowerPoint 中，演示文稿与幻灯片的关系是(　　)。

A. 演示文稿中包含幻灯片　　B. 相互包含

C. 幻灯片中有演示文稿　　D. 相互独立

答案：B

387. 在 PowerPoint 中，以后缀(　　)保存演示文稿。

A. rar　　B. doc　　C. ppt　　D. mdlb

答案：C

388. 在 PowerPoint 中，“视图”这个名词表示(　　)。

A. 一种图形　　B. 显示幻灯片的方式

C. 编辑演示文稿的方式　　D. 一张正在修改的幻灯片

答案：B

389. 计算机病毒是一种专门干扰计算机正常工作的(　　)。

A. 程序　　B. 细菌　　C. 有害气体　　D. 传染病毒

答案：A

390. 为了预防计算机被病毒感染，下列做法不合理的是(　　)。

A. 不上网

B. 不使用来历不明的光盘、U 盘

C. 经常使用最新杀病毒软件检查

D. 不轻易打开垃圾文件和陌生人的电子邮件

答案：A

391. 某 U 盘已感染病毒，为防止该病毒传染计算机系统，下面做法正确的是(　　)。

A. 将该 U 盘扔掉

B. 删除该 U 盘上的所有文件

C. 将该 U 盘放一段时间后再用

D. 将该 U 盘重新格式化

答案：D

392. 统一资源定位器(网页地址)的英文缩写为(　　)。

A. HTTP　　B. URL　　C. FTP　　D. USENET

答案：B

393. 下列专用于浏览网页的应用软件是(　　)。

A. Word　　B. Outlook Express　　C. FrontPage　　D. Internet Explorer

答案：D

394. 本地通信网络简称局域网，英文缩写为(　　)。

A. WAN　　B. MAN　　C. SAN　　D. LAN

答案：D

395. 新建命令的快捷键是(　　)。

A. Ctrl + C　　B. Ctrl + V　　C. Ctrl + S　　D. Ctrl + N

答案：D

396. 撤销命令的快捷键是(　　)。

A. Ctrl + X　　B. Ctrl + Z　　C. Ctrl + C　　D. Ctrl + V

答案：B

397. 在 Windows 10 操作系统中，全部视窗最小化的快捷键是(　　)。

A. Win + M　　B. Shift + M　　C. Ctrl + M　　D. Alt + M

答案：A

398. 在可能被感染的文件中搜索简单的、专门的字节序列，不能检测到(　　)。

A. 混合型病毒　　B. 多形性病毒　　C. 欺骗病毒　　D. 伙伴病毒

答案：A

399. 一般的(　　)病毒把原来的主引导记录保存后，用自己的程序替代原来的主引导记录。

A. 伙伴　　B. 混合型　　C. 欺骗　　D. 主引导

答案：D

400. 下列(　　)病毒将自身附着在一个文件当中，通常是附着在可执行的应用程序上。

A. 混合型　　B. 引导扇　　C. 文件型　　D. 欺骗

答案：C

401. 工艺外操交接班记录本由(　　)填写。

A. 工程师　　B. 内操　　C. 工艺岗外操　　D. 班长

答案：C

402. 不属于岗位交接班记录本内容的是(　　)。

A. 主要设备开、停情况　　B. 设备故障及检修情况

C. 主要运行设备及主要运行参数　　D. 班组人员情况

答案：D

403. 不属于岗位交接班记录本内容的是(　　)。

A. 本岗位所属区域进行的施工状况及所进行的相关配合工作

B. 班组实到人数及人员姓名请假或缺勤的人员姓名

C. 本岗位未完成工作

D. 本岗位主要运行设备及主要运行参数

答案：B

404. 关于岗位交接班记录本填写要求错误的是(　　)。

A. 岗位交接班记录本可以随意涂改，只要不影响查看交接班内容

B. 岗位交接班记录本填写时必须字迹清晰工整、及时、详细、完整，内容真实、准确

C. 岗位操作人员须如实记录本岗位进行的所有工作，记录清楚什么时间进行了什么操作，以及进行的主要操作流程、操作参数调整，并将存在的主要问题写清楚

D. 岗位巡检记录表不可以使用铅笔填写

答案：A

405. 码头岗巡检记录表由(　　)填写。

A. 工程师　　B. 内操　　C. 码头岗外操　　D. 班长

答案：C

406. 工艺岗巡检记录表由(　　)填写。

A. 工艺岗外操　　B. 内操　　C. 码头岗外操　　D. 班长

答案：A

407. 关于岗位巡检记录表填写要求错误的是(　　)。

A. 岗位巡检记录表不可以由其他岗位的人代写

B. 岗位巡检记录表填写时必须字迹清晰工整、及时、真实、准确

C. 岗位巡检记录表填写应完整，不得有空缺，如无内容填写，须用“／”表示

D. 岗位巡检记录表可以使用铅笔填写

答案：D

408. 关于岗位巡检记录表填写要求正确的是(　　)。

A. 岗位巡检记录表可以由其他岗位的人代写

B. 岗位巡检记录表填写时必须字迹清晰工整、及时、真实、准确

C. 岗位巡检记录表填写应完整，不得有空缺，如无内容填写，可不填写

D. 岗位巡检记录表可以使用铅笔填写

答案：B

409. 仪表风管网首次投用置换时需注意的事项是(　　)。

A. 打开所有放空口，置换管内湿空气

B. 控制放空口数量及阀门开度，避免螺杆压缩机超负荷运行

C. 为避免压缩机超负荷运行，只需打开管网最末端置换即可

D. 仪表风管网置换时将所有末端打开放空，吹出气体后置换完成

答案：B

410. 仪表风管网投用置换时，重点需检测(　　)。

A. 管网末端水露点　　B. 管网入口水露点

C. 管网入口氧含量　　D. 管网末端氧含量

答案：A

411. 氮气管网投用置换时，重点需检测(　　)。

A. 管网入口水露点、氧含量　　B. 管网入口氧含量、含油量

C. 管网末端水露点、氧含量　　D. 管网末端水露点、含油量

答案：C

412. 关于氮气管网投用的注意事项描述错误的是(　　)。

A. 管网投用后检查有无泄漏点

B. 氮气管网各用气点放空，各项参数检测合格

C. 打开缓冲罐排凝口排凝，确保无杂质及明水

D. 通过氮气总管上部放空口检测验收管网露点及氧含量

答案：D

413. 根据GB50235，气密试验应逐级缓慢升压，当达到试验压力，并停压(　　)后，可通过肥皂水等检查法兰或螺纹连接处、阀门填料函等密封点有无泄漏。

A. 3min　　B. 5min　　C. 10min　　D. 30min

答案：C

414. 下列(　　)不是排凝罐等压力容器气密测试主要检测部位。

A. 人孔　　B. 封头焊缝

C. 压力表根部阀法兰　　D. 安全阀连接法兰

答案：B

415. 气密性测试试验压力为容器的设计压力的(　　)倍。

A. 1　　B. 1. 15　　C. 0. 8　　D. 0. 9

答案：A

416. 计量外输系统由于压力较高，为降低气密测试的风险，可采用(　　)方法测试。

A. 空气加压至设计压力的 0. 9 倍

B. 氮气加压至设计压力的 0. 9 倍

C. 氦气内向检漏法

D. 氦气外向检漏法

答案：D

417. LNG 管道投用前干燥置换通常采用(　　)方法。

A. 干空气连续吹扫、爆破吹扫　　B. 氮气连续吹扫、爆破吹扫

C. 真空干燥法　　D. 脱水清管器干燥法

答案：B

418. 管道干燥置换过程中球阀应(　　)以确保阀门干燥效果。

A. 保持全开吹扫

B. 保持关闭，避免湿气进入阀腔

C. 保持 50% 开度连续吹扫

D. 先反复开关爆破吹扫，再保持一定开度连续吹扫

答案：D

419. 关于排凝管道及排凝罐干燥置换说法正确的是(　　)。

A. 排凝管道为低点，干燥置换更容易合格

B. 排凝罐置换时应通过高点的安全阀倒淋放空

C. 排凝管道干燥置换验收时为确保检测准确，应逐条管道进行

D. 对于管径小于 *DN*50 的排凝管线可不进行专门的干燥置换

答案：C

420. 关于管道、设备干燥置换说法错误的是(　　)。

A. 干燥置换时管道内压力越低越好

B. 管道置换时每个预留口应打开放空阀放空，避免盲端干燥不到位

C. 干燥置换时每个阀组的管线均应进行置换

D. 对于“U”形管线底部管段排凝口需打开排放，如无排凝口该管段需重点进行爆破吹扫

答案：A

421. 下列(　　)不是投料试车前流程设置重点检查的项目。

A. 压力、液位等仪表是否投用　　B. 工艺切断阀、调节阀阀位

C. 隔离盲板是否拆除　　D. 设备润滑油、冷却水是否加注

答案：D

422. 投料试车前关于工艺预留口流程设置的说法正确的是(　　)。

A. 切断阀打开、放空阀关闭、压力表投用

B. 切断阀关闭、放空阀关闭、压力表投用

C. 切断阀关闭、放空阀关闭、压力表不投用

D. 切断阀关闭、放空阀打开、压力表投用

答案：B

423. 投料试车前关于排凝罐流程设置说法正确的是(　　)。

A. 凝液进罐切断阀关闭、凝液出罐切断阀关闭、BOG 管线打开

B. 凝液进罐切断阀关闭、凝液出罐切断阀打开、BOG 管线打开

C. 凝液进罐切断阀打开、凝液出罐切断阀关闭、BOG 管线打开

D. 凝液进罐切断阀打开、凝液出罐切断阀关闭、BOG 管线关闭

答案：A

424. (　　)不是投料试车前流程设置检查的主要内容?

A. 气动阀门现场与 DCS 阀位状态是否一致

B. 锁开、锁关阀门有无开到位并挂牌上锁

C. 管托位移是否在正常范围

D. 气动阀门气源阀开到位，气源压力正常

答案：C

425. 先导式安全阀是一种(　　)载荷式安全阀，由主阀和导阀组成。

A. 非直接　　B. 直接　　C. 双作用　　D. 单作用

答案：A

426. 当被保护系统处于正常运行状况时，导阀阀腔内的滑阀处于(　　)状态。

A. 开启　　B. 关闭　　C. 微开　　D. 锁闭

答案：A

427. 先导式安全阀出口处应(　　)，避免产生受压现象。

A. 设置阻力　　B. 无阻力　　C. 保持负压　　D. 封堵

答案：B

428. 关于储罐真空安全阀的说法正确的是(　　)。

A. 安全阀打开时气体从储罐内向大气排放

B. 安全阀打开时气体从大气进入储罐

C. 真空安全阀不需要根部阀

D. 当储罐压力表示数达到设计真空值时联锁真空安全阀打开

答案：B

429. LNG 储罐真空安全阀的类型是(　　)。

A. 重力板式　　B. 微启式　　C. 波纹管式　　D. 导阀控制

答案：A

430. LNG 储罐真空安全阀具有(　　)特性。

A. 快开、慢关　　B. 慢开、快关　　C. 快开、快关　　D. 慢开、慢关

答案：C

431. LNG 储罐压力达到(　　)时，真空安全阀开启补气。

A. -0.22kPa　　B. 0.22kPa　　C. 2kPa　　D. -0.022kPa

答案：A

432. OB-01 阀组为热膨胀安全阀组，主要用于(　　)。

A. 管线超压泄放使用　　B. 管道置换使用

C. 设备检修使用　　D. 注氮吹扫使用

答案：A

433. 工艺阀组 OB-02 与 OE-02 作用相同，但 OE-02 比 OB-02 阀门数量多，主要原因是(　　)。

A. 置换时注氮量不同

B. 阀组所在管线压力等级不同，OE-02 压力等级高

C. 阀组所在管线操作温度不同，OE-02 操作温度更低

D. 放空气出口不同

答案：B

434. 工艺阀组 OB-02 与 OB-03 均可对管线注氮吹扫，区别为(　　)。

A. 使用压力不同　　B. 使用温度不同

C. 管线保冷厚度不同　　D. OB-02 有管线放空流程

答案：D

435. 某操作员在使用 DCS 系统时，不能通过操作员站查看的是(　　)。

A. 报警记录　　B. 历史趋势　　C. 操作员记录　　D. 实时趋势

答案：C

436. 若某开关阀的回讯信号接入 DCS 系统，当该阀门全开时，系统阀门显示变为(　　)。

A. 红色　　B. 绿色　　C. 黄色　　D. 蓝色

答案：B

437. DCS 系统采用的是 IA 操作系统，工艺人员在操作时发现某一实时数据呈黑色闪烁状态，可判断出(　　)。

A. 该工艺数据正发生报警，报警未确认

B. 该仪表通信故障

C. 该报警被确认，但该工艺报警未消除

D. 该工艺数据曾发生报警，现已恢复，但报警产生后未确认

答案：D

438. DCS 系统操作画面包括系统报警和过程报警，下列选项中会引起系统报警的是(　　)。

A. 系统硬件故障　　B. 储罐压力高高

C. BOG 压缩机跳车　　D. 卸料系统跳车

答案：A

439. 对于将回讯信号接入 DCS 系统的阀门，可以通过回讯信号来判断阀门的开关状态，当给出阀门关命令时，阀门显示(　　)说明该阀门显示正常。

A. 黄色　　B. 红色　　C. 蓝色　　D. 绿色

答案：B

440. 通过某气动调节阀调节 LNG 流量，当阀门开度设定为 50% 时，LNG 流量变为最大流量的(　　)。

A. 50%　　B. 低于 50%　　C. 高于 50%　　D. 视调节阀特性而定

答案：D

441. 调节阀在实际运行时阀位应当在(　　)为适宜。

A. 20% ~100%　　B. 15% ~90%　　C. 30% ~80%　　D. 10% ~50%

答案：C

442. 接收站超压气体放空至火炬燃烧除了放空安全的作用外还有(　　)的作用。

A. 环境保护　　B. 节约能源　　C. 减少放空量　　D. 控制放空压力

答案：A

443. 气化器出口安全阀起跳后，超压气体放空至(　　)。

A. BOG 压缩机　　B. BOG 管网

C. 火炬系统或大气　　D. 再冷凝器

答案：C

444. 火炬系统分液罐的主要作用是(　　)。

A. 缓冲放空气压力

B. 分离出放空气中的液体并可加热汽化

C. 降低放空气体的压力

D. 降低放空气体的温度

答案：B

445. 关于火炬系统的作用，以下说法错误的是(　　)。

A. 火炬用于接收站工艺处理区域放空　　B. 火炬用于储罐压力过高时放空

C. 火炬用于计量外输区放空　　D. 厂区安全阀起跳均放空至火炬

答案：D

446. 地面爆燃点火过程中，主要控制(　　)。

A. 空燃比　　B. 空气　　C. 燃料气　　D. 点火电极

答案：A

447. 火炬高能点火器采用(　　)电源，通过升压变压器将电压升至高于 2500V 经整流后对储能电容充电。当电压超过放电管击穿电压时，对半导体电嘴放电产生电火花。

A. 38V 直流电　　B. 38V 交流电

C. 220V 50Hz 直流电　　D. 220V 50Hz 交流电

答案：D

448. 关于火炬点火控制程序下列说法正确的是(　　)。

A. 只要火焰未建立，会一直点火

B. 允许连续点 3 分钟，火焰建立后自动结束点火程序

C. 如果在自动点火过程中，把点火开关旋至关闭位置，自动点火程序不会受影响

D. 长明灯熄灭后，只能去现场手动点火

答案：B

449. 火炬点火系统点火方式不包括(　　)。

A. 手动高空点火　　B. 自动高空点火

C. 自动地面内传焰点火　　D. 手动地面内传焰点火

答案：C

450. 关于火炬长明灯熄灭的原因，下列说法错误的是(　　)。

A. 燃料气管道堵塞　　B. 燃料气管线阀门关闭

C. 燃料气中断　　D. 燃料气温度高

答案：D

451. 火炬在自动点火模式下，若长明灯温度传感器温度(　　)时，控制系统将自动启动点火程序。

A. 低于 100℃　　B. 高于 100℃　　C. 低于 300℃　　D. 高于 300℃

答案：A

452. 关于火炬高空点火说法正确的是(　　)。

A. 只能手动高空点火　　B. 可以手动高空点火也可以自动高空点火

C. 只能自动高空点火　　D. 只能高空爆燃点火

答案：B

453. 火炬防回火装置(气体密封器)包括(　　)。

A. 分子密封器　　B. 流体密封器　　C. 速度密封器　　D. 以上都包括

答案：D

454. 下列对流体密封器说法正确的是(　　)。

A. 流体密封器又称为动态密封器或速度密封器

B. 流体密封器又称为动态密封器或分子密封器

C. 流体密封器又称为速度密封器或分子密封器

D. 流体密封器又称为动态密封器或分子密封器

答案：A

455. 下列(　　)气体是火炬筒常用密封气。

A. 仪表风　　B. 工厂风　　C. 氮气　　D. 氦气

答案：C

456. 火炬筒氮气密封说法正确的是(　　)。

A. 火炬筒氮气密封的氮气流量越大越好

B. 火炬筒氮气密封可有可无

C. 火炬筒氮气密封保持火炬筒微正压，防止空气进入

D. 当火炬进行气体放空时要关闭氮气微正压保护

答案：C

457. 卸料管道液氮预冷的目的说法正确的是(　　)。

A. 投料前提前检验管线低温状态下缺陷及隐患，便于及时整改

B. 吹扫管道，对管道进行打靶试验

C. 液氮代替水，对管道进行水压试验，检验管道耐压强度

D. 主要用于检测在冷态下管道的气密性

答案：A

458. 使用低温氮气预冷卸料总管时，管道顶底温差不超(　　)。

A. 100℃　　B. 50℃　　C. 80℃　　D. 30℃

答案：B

459. 储罐进液流程分为上进液与下进液，以下描述正确的是(　　)。

A. 当船上 LNG 密度大于储罐内 LNG 密度时采用下进液

B. 当船上 LNG 密度小于储罐内 LNG 密度时采用上进液

C. 当船上 LNG 密度与储罐内 LNG 密度相同时采用上进液

D. 当船上 LNG 密度与储罐内 LNG 密度相同时采用下进液

答案：D

460. 下列(　　)管线只在储罐投产时使用。

A. 零输出循环管线　　B. 泵出口总管

C. 预冷喷淋管线　　D. BOG 管线

答案：C

461. 下列(　　)管线即可由储罐底部进罐，也可由储罐顶部进罐。

A. 罐内泵回流线　　B. BOG 管线

C. 排凝回储罐管线　　D. 泵筒放空线

答案：A

462. 下列(　　)管线 LNG 既可以出罐又可以进罐。

A. BOG 管线　　B. 进料管线排凝线

C. 下进液管道　　D. 零输出循环

答案：B

463. 下列介质可用于 LNG 储罐预冷使用的是(　　)。

A. LNG　　B. LPG　　C. 液态乙烷　　D. 液氧

答案：A

464. 储罐主要通过下列(　　)管线进液预冷。

A. 上进液管线　　B. 下进液管线　　C. 预冷喷淋管线　　D. BOG 管线

答案：C

465. 储罐预冷过程中关于进液阀及旁路的说法正确的是(　　)。

A. 下进液阀关闭，上进液阀打开

B. 下进液阀关闭，上进液旁路关闭

C. 下进液阀旁路关闭，上进液阀打开
D. 下进液阀旁路关闭，上进液阀旁路打开
答案：B

466. 储罐预冷速度由(　　)控制。
A. BOG 管线阀门开度　　B. 上进液阀门开度
C. 上进液阀旁路开度　　D. 喷淋预冷管线调节阀
答案：D

467. LNG 管道预冷时，不需要监控(　　)。
A. 船上 LNG 温度　B. 管道温度　C. 管托位移　D. 管道压力
答案：A

468. 关于 LNG 管道预冷方法的描述正确的是(　　)。
A. *DN*200 以下管线无温度监控，因此可不用预冷直接进料
B. 管道预冷只能通过液氮预冷，不能通过 LNG 船方预冷
C. 管道预冷时通过管道温度计监控温降速度，温降过快时开大进料阀门
D. 管道预冷可通过调整进料阀门、放空阀门等控制预冷速度
答案：D

469. 管道预冷时可通过(　　)控制预冷速度。
A. 管道表面温度计　　B. 流量计
C. 管道预冷放空阀门　　D. 安全阀根部阀
答案：C

470. 管道预冷过程中，发现温降速度较快后的处置方法不正确的是(　　)。
A. 关闭进料阀　　B. 开大放空阀
C. 关小进料阀　　D. 检查管线位移及法兰泄漏情况
答案：B

471. 下列作业不需要与运行系统隔离的是(　　)。
A. 用火作业　　B. 管道压力试验
C. 更换阀门　　D. 管道保冷层外护维修
答案：D

472. 关于系统隔离的作用描述错误的是(　　)。
A. 装置开车时，不同步投用的系统需进行隔离，避免物料进入产生危险
B. 只要不是用火作业，无须与运行的系统隔离
C. 检修前需做好系统隔离，避免物料进入检修设备、设施引发事故
D. 系统隔离可以避免正常运行的系统与其他系统的相互影响
答案：B

473. 下列选项无法实现管道或系统隔离的是(　　)。
A. 盲板　B. 孔板　C. 阀门　D. 盲法兰
答案：B

474. 用火作业需要通过(　　)进行系统隔离。

A. 球阀　　B. 孔板　　C. 盲板　　D. 截止阀

答案：C

475. 开车过程中如果高压泵及气化器干燥置换未合格，无法同步投料，下列关于隔离的方法正确的是(　　)。

A. 关闭所有罐内泵出口阀　　B. 关闭 BOG 压缩机入口阀

C. 关闭所有高压泵出口切断阀　　D. 关闭低压总管至高压泵切断阀

答案：D

476. 码头卸料区域隔离的方法是(　　)。

A. 关闭码头根部卸料总管切断阀、码头保冷循环切断阀、气相返回管线切断阀

B. 关闭每条卸料臂切断阀

C. 关闭罐内泵出口阀

D. 关闭气相臂切断阀

答案：A

477. LNG 管道所选用盲板的材质为(　　)。

A. 碳钢　　B. 低温碳钢　　C. 不锈钢　　D. 铝合金

答案：C

478. 下列不是盲板类型的是(　　)。

A. 封头　　B. 插板 + 垫环　　C. 8 字盲板　　D. 板式平板盲板

答案：A

479. 低温设备接口处为便于检修通常采用(　　)形式的盲板。

A. 8 字盲板　　B. 插板 + 垫环　　C. 板式平板盲板　　D. 插板

答案：B

480. 下列关于盲板的说法错误的是(　　)。

A. LNG 管道盲板材质应耐低温，材质选用不锈钢

B. 为便于检修，低温设备接口通常使用插板 + 垫环形式的盲板

C. 低温管线外需安装保冷层，不采用 8 字盲板

D. 可以安装压力等级高于管道压力等级的盲板，不可以低于管道压力等级的盲板

答案：D

481. 全容式 LNG 储罐内外罐壁间环形空间的保冷结构为(　　)。

A. 玻璃纤维毡 + 膨胀珍珠岩　　B. 弹性毡 + 膨胀珍珠岩

C. 弹性毡 + 珍珠岩矿粉　　D. 泡沫玻璃 + 膨胀珍珠岩

答案：B

482. 下列不是 LNG 管道常用硬质保冷结构形式的是(　　)。

A. PIR 保冷结构

B. PIR + 泡沫玻璃保冷结构

C. 二烯烃弹性体发泡材料 + 丁腈橡胶发泡材料保冷结构

D. 泡沫玻璃保冷结构

答案：C

483. 下列关于“PIR + 泡沫玻璃”保冷结构形式由内到外组成描述正确的是(　　)。

A. PIR、次防潮层、泡沫玻璃、主防潮层、外护层

B. 次防潮层、泡沫玻璃、主防潮层、PIR、外护层

C. PIR、泡沫玻璃、次防潮层、主防潮层、外护层

D. 次防潮层、PIR、泡沫玻璃、主防潮层、外护层

答案：A

484. 为避免投料后管道收缩导致保冷层破坏，水平管段 6m 长度内需设置(　　)。

A. 膨胀节　　B. 汽阻层　　C. 弹性毡　　D. 伸缩缝

答案：D

485. 全容式 LNG 储罐罐底保冷要承载内罐的载荷，需要有一定的强度，因此罐底保冷主材通常选择(　　)。

A. 泡沫玻璃　　B. 膨胀珍珠岩　　C. PIR　　D. 玻璃纤维毡

答案：A

486. 管道硬质保冷通常选用的保冷主、辅材不包括(　　)。

A. PIR　　B. 泡沫玻璃

C. 二烯烃弹性体发泡材料　　D. 密封胶

答案：C

487. 伸缩缝填充材料通常选用(　　)。

A. 泡沫玻璃　　B. 玻璃纤维毡　　C. PIR　　D. 丁基橡胶

答案：B

488. 下列保冷材料防火性能最好的是(　　)。

A. PIR　　B. 二烯烃弹性体发泡材料

C. 丁腈橡胶发泡材料　　D. 泡沫玻璃

答案：D

489. 储罐保冷系统漏冷严重的现象为(　　)。

A. 储罐罐壁上部结露、结冰　　B. 储罐产生 BOG

C. 内罐气相空间温度高于液相温度　　D. 罐内泵出口管线结冰

答案：A

490. 下列关于储罐保冷系统漏冷的说法不正确的是(　　)。

A. 大型全容式 LNG 储罐日蒸发率控制在 0.05% 内

B. 储罐保冷系统失效漏冷影响 BOG 产生量，不影响内罐气相空间温度

C. 储罐环形空间珍珠岩沉降漏冷储罐外壁会出现结露、结冰现象

D. 储罐吊顶保冷漏冷严重会导致吊顶上部温度降低

答案：B

491. 下列管道保冷层(　　)最不容易出现漏冷结冰。

A. 管托位置　　B. 弯头　　C. 温度计　　D. 直管段中间部位

答案：D

492. 下列(　　)不是检查管道保冷漏冷的方法。
A. 检查管道保冷外护有无结露、结冰　　B. 检测管道保冷层表面温度
C. 测量保冷层厚度　　D. 检测管道保冷层热流密度，计算漏冷量
答案：C
493. 螺杆式空气压缩机的“EmergencyPush”按钮只在(　　)情况下使用。
A. 任何　　B. 紧急　　C. 开机　　D. 停机
答案：B
494. 螺杆式空气压缩机启动前检查的内容不包括(　　)。
A. 润滑油液位至少达到窥油孔的中间，一般不低于3/4
B. 各部件无松动、脱落或卡涩现象
C. 电源线路已正常接通
D. 确认系统上所有仪表隔离阀是关闭的
答案：D
495. 下列方式中，螺杆式空气压缩机停机后不会自动重启的是(　　)。
A. 系统压力高于自动停机压力　　B. 系统压力高于立即停机压力
C. 由于报警停机　　D. 系统压力高于目标压力
答案：C
496. 手动启动螺杆式空气压缩机后，应缓慢(　　)，确保压缩机加载平稳。
A. 打开压缩机出口阀　　B. 关闭压缩机卸载阀
C. 关闭压缩机出口阀　　D. 打开压缩机卸载阀
答案：A
497. 关于往复式压缩机的切换，下列做法正确的是(　　)。
A. 切换前应先确认备用机的辅助系统已投用，且已送电并盘车
B. 备用机启动后，就可切换负荷
C. 负荷切好后就停运行机
D. 备用机和运行机不能同时运行
答案：A
498. 往复式压缩机启动前不必做的工作是(　　)。
A. 盘车　　B. 开入口阀　　C. 开出口阀　　D. 启动润滑油泵
答案：C
499. 往复式压缩机启动时，要求(　　)启动。
A. 空载　　B. 降温　　C. 快速启动打压　　D. 定时
答案：A
500. 往复式压缩机启动前的检查不包括(　　)。
A. 检查冷却水的进出口阀处于打开状态，冷却水系统正常投用
B. 检查润滑油系统正常投用，且曲轴箱内润滑油液位保持在1/2～2/3之间
C. 对压缩机进行盘车，电机轴转动灵活，无异响
D. 检查压缩机的进出口阀处于打开状态
答案：D

501. 当(　　)时，应启动往复式空气压缩机为净化压缩空气储罐充压。

A. 净化压缩空气储罐压力高　　B. 净化压缩空气储罐压力低

C. 仪表风管网压力高　　D. 仪表风管网压力低

答案：B

502. 净化压缩空气储罐容积至少按照仪表风管网(　　)用气量设计。

A. 0.5h　　B. 1h　　C. 1.5h　　D. 2h

答案：A

503. 净化压缩空气储罐的作用是(　　)压缩空气，当螺杆式空气压缩机故障、仪表风管网压力低时为仪表风管网提供仪表空气。

A. 储存　　B. 泄压　　C. 分离　　D. 冷却

答案：A

504. 为净化压缩空气储罐充压的设备是(　　)。

A. 螺杆式空气压缩机　　B. 微热再生干燥装置

C. 往复式空气压缩机　　D. 往复式氮气压缩机

答案：C

505. 微热再生干燥器一个工作循环周期包括(　　)。

A. 干燥、加热再生　　B. 干燥、加热再生、均压

C. 干燥、余热再生、均压　　D. 干燥、加热再生、余热再生、均压

答案：D

506. 微热再生干燥装置出口的仪表风露点应(　　)。

A. ≤-30℃　　B. ≤-36℃　　C. ≤-40℃　　D. ≤-45℃

答案：C

507. 微热再生干燥器输出气体品质与入口气体流量、温度、压力以及环境温度有密切关系。入口气体温度越(　　)，输出气体越干燥，入口气体压力越(　　)，输出气体品质越差。

A. 高、高　　B. 高、低　　C. 低、高　　D. 低、低

答案：D

508. 微热再生干燥器A罐工作，B罐再生是利用(　　)再生干燥剂。

A. 氧气　　B. 氮气　　C. 空气　　D. A罐出口排气

答案：D

509. PSA制氮装置一个完整的变压吸附过程为(　　)。

A. 吸附、均压　　B. 吸附、均压、解吸

C. 吸附、解吸、均压、吹扫　　D. 吸附、均压、解吸、吹扫

答案：D

510. PSA制氮装置启动前的准备工作不包括(　　)。

A. 润滑油是否与按厂家要求的规格、数量加注

B. 测试所有仪表的功能是否正常，关闭压力表的截止阀

C. 检查控制系统、冷干机等电源已送电

D. 检查所有的进气管道、产品气体输送管道、放空管道、疏水管道等是否接通

答案：B

511. 下列关于 PSA 冷干机启停操作错误的是(　　)。

A. 开机运行后，可通过远程控制进行停机

B. 开机运行 5min 后，可通过远程控制进行停机

C. 开机运行未满 5min 即实施远程关机，干燥机继续运行满 5min 后才自动停机

D. 干燥机运行时，按下控制面板“ON/OFF”按钮，干燥机将停机

答案：A

512. 如下图所示，压缩后的空气通过手动阀 GV101 进入装置，当吸附塔 AD101A 吸附，AD101B 解吸时，处于打开状态的是(　　)。

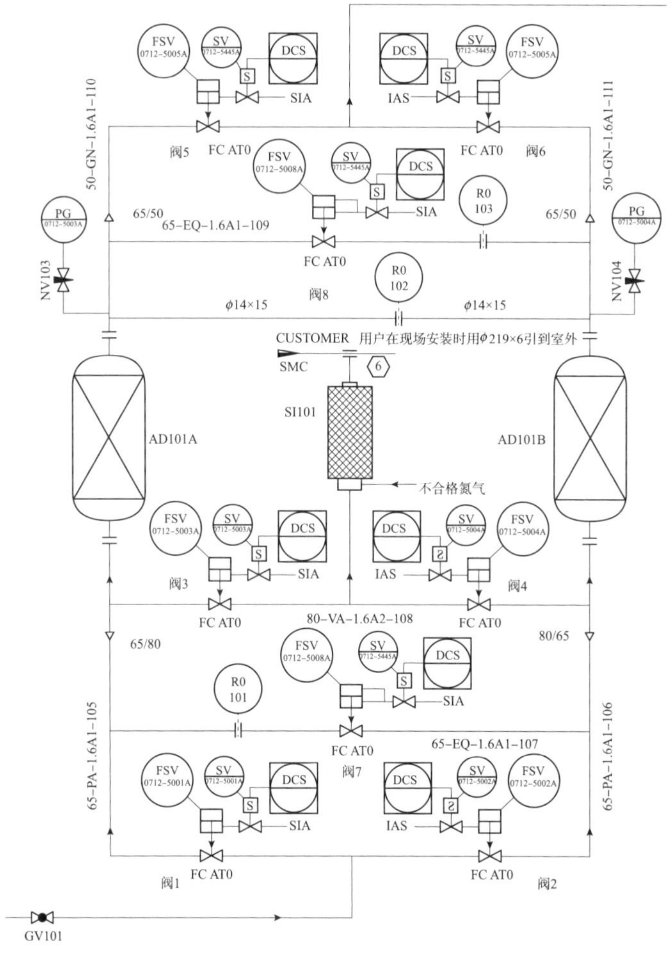

A. 阀 1、阀 4、阀 5　　　　B. 阀 2、阀 3、阀 6

C. 阀 1、阀 4、阀 5、阀 7　　　　D. 阀 1、阀 4、阀 5、阀 8

答案：A

513. LNG 接收站里含油污水处理系统中油水分离是利用(　　)进行分离的。

A. 化学分离法　　B. 物理分离法　　C. 反渗透法　　D. 活性污泥法

答案：B

514. 生活污水处理工艺一般由水解、生化、(　　)、过滤和消毒5部分组成。

A. 接触　　B. 渗透　　C. 沉淀　　D. 预处理

答案：C

515. 下列污水处理流程中错误的是(　　)。

A. 生产污水→生产污水提升池→一体化污水处理装置

B. 生活污水→生活污水提升池→一体化污水处理装置

C. 生产污水→生产污水提升池→生产污水调节罐→一体化气浮装置→一体化污水处理装置

D. 一体化污水处理装置→监测池→达标后市政管网

答案：A

516. 下列关于污水处理工艺说法错误的是(　　)。

A. 污水处理设施进口处必须设置格栅去除大尺寸漂浮物

B. 生产污水调节罐设有切油口，切出的污油浮渣进入污泥浮渣池储存，人工定期外运

C. 污水调节罐的出水自流进入一体化气浮设施，通过投加絮凝剂和在微小气泡的作用下，去除水中的悬浮物

D. 生产污水经一体化气浮设施处理后与生活污水合流进入一体化污水处理装置处理后进入监测池

答案：D

517. 水环境研究治理中悬浮物简称为(　　)。

A. COD_{cr}　　B. BOD　　C. NH_3-N　　D. SS

答案：D

518. 一体化污水处理装置出水pH值控制指标为(　　)。

A. 4~7　　B. 5~8　　C. 6~9　　D. 7~10

答案：C

519. 一体化污水处理装置出水NH_3-N值控制指标为(　　)。

A. ≤10mg/L　　B. ≤15mg/L　　C. ≤20mg/L　　D. ≤25mg/L

答案：B

520. (　　)不是污水水质日常检测指标。

A. NH_3-N　　B. pH　　C. SV　　D. BOD_5

答案：C

521. 软化水设备再生分三步即(　　)，再生时打开射流器进水阀，产生负压将盐水箱中的盐水吸入自动软化水器进口管线。

A. 反洗、正洗、再生　　B. 再生、反洗、正洗

C. 反洗、再生、正洗　　D. 正洗、反洗、再生

答案：C

522. 在使用全自动软化水新交换器之前，应用清水反冲洗以除去树脂中的(　　)。

A. 悬浮物　B. 固体物　C. 杂质　D. 胶体物

答案：C

523. 软化水器运行一段时间后离子交换器内离子交换树脂会失效，一般采用的失效判断方法是(　　)。

A. 化验出水硬度　B. 用肉眼看　C. 用手试　D. 测 pH 值

答案：A

524. 全自动软化水器采用 PLC 控制运行，其控制阀运行步骤是(　　)。

A. 运行、正洗、吸盐再生、反洗、回到运行

B. 运行、反洗、吸盐再生、回到运行

C. 运行、反洗、吸盐再生、正洗、回到运行

D. 运行、反洗、正洗、回到运行

答案：C

525. LNG 接收站进行次氯酸钠加药是为了杀死(　　)海生物。

A. 鱼类　B. 菌藻类　C. 螃蟹　D. 贝类

答案：B

526. LNG 接收站在海水中加次氯酸钠的作用是(　　)。

A. 净化海水　B. 漂白

C. 消毒　D. 杀灭海生物，保护设备

答案：D

527. LNG 接收站 ORV 海水余氯($HClO$ 与 ClO^-)要求达到(　　)。

A. <0.2ppm　B. <0.5ppm　C. <1ppm　D. <2ppm

答案：A

528. 海水加氯浓度过高将会造成(　　)。

A. 电解氯损坏　B. 排海余氯浓度过高

C. 海水管道内壁微生物大量附着　D. 气化器表面微生物大量附着

答案：B

529. 制氯装置手动启动分步启动步骤为(　　)。

A. 风机→升压泵→反冲洗过滤器→整流器→加药泵

B. 风机→升压泵→反冲洗过滤器→整流器→酸洗泵

C. 风机→整流器→升压泵→反冲洗过滤器→酸洗泵

D. 风机→整流器→升压泵→反冲洗过滤器→加药泵

答案：A

530. 下列不是制氯装置启动前应具备的条件是(　　)。

A. 海水系统运行正常

B. 仪表根部阀处于打开状态，所有仪表已投用

C. 酸洗箱内已配好一定浓度的酸液。

D. 确认制氯系统已送电，报警、联锁已投用

答案：C

531. 电解制氯装置设有紧急停车按钮，触动紧急停车按钮后下列选项中不会发生的是(　　)。

A. 停整流器　　B. 停海水升压泵

C. 停风机　　D. 停反冲洗过滤器

答案：D

532. 下列电解制氯装置启动操作错误的是(　　)。

A. 电解海水制氯系统的启动、停止、酸洗等操作均可在控制柜触摸屏上完成

B. 海水系统投用后投用一台过滤器，并打到“自动”模式，当压差达到设定值时，自动进行反冲洗

C. 启动整流器后应缓慢加载电流至工艺要求的额定输出值

D. 制氯装置启动正常后，打开加药泵进出口阀，并在控制盘上将连续加药泵和冲击加药泵打到“自动”模式

答案：A

533. 下列方法可以有效去除海水电解氯电解槽结垢的是(　　)。

A. 提高电压　　B. 定期酸洗　　C. 水力冲洗　　D. 降低电流

答案：B

534. 下列选项不可以减缓海水电解氯电解槽结垢的是(　　)。

A. 加大海水的流量　　B. 降低电流

C. 定期拆洗电极　　D. 定期酸洗

答案：A

535. 下列出现的情况中，电解槽不需要酸洗的是(　　)。

A. 结垢严重　　B. 任一电极板电压达到5V

C. 电解槽流量降低　　D. 次氯酸钠浓度降低

答案：C

536. 在正常的海水电解中，电解池中会发生几种物质的沉淀，大多数固体沉积物是(　　)。

A. 氢氧化镁、氧化钙　　B. 氢氧化钙、氢氧化镁

C. 氢氧化镁、碳酸钙　　D. 氧化钙、碳酸钙

答案：C

537. 用于电解氯系统电解槽酸洗的盐酸浓度一般为(　　)。

A. 3% ~5%　　B. 5% ~8%　　C. 8% ~10%　　D. 10% ~12%

答案：C

538. 下列关于电解槽酸洗结束后，酸液的处理错误的是(　　)。

A. 酸洗结束后，利用酸洗泵将电解槽剩余酸洗液抽回至酸洗箱

B. 酸洗箱的废酸液通过排污阀自流进入中和池，启动外排泵抽走

C. 浓碱箱中的浓碱通过重力自流至中和池，用以中和池内的酸液

D. 中和池内废水 pH 值在 6 ~9 时才可以直接外排

答案：B

539. 下列关于酸洗结束后电解槽内的酸液处理方法正确的是(　　)。
A. 酸洗泵将电解槽剩余酸洗液抽回至酸洗箱
B. 直接排至污水管网
C. 放在电解槽内，直接启动制氯系统
D. 其他选项都不对
答案：A
540. 以下关于电解槽酸洗操作错误的是(　　)。
A. 制氯装置停车后，关闭电解槽进出口阀，打开排空阀将电解槽排空至中和池
B. 按 3∶1 的比例先后往酸洗罐中加入新鲜水和浓酸，液位必须高于50cm，配置8% ~ 10% 的酸液
C. 启动酸洗泵使酸液在电解池内循环酸洗大约1h，停酸洗泵，电解槽浸泡1h
D. 启动酸洗泵将电解槽及管道内的酸液抽回酸洗罐
答案：A
541. 海水泵出口设有一个液控微阻缓闭止回阀和一个电动蝶阀，当海水泵停止后，液控微阻缓闭止回阀(　　)，电动蝶阀(　　)。
A. 打开　　打开　B. 打开　　关闭　C. 关闭　　打开　D. 关闭　　关闭
答案：C
542. 为海水开架式气化器提供水源的海水泵是(　　)，浸在海水取水箱内。
A. 卧式离心泵　B. 立式离心泵　C. 柱塞泵　D. 高压泵
答案：B
543. 海水离心泵运行正常后，通过(　　)调节海水泵流量。
A. ORV 海水入口管线 HV 阀　B. 海水泵出口电动蝶阀
C. 海水泵出口液控微阻缓闭止回阀　D. 海水泵泄压管线 PV 阀
答案：A
544. 海水泵启动操作错误的是(　　)。
A. 要求启泵时海水液位高于最低液位的主要原因是为了避免汽蚀
B. 泵最佳的操作条件是泵在 Q_{oo}(1 ±20%)的范围内运行，Q_{oo}是泵在最佳效率点的流量
C. 流量可以按照设备要求通过慢慢地操作安装在出水管线上的截止阀来调整
D. 海水泵启动时要求出口阀门关闭
答案：D
545. 旋转滤网通常在自动模式下运行，下列选项不会启动旋转滤网的是(　　)。
A. 当水位差计检测到网前后水位差达到设定值时
B. 预设计时器计时结束
C. LOP 上的开始冲洗按钮
D. DCS 启动按钮
答案：D
546. 旋转滤网手动启动时一般采用(　　)方法启动。
A. 低速　B. 中速　C. 高速　D. 其他选项都可
答案：A

547. 下列不属于旋转滤网启动前准备工作的是(　　)。
A. 海水闸打开
B. 移动式清污机处于正常状态
C. 确认系统已送电，报警、联锁已投用
D. 制氯系统已投用
答案：D
548. 现场就地操作盘手动操作旋转滤网的顺序是(　　)。
①选择手动模式、②开启入口阀、③旋转滤网高速启动、④旋转滤网低速启动、⑤旋转滤网停止、⑥通过视窗观察滤网及通过排水查看清洁情况
A. ①②④③⑥⑤　　B. ①④③②⑥⑤
C. ①②③④⑥⑤　　D. ①④②③⑥⑤
答案：A
549. 清污机通常在手动模式下运行，下列选项中会启动旋转滤网的是(　　)。
A. 当水位差计检测到拦污栅前后水位差达到设定值时
B. 预设计时器计时结束
C. LOP 上的启动按钮
D. DCS 上的停止按钮
答案：C
550. 下列选项不属于清污机启动前准备工作的是(　　)。
A. 海水闸打开
B. PLC 系统工作正常
C. 确认系统已送电，报警、联锁已投用
D. 旋转滤网已投用
答案：D
551. 自动状态下清污机移动至拦污栅孔口处后，耙机开始下降，下降至(　　)停止，并与拦污栅耙杆结合。
A. 高高位限位开关　　B. 高位限位开关
C. 低位限位开关　　D. 低低位限位开关
答案：D
552. 现场就地操作盘手动操作清污机的顺序是(　　)。
①选择手动模式、②手动前进至拦污栅孔口、③手动返回原位、④手动提耙、⑤手动落耙、⑥手动张耙、⑦手动合耙
A. ①②⑥⑤⑦④③　　B. ①②⑥④⑤⑦③
C. ①②⑦⑤④⑥③　　D. ①②⑤⑦④⑥③
答案：A
553. FGS 系统中消防管网压力低于设定值并维持 15s 后联锁启动(　　)。
A. 稳压泵　　B. 淡水冲洗泵
C. 电动海水消防泵　　D. 柴油海水消防泵
答案：C

554. 当消防管网压力下降至 0.65MPa 时并持续 10～15s 时，中控室辅操台发出报警声，中控室按下辅操台火灾“确认”按钮后，产生的动作是(　　)。

A. 联锁停消防稳压泵

B. 启动电动消防泵

C. 联锁启动电动海水消防泵，停消防稳压泵

D. 联锁启动柴油海水消防泵，停消防稳压泵

答案：C

555. 电动海水消防泵启动前的检查项目不包括(　　)。

A. 泵井内有足够的海水，高于允许的最低液位值

B. 相关的调节阀、安全阀调试合格并安装到位

C. 各附属设备和管道的安装经检验符合规范要求，试压、吹扫、清洗合格，各支撑、连接螺栓已紧固

D. 海水自动反冲洗过滤器投用正常

答案：D

556. 下列关于电动海水消防泵操作错误的是(　　)。

A. 盘车 2～3 圈，检查有无卡涩

B. 电动海水消防泵启动后调节出口手阀开度来调节出口压力

C. 泵井盖顶部的填料盒密封压盖出现泄漏，应拧紧调节螺母，将泄漏密封住

D. 启泵前关闭自动排气阀

答案：D

557. 下列选项不属于柴油消防泵启动的条件之一的是(　　)。

A. 电动海水消防泵故障不能启动　　B. 减压阀前管网压力仍低于 1.45MPa

C. 减压阀后管网压力仍低于 1.05MPa　　D. 稳压泵故障不能启动

答案：D

558. 柴油消防泵启动前检查不包括(　　)。

A. 检查柴油罐液位处于合适位置，打开供油管路阀门

B. 检查吸入水位是否正常

C. 检查现场消防设施消防炮、消防栓等已投用

D. 检查柴油海水消防泵管路系统阀位设置正常

答案：C

559. 下列不属于手动启动柴油消防泵操作的是(　　)。

A. 对泵进行盘车

B. 将主控柜内启动旋钮打至“手动”位置

C. 将辅控柜上启动按钮打至“手动”位置

D. 启动泵管电加热器

答案：D

560. 柴油海水消防泵的运行时间按(　　)h 设计，由 $5m^3$ 的柴油箱提供。

A. 6　　B. 8　　C. 10　　D. 12

答案：B

561. 当液氮储存罐压力降低时，可以通过(　　)使压力升高。

A. 出口气化器加热升压　　B. 自带小气化器升压

C. 氮气管网反补气　　D. 其他制氮装置补气

答案：B

562. (　　)不是液氮罐进行充装时的最佳选择。

A. 尽可能使输送管线缩短，长的未隔温输送线会导致大量充装损失和充装时间加长

B. 液体会随时存留在两个阀之间的管线内，必须给管线配备一个安全装置

C. 要尽可能缩短充装操作时间

D. 接卸液氮时采用底部充装阀进行充装

答案：D

563. 下列关于液氮接卸操作说法错误的是(　　)。

A. 液氮储罐上的顶部充装阀有一个喷头，会将进入的冷液体喷到储罐内的略热气体上，在将冷液体喷到较热气体上时，冷液体会降低容器压力

B. 通过顶部充装阀能快速将液体输入液氮储罐

C. 通过完全打开底部充装阀和开启顶部充装阀，既可以保持液氮储罐较低且稳定的压力，也可以快速进行充装

D. 满载调试旋塞阀在液氮储罐被充满时会溅出液体

答案：B

564. 通过自带的小气化器对液氮储罐进行升压时需打开下图中的(　　)阀门。

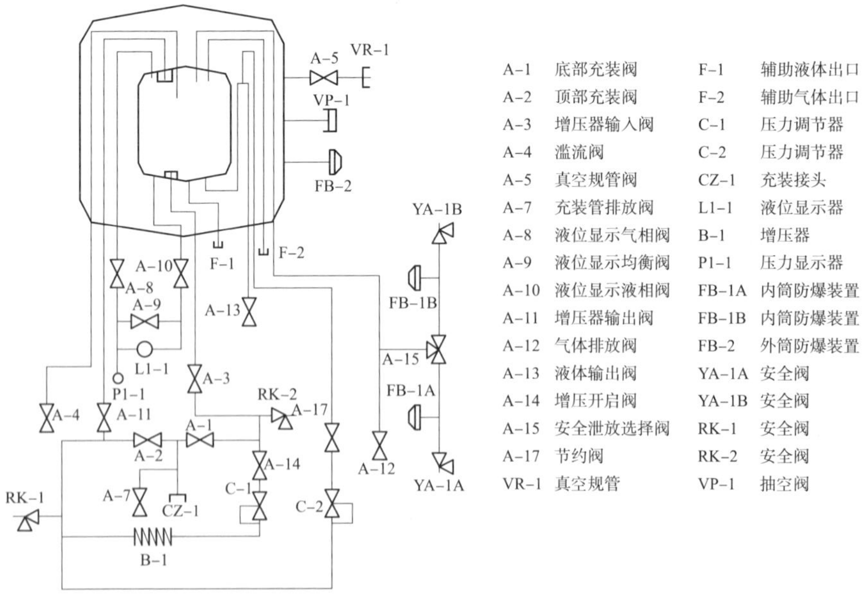

A. A－3、A－14、A－11　　B. A－17、A－11

C. A－8、A－9、A－10　　D. A－3、A－14、A－17

答案：A

565. 对锅炉排污操作的目的是(　　)。

A. 降压　　B. 降低水位

C. 降低锅水杂质含量　　D. 改变锅水的饱和度

答案：C

566. 锅炉严重缺水时，必须紧急停炉，应该采取的操作行为是(　　)。

A. 快速给锅炉上水　　B. 开启空气阀及安全阀

C. 快速给锅内降压并更换锅水　　D. 停止添加燃料停炉

答案：D

567. 下列选项中不属于 LNG 接收站燃气热水锅炉启动前准备的是(　　)。

A. 启动采暖水泵保证采暖水循环

B. 启动软化水泵为采暖水系统补水

C. 投用加药系统

D. 投用蒸汽及蒸汽凝结水换热器

答案：D

568. 下列关于燃气热水锅炉操作错误的是(　　)。

A. 启动软化水泵，打开软化水到采暖水补水管线上的阀门对采暖系统进行充水

B. 启动采暖水泵对采暖水进行循环，打开锅炉进出口阀门，并打开锅炉排污阀门直至水质干净

C. 打开燃料气管线阀门，调节压力控制阀和减压阀调节燃气压力在 25kPa 左右

D. 锅炉的现场控制柜上按下启动按钮，炉启动前风机首先启动对锅炉内部进行吹扫，以排除烟道和炉膛内的水汽

答案：D

569. 登船梯在工作状态下最大允许风速一般不超过(　　)m/s。

A. 15　　B. 25　　C. 30　　D. 35

答案：B

570. 登船梯在船上放置好后应打到(　　)状态。

A. 上下浮动　　B. 左右浮动　　C. 自由浮动　　D. 前后浮动

答案：C

571. 登船梯的操作动力来自(　　)系统。

A. 液压　　B. 电力　　C. 氮气　　D. 仪表风

答案：A

572. 调整登船梯时，要求两名外操人员在场，一人进行调整操作，一人在就地控制面板旁观察，发现紧急情况后立即按下(　　)按钮。

A. 上升　　B. 紧急停车　　C. 下降　　D. 浮动

答案：B

573. 连接卸料臂时，应先连接(　　)后连接(　　)。

A. 气相臂　　液相臂　　B. 液相臂　　气相臂

C. 气相臂　　其他气相臂　　D. 液相臂　　其他液相臂

答案：A

574. 下列关于卸料臂操作的说法错误的是(　　)。

A. 卸料臂动作时可通过速度选择开关切换驱动速度

B. 卸料臂动作前解锁风浪锁

C. 卸料臂连接完成打浮动后关闭外臂锁

D. 就地控制盘电源打开后检查所有指示灯

答案：C

575. 打开卸料臂快速接头盲板前应(　　)。

A. 放下接头支撑　　B. 对卸料臂泄压

C. 锁定卸料臂　　D. 将卸料臂设为浮动模式

答案：B

576. 卸料臂遥控器电源开关摇杆打到(　　)位置，按下“开始”按钮启动遥控器。

A. 远程　　B. 选择卸料臂　　C. 检修模式　　D. 就地

答案：A

577. 卸料臂紧急脱离系统是靠(　　)驱动。

A. 电动　　B. 液压　　C. 气动　　D. 手动

答案：B

578. 卸料臂外臂动作的直接驱动方式为(　　)。

A. 防爆电机驱动　　B. 氮气驱动　　C. 液压驱动　　D. LNG 驱动

答案：C

579. 以下关于卸料臂的操作中，可以在就地控制盘(LCP)操作而不能在遥控器(RRC)操作的是(　　)。

A. 液压油泵的手动切换操作　　B. 卸料臂移动速度快慢的切换操作

C. 双球阀的开关操作　　D. 卸料臂的选择操作

答案：A

580. (　　)不是卸料臂液压动力系统组成部分。

A. 液压油箱　　B. 液压油泵　　C. 蓄能器　　D. 配重块

答案：D

581. 下列关于卸料臂预冷流程的描述错误的是(　　)。

A. 预冷时卸料臂放空阀打开　　B. 预冷时卸料臂排凝阀打开

C. 预冷时卸料臂切断阀关闭　　D. 预冷时氮气注入阀关闭

答案：B

582. 卸料臂预冷速度通过(　　)监控。

A. 船方 LNG 流量　　B. 船方 LNG 压力

C. 岸方卸料臂下游管线温度变送器　　D. 卸料总管温度变送器

答案：C

583. 卸料臂预冷速度主要通过(　　)控制。

A. 调整船方清仓泵出口压力　　B. 调整 BOG 压缩机负荷

C. 调节船舱压力　　D. 调节预冷卸料臂 LNG 的流量

答案：D

584. 下列关于卸料臂预冷的说法错误的是(　　)。

A. 卸料臂预冷期间需重点监控卸料总管压力

B. 卸料臂预冷期间会造成 BOG 总管温度略微上升

C. 预冷时应调节各条卸料臂温降速度相当

D. 可通过卸料臂放空线控制预冷速度

答案：A

585. 卸料臂预冷前进行的 ESD 测试为(　　)。

A. 热态 ESD 测试　　B. 冷态 ESD 测试

C. 卸料臂紧急脱离测试　　D. 储罐区 ESD 测试

答案：A

586. 热态 ESD 测试时，(　　)不能打开。

A. 卸料臂双球阀　　B. 卸料臂卸料管线排凝线切断阀

C. 卸料臂卸料管线切断阀　　D. 码头根部卸料总管 ESDV 阀

答案：C

587. 下列不是码头触发 ESD 后复位操作的是(　　)。

A. 复位中控室码头区的 ESD 信号

B. 复位卸料臂面板上的 ESD 信号

C. 双方将通信面板所选模式的 INHIBIT 键按下后，各自复位

D. 复位储罐区 ESD 信号

答案：D

588. (　　)不是卸料臂排凝时需关注的参数。

A. 卸料总管温度　　B. 卸料臂卸料管线温度

C. 排凝罐或排凝立管液位　　D. 卸料臂压力

答案：A

589. 卸料臂排凝时 LNG 直接排至(　　)。

A. BOG 总管　　B. 排凝罐或排凝立管

C. LNG 储罐　　D. TSV

答案：B

590. 关于卸料臂排凝的说法错误的是(　　)。

A. 排凝过程中注氮阀与排凝阀可同时打开

B. 先将卸料管线切断阀关闭再打开排凝阀

C. 卸料臂排凝时先对气相臂排凝，后对液相臂排凝

D. 排凝罐液位不再上升时可视为排凝结束

答案：C

591. 卸料臂排凝时主要阀门的动作是(　　)。
A. 打开卸料管线切断阀、打开卸料管线排凝阀、打开卸料臂注氮阀
B. 打开卸料管线切断阀、关闭卸料管线排凝阀、打开卸料臂注氮阀
C. 关闭卸料管线切断阀、关闭卸料管线排凝阀、关闭卸料臂注氮阀
D. 关闭卸料管线切断阀、打开卸料管线排凝阀、打开卸料臂注氮阀
答案：D
592. (　　)在卸前计量之前进行。
A. 卸料臂预冷　　B. 卸料臂气密测试
C. 冷态 ESD 测试　　D. 卸料臂排凝
答案：B
593. 下列哪项不是热态 ESD 前需完成的步骤？(　　)
A. 卸料臂预冷　　B. 放置登船梯
C. 连接船岸通信　　D. 卸料臂气密及置换
答案：A
594. 不影响卸料臂卸料前吹扫置换速度的是？(　　)
A. 卸料臂排凝阀打开　　B. 氮气管网的压力
C. 卸料臂注氮管线阀门开度　　D. 仪表空气管网的压力
答案：D
595. 冷态 ESD 结束后可进行卸料作业，卸料可分三个阶段，(　　)阶段 BOG 总管压力会快速上升。
A. 全速卸料　　B. 减速卸料　　C. 加速卸料　　D. 卸料臂排凝
答案：C
596. 关于储罐进料方式的选择，下列说法正确的是(　　)。
A. 当船上 LNG 的密度大于储罐原有 LNG 的密度时，卸料方式应采用下进液
B. 当船上 LNG 的密度小于储罐原有 LNG 的密度时，卸料方式应采用上进液
C. 当船上 LNG 的密度与储罐原有 LNG 的密度接近时，卸料方式宜采用下进液
D. 当船上 LNG 的密度与储罐原有 LNG 的密度接近时，卸料方式宜采用上进液
答案：C
597. 储罐需要选择顶部、底部进料方式的主要原因是(　　)。
A. LNG 储罐内液位不同　　B. LNG 的温度不同
C. LNG 的压力不同　　D. LNG 的密度不同
答案：D
598. 储罐进料方式进入顶、底部选择，可有效防止(　　)。
A. 储罐发生间隙泉　　B. 储罐产生分层
C. 储罐沉降　　D. 储罐顶层效应
答案：B
599. 下列关于储罐进料的说法正确的是(　　)。
A. 进料时至少同时进入两台储罐，避免单台储罐压力过高

B. 进料时先进一台储罐，待储罐液位接近高报时再切换到进第二台储罐
C. 进料时所有储罐进料阀门全开降低进罐阻力
D. 加速卸料阶段储罐上下进液阀均打开，待全速卸料时关闭上进液阀门
答案：A

600. (　　)不直接影响返回船舱 BOG 的流量。
A. 气相返回线压力控制阀开度　　B. 储罐压力
C. 卸料总管压力　　D. 船舱压力
答案：C

601. LNG 船在(　　)阶段开始为船舱补压。
A. 卸料臂预冷　　B. 减速卸料阶段
C. 全速卸料阶段　　D. 船舱压力低需要补压时
答案：D

602. 返回船舱 BOG 流量一般通过(　　)控制。
A. 船方根据舱压调节船方 BOG 管线阀门开度
B. 岸方根据罐压调节气相返回线压力控制阀开度
C. 岸方调节 BOG 压缩机负荷
D. 船方调整卸料流量
答案：A

603. 卸料期间气相返回臂压力上升的原因不可能是(　　)。
A. 储罐船方返气阀门关闭　　B. 卸料速度降低
C. BOG 压缩机负荷降低　　D. LNG 进入了气相返回臂
答案：B

604. 下列关于码头保冷循环的说法正确的是(　　)
A. 卸船前一天停止码头保冷循环
B. 主要通过储罐进液阀控制码头保冷循环 LNG 流量
C. 卸料前停码头保冷循环，卸料过程码头保冷循环线辅助卸料
D. 码头保冷循环 LNG 流量对保冷效果无明显影响
答案：C

605. 卸料结束后操作人员可缓慢打开控制阀投用码头保冷循环，主要关注的参数是(　　)。
A. 卸料臂温度　　B. 码头保冷循环流量
C. 卸料总管压力　　D. 码头保冷循环温度
答案：B

606. 卸料管道建立保冷循环后不久，码头平台卸料管道的顶、底部温度差开始慢慢变大，而码头引桥根部卸料管道的顶、底部温度差则没有太大变化，最有可能的原因是(　　)。
A. 管道内循环 LNG 的量较少，开始有 BOG 空间形成
B. 顶部温度检测元件松动

C. 卸料管道内没有 LNG 流动

D. 卸料管道内的 LNG 没有经过码头循环，直接回储罐

答案：A

607. 根据液化天然气接收站工程设计规范，保冷循环的 LNG 量宜按照循环温升(　　)℃确定。

A. 1 ~ 3　　B. 2 ~ 4　　C. 3 ~ 5　　D. 5 ~ 7

答案：D

608. 激光辅助靠泊系统不能测量、计算和显示(　　)。

A. 船尾到岸距离　　B. 靠岸速度　　C. 靠岸角度　　D. 靠岸加速度

答案：D

609. 激光辅助靠泊系统传感器在泊位至船距离为(　　)范围内工作。

A. 0 ~ 300m　　B. 0 ~ 400m　　C. 0 ~ 500m　　D. 0 ~ 600m

答案：A

610. 国内接收站目前最常用的船岸通信系统有电缆和(　　)。

A. 液压　　B. 光纤　　C. 无线　　D. 气动

答案：B

611. 快速脱缆钩的驱动机构，一般采用机械和(　　)驱动系统。

A. 水压　　B. 电动　　C. 气压　　D. 磁动

答案：B

612. 钩体锁紧机构是脱缆钩在复位工作条件下处于自锁状态的可靠保证，它由锁紧套和(　　)组成

A. 钩体释放机构　　B. 锁紧钩架　　C. 锁紧滚轮机构　　D. 连接轴体

答案：C

613. 下列关于快速脱缆钩的描述不正确的是(　　)。

A. 安装于船舶上用于绞缆

B. 安装于码头用于船舶绞缆、系缆的专用设备

C. 传统系缆桩的更新换代产品

D. 与系缆桩相比，该产品减轻了工人劳动强度，提高劳动效率，安全性和可靠性。

答案：A

614. 下列不是快速脱缆钩用于带缆操作的结构是(　　)。

A. 绞盘　　B. 绞绳架　　C. 电机　　D. 连接轴体

答案：D

615. LNG 储罐可实施监测密度的仪表是(　　)。

A. LTD　　B. 雷达液位计

C. 伺服液位计　　D. 伺服液位计开关

答案：A

616. LTD 在工作中，检测探头是由(　　)在 LNG 储罐中垂直运动的。

A. 气动驱动　　B. 机械驱动　　C. 电机驱动　　D. 液压驱动

答案：C

617. 储罐 LTD 液位检测仪的类型是(　　)。
A. 超声波液位计　B. 雷达液位计　C. 差压液位计　D. 伺服液位计
答案：D
618. LTD 不可以用来监测储罐的(　　)。
A. 液位　B. 流量　C. 温度　D. 密度
答案：B
619. 储罐进料管线倒空置换过程中，(　　)可以确定最低注氮压力。
A. 管径　B. LNG 温度　C. 管道高度　D. 氮气管网压力
答案：C
620. 储罐进料管线倒空置换过程中，(　　)可判断管道内 LNG 已经排净。
A. 管道压力突然降低　B. 管道压力突然升高
C. 管道压力持续升高　D. 管道压力无波动
答案：A
621. 储罐进料管线 LNG 倒空的方法为(　　)。
A. 通过罐顶进料管线 OB－03 注氮，通过进料管线排凝管线由下进液进入储罐
B. 通过罐顶进料管线 OB－03 注氮，通过进料管线排凝管线由上进液进入储罐
C. 通过进料线切断阀 OB－02 注氮，通过上进液进罐
D. 通过进料线切断阀 OB－02 注氮，通过下进液进罐
答案：B
622. 判断储罐进料管线倒空置换结束的依据为(　　)合格。
A. 管道压力　B. 甲烷含量　C. 管道温度　D. 管道氧含量
答案：B
623. 储罐进料管线倒空后再次投用前预冷的说法正确的是(　　)。
A. 通过进料管线切断阀 OB－02 缓慢引入 LNG 预冷
B. 预冷产生的 BOG 只能通过下进液进入储罐
C. 微开进料管线切断阀引 LNG 进行预冷
D. 通过进料管线排凝线引 LNG 进行预冷
答案：A
624. 储罐进料管线预冷时通过(　　)监控预冷速度。
A. 进料管线 LNG 流量　B. 进料管线表面温度计
C. 储罐压力　D. 进料管线压力
答案：B
625. 下列选项不是储罐进料管线预冷过程中应重点检查内容的是(　　)。
A. 管托位移　B. 法兰有无泄漏　C. 储罐液位　D. 进料管线温度
答案：C
626. 储罐进料线倒空后再次投用前预冷过程中，下列选项可作为 BOG 排气口的是(　　)。
A. 进料管线排凝线　B. 罐前平台进料管线安全阀旁路

C. 下进液阀旁路　　D. 上进液阀旁路

答案：D

627. 下列选项中，不是罐内泵启泵条件的是(　　)。

A. 储罐液位高于低报值　　B. 泵出口管线手动调节阀全开

C. 泵出口回流阀开度大于规定值　　D. 罐内泵出口汇管紧急切断阀打开

答案：B

628. 罐内泵启动前，回流阀、出口阀、放空阀的状态是(　　)。

A. 小于规定值、全开、全关　　B. 小于规定值、全关、全关

C. 大于规定值、全开、全关　　D. 大于规定值、全关、全关

答案：D

629. 罐内泵运行正常后，为避免泵流量过低，回流阀应(　　)。

A. 流量控制器输入设定值，将回流阀投自动

B. 流量控制器输入设定值，将回流阀设为手动

C. 手动关闭

D. 手动打开一定开度

答案：A

630. 罐内泵启动出口管线流量稳定后，关于回流阀及出口手动调节阀操作的说法正确的是(　　)。

A. 立即关闭回流阀，全开出口手动调节阀

B. 缓慢关闭回流阀，全开出口手动调节阀

C. 缓慢关闭回流阀，同时缓慢打开出口手动调节阀至一定开度，避免出口流量波动较大

D. 缓慢关闭回流阀，同时快速打开出口手动调节阀至一定开度，避免出口流量波动较大

答案：C

631. 下列选项中，不是罐内泵回流线的作用的是(　　)。

A. 避免泵运行过程中流量过低　　B. 消除储罐分层

C. 提高泵出口压力　　D. 减小启泵时流量，从而减小启泵电流

答案：C

632. 在泵正常运行过程中出口流量控制器投自动，当泵出口流量下降至低于设定值时回流阀的开度将(　　)。

A. 不变　　B. 增大　　C. 减小　　D. 全关

答案：B

633. 下列关于回流阀状态说法正确的是(　　)。

A. 停泵时回流阀手动全开　　B. 停泵时回流阀手动设置一定开度

C. 泵运行时回流阀手动设置全关　　D. 泵运行时回流阀投自动

答案：D

634. 下列关于回流线与出口管线的说法正确的是(　　)。

A. 回流线管径小于出口管线　B. 回流线管径大于出口管线
C. 回流线流量调节阀为切断阀　D. 回流线只连接至储罐下进液管线
答案：A
635. 罐内泵的泵筒氮气置换时，通过(　　)将气体放空至储罐。
A. 出口管线　B. 出口阀旁路
C. 回流线　D. 泵筒放空线
答案：D
636. 储罐干燥置换阶段，泵筒放空线的作用描述正确的是(　　)。
A. 控制储罐压力　B. 引内罐气体进入环形空间
C. 泵筒置换排气及指标检测口　D. 干燥置换注氮口
答案：C
637. 停泵后打开泵筒放空线放空阀的作用是(　　)。
A. 防止 LNG 进入 BOG 管线
B. 连通泵筒与储罐气相空间，使泵筒液位与储罐液位相同
C. 防止泵出口憋压
D. 维持罐内泵冷态
答案：B
638. 下列情况可能造成 LNG 进入 BOG 管线的是(　　)。
A. 罐内泵运行过程放空阀打开　B. 罐内泵启动前关闭放空阀
C. 罐内泵停泵后打开放空阀　D. 罐内泵运行过程回流阀打开
答案：A
639. 当低压总管压力上升时，再冷凝器液位(　　)。
A. 下降　B. 上升　C. 先升后降　D. 先降后升
答案：B
640. 当低压总管压力下降时，再冷凝器液位(　　)。
A. 下降　B. 上升　C. 先升后降　D. 先降后升
答案：A
641. 下列选项不影响低压总管压力的是(　　)。
A. 启动一台高压泵　B. 停一台高压泵
C. 启动一台罐内泵，出口阀未打开　D. 码头保冷循环投用
答案：C
642. 下列选项中，不属于槽罐中常见人孔安装位置的是(　　)。
A. 设在罐体的顶部　B. 设在罐体的底部
C. 设在罐体的尾部　D. 设在罐体的中部
答案：D
643. 液化天然气槽车主要由半挂车、罐体、管路系统和(　　)四大部分组成。
A. 油箱　B. 氮气系统　C. 操作箱　D. 紧急切断阀
答案：C

644. 下列选项中不属于液化天然气槽罐车真空度丧失后果的是(　　)。

A. 槽罐内液化天然气闪蒸量增大　　B. 槽罐内液位波动后逐渐下降

C. 槽罐安全阀起跳　　D. 槽罐增压管线阀门紧急关断

答案：D

645. 下列现象中与液化天然气槽罐车真空度丧失无关的是(　　)。

A. 安全阀起跳　　B. 液位计指针掉零

C. 槽车压力异常升高　　D. 槽罐表面结霜冒白烟

答案：B

646. 结合机械振动学、化工工艺、仪表控制等基本原理，降低槽车装车撬流量控制阀振动的方法包括调整装车工艺降振法、调节流量调节阀控制参数降振法和(　　)。

A. 机械降振法　　B. 调整装车量大小降振法

C. 调整槽车充装时间降振法　　D. 增大槽车臂口径降振法

答案：A

647. LNG 槽车充装时，根据槽车液位计(每辆车均不同)来判断当其灌装量达到额定载质量的(　　)时，开始逐渐减小 LNG 充装流量调节阀的开度(每隔 1 ~2min 递减 20%，5 分钟之内递减至 10%)。

A. 80%　　B. 80% ~90%　　C. 90% ~95%　　D. 95% ~100%

答案：C

648. 槽车撬在预冷过程的前 10min 流量不得超过正常流量的(　　)%。

A. 1　　B. 2　　C. 3　　D. 4

答案：C

649. 槽车撬预冷过程中流量提高到正常流量时间应不低于(　　)min。

A. 10　　B. 15　　C. 20　　D. 30

答案：C

650. TMS 管理系统运营期间当本人不在电脑前时务必注销用户，使之切换到(　　)权限。

A. ENG　　B. guest　　C. View Only　　D. Operator

答案：B

651. 在单据管理菜单中，(　　)状态不可以转为异常单据。

A. 等待装车　　B. 正在装车　　C. 等待过磅　　D. 完成装车

答案：B

652. 制单时，若地磅数与 TMS 数据显示不一致时，下面操作中正确的是(　　)。

A. 点击 TMS 管理系统中地磅显示区域的刷新键

B. 重新启动地衡显示器

D. 直接重启 TMS 管理系统的主机

C. 将地衡数据归零，重新将车辆称重

答案：A

653. 在单据管理菜单中，(　　)状态可以删除。

A. 异常单据　　B. 正在装车　　C. 等待过磅　　D. 完成装车

答案：A

654. 若需要退出 TMS 管理系统时，下列操作中正确的是(　　)。

A. 在本人的账号下，点击退出到 Windows，先退出辅机，再退出主机

B. 在本人的账号下，直接点击退出到 Windows

C. 先切换到工程师账号，点击退出到 Windows，先退出辅机，再退出主机

D. 先切换到工程师账号，直接点击退出到 Windows

答案：C

655. 制单时批控器状态应为(　　)，且阀门状态应为(　　)。

A. 远控　自动　B. 就地　自动　C. 远控　手动　D. 就地　手动

答案：A

656. 制单过程中，若发现撬位在开始装车前已有实装量，应在制单前点击(　　)，以保证装车顺利进行。

A. 直接制单　　B. 清除状态　　C. 清除流量　　D. 重新启动

答案：C

657. 下列(　　)为批量控制器状态栏中的操作组态。

A. 开始装车　　B. 通信故障　　C. 报警　　D. 返回错误

答案：D

658. 下列关于槽车站凝液罐排凝操作，错误的是(　　)。

A. 要使用氮气为凝液罐增压

B. 要保证排凝到储罐的阀门打开

C. 要确保装车撬排凝到凝液罐的阀门打开

D. 保持凝液罐放空阀关闭

答案：C

659. 以下不是凝液罐设计功能的是(　　)。

A. 撬位残液吹扫置换　　B. 凝液收集

C. 放空返气　　D. 增压

答案：D

660. 正常使用的凝液罐阀门状态说法正确的是(　　)。

A. 排凝到储罐的阀门关闭　　B. 放空阀关闭

C. 撬位排凝到凝液罐的阀门打开　　D. 安全阀关闭

答案：A

661. 凝液罐液位到(　　)应当安排排凝作业。

A. 10%　　B. 30%　　C. 60%　　D. 90%

答案：C

662. 下列选项中，不属于充装前槽车安全检查重点的是(　　)。

A. 槽罐车轮胎完好　　B. 槽罐压力为零

C. 司押人员劳保着装　　D. 安全阀完好

答案：B

663. 下列选项中，不属于充装中槽车安全检查重点的是(　　)。
A. 槽车自带灭火器完好　　B. 槽罐压力稳定，不超过 0.4MPa
C. 槽车管线无异常结霜现象　　D. 槽车液位计指示正常
答案：A
664. 下列选项中，不属于充装完成后槽车安全检查重点的是(　　)。
A. 静电接地夹已经断开　　B. 槽车上下进液阀已全部关闭
C. 槽车安全阀整定压力正常　　D. 槽车压力正常
答案：C
665. 下列选项中，不属于槽车安全资料检查重点的是(　　)。
A. 司押人员驾驶证、押运员证　　B. 槽罐车年检报告
C. 槽罐车安全技术资料　　D. 槽罐车生产日期
答案：D
666. 以下描述中，关于 LNG 槽车充装前需要进行的检查项目描述错误的是(　　)。
A. 检查槽车和驾驶员各类相关证件是否齐全、有效
B. 检查槽车安全阀、液位计是否完好，是否在有效期内
C. 检查确认槽车内的 LNG 是否已经完全卸尽，恢复常温，具备充装条件
D. 检查确认槽车轮胎已垫好三角木，槽车做好接地
答案：C
667. LNG 槽车充装前，充装人员要检查罐体压力是否正常，正常压力范围在(　　)。
A. 0.01 ~ 0.1MPa　　B. 0.1 ~ 0.4MPa
C. 0.5 ~ 1.0MPa　　D. 1.0 ~ 1.5MPa
答案：B
668. 批控器自动装车控制模式黄灯不亮的原因是(　　)。
A. 批控器状态为就地模式
B. 气、液相装车臂与槽车连接法兰处密封不严
C. 气、液相装车臂手动隔离阀没打开
D. 排凝阀没有关闭
答案：A
669. LNG 槽车操作箱内两个安全阀的起跳压力范围一般是(　　)MPa。
A. 0.6 ~ 1.75　　B. 0.65 ~ 0.75　　C. 0.8 ~ 0.95　　D. 0.7 ~ 0.85
答案：B
670. 以装车撬液相臂为例，槽车装车前吹扫要确认(　　)，打开注氮阀，然后打开(　　)排向大气(　　)。
A. 手动隔离阀关闭　槽车上进液和下进液阀门关闭　槽车液相放空阀
B. 手动隔离阀关闭　槽车上进液和下进液阀门打开　槽车液相放空阀
C. 手动隔离阀打开　槽车上进液和下进液阀门关闭　槽车液相放空阀
D. 手动隔离阀关闭　槽车上进液和下进液阀门关闭　装车臂放空阀
答案：A

671. 槽车吹扫时，氮气压力为(　　)MPa。
A. 0.1～0.2　B. 0.3～0.4　C. 0.5～0.7　D. 0.8～1.0
答案：C
672. 装车臂气、液相臂注氮阀在(　　)位置。
A. 靠近法兰口第一个阀门　B. 靠近法兰口第二个阀门
C. 靠近法兰口第三个阀门　D. 其他选项均不是
答案：A
673. LNG 装车撬吹扫气、液相管线旋转接头的氮气压力为(　　)MPa。
A. 0.01～0.1　B. 0.02～0.04　C. 0.04～0.08　D. 0.1～0.4
答案：B
674. LNG 装车撬氮气管线按功能分为(　　)种。
A. 1　B. 2　C. 3　D. 4
答案：B
675. 槽车装车结束后，要保留槽车(　　)打开，以便残液吹入槽车。
A. 下进液阀门　B. 上进液、下进液阀门
C. 上进液　D. 以上均不是
答案：C
676. LNG 装车撬气、液相臂氮气阀在装车臂(　　)位置。
A. 上方　B. 下方　C. 侧方　D. 其他选项均不是
答案：A
677. LNG 装车撬装车结束后，使用氮气对液相臂进行升压，通过放空阀吹扫至(　　)管线。
A. 槽车放空管线　B. 装车撬放空管线或排凝管线
C. 装车撬 BOG 返回管线　D. 其他选项均不是
答案：B
678. 作业人员在连接装车臂时，连接螺栓螺母拧紧后，螺栓端面应超出螺母端面(　　)扣。
A. 1～2　B. 2～3　C. 3～4　D. 4～5
答案：B
679. 在吹扫结束后，司、押人员要先拆(　　)。
A. 上方螺母　B. 下方螺母　C. 一同拆下　D. 其他选项均可以
答案：B
680. 装、卸装车臂时用的扳手为(　　)。
A. 铁制　B. 铜制　C. 钢制　D. 铝制
答案：B
681. 装车结束后，拆卸装车臂法兰时，司押人员应(　　)。
A. 站在作业点上风向　B. 站在作业点的下风向
C. 先松动法兰上部　D. 其他选项均可以
答案：A

682. 在充装开始阶段，压力超过(　　)MPa 时，应进行返气。

A. 0.3　　B. 0.4　　C. 0.5　　D. 0.6

答案：B

683. 在充装过程中，如果槽车罐体压力急剧上升，造成安全阀起跳，操作人员按下急停按钮，指挥司机打开气相手动隔离阀和气动阀，这时操作人员应(　　)进行返气。

A. 打开排凝阀　　B. 打开气相安全阀旁路阀

C. 打开放空阀　　D. 关闭槽车安全阀

答案：B

684. 在全速装车时，正常的流速范围为(　　)kg/s。

A. 6 ~ 8　　B. 7 ~ 9　　C. 9 ~ 11　　D. 12 ~ 14

答案：C

685. 待装区内，发现司押人员吸烟，按照危化品运输从业人员违规处罚细则，应给予司押人员(　　)违规处罚。

A. 一级，永久取消充装资格　　B. 二级，一个月

C. 三级，一周　　D. 四级，当日

答案：A

686. 下列选项中，不是充装结束后要检查的是(　　)。

A. 装车撬排凝阀是否打开　　B. 槽车液位

C. 槽车压力　　D. 阻火器是否关闭

答案：D

687. 槽车在离厂时要按规定路线行驶，不得超速，厂区限速为(　　)km/h。

A. 10　　B. 15　　C. 20　　D. 5

答案：D

688. 混合轻烃装车结束后，装车臂内的残液不允许(　　)。

A. 通过槽车泄放阀就地放空　　B. 返回气相管线

C. 连接软管排放至高点　　D. 其他选项均不是

答案：A

689. 槽车充装结束后，以下不需要检查的要素是(　　)。

A. 外观　　B. 轮胎　　C. 喷涂　　D. 阀门状态

答案：C

690. 若批控器故障，可点击重新启动，返回错误为(　　)是正常状态，若出现其他数字可点击清除状态。

A. 255　　B. 234　　C. 34　　D. 334

答案：A

691. 制单中每个撬位最多能排(　　)装车单据。

A. 三个　　B. 一个　　C. 两个　　D. 四个

答案：C

692. 若批控器故障，可点击(　　)。

A. 暂停　　B. 复位　　C. 重新启动　　D. 断电操作

答案：C

693. 鹤位返回错误为(255)是正常状态，若出现其他数字可点击(　　)。

A. 暂停　　B. 复位　　C. 重新启动　　D. 清除操作

答案：D

694. 下列选项中，(　　)不是造成离心泵产生振动的原因。

A. 汽蚀　　B. 轴承与轴的间隙过大

C. 叶轮不平衡　　D. 电机和泵的联轴节未连接

答案：D

695. 下列选项中，不是造成高压泵振动的原因的是(　　)。

A. 提高高压泵入口压力　　B. 轴承与轴的配合间隙不适宜

C. 电机和泵的联轴节未找正　　D. 叶轮未经平衡试验

答案：A

696. 高压泵都设有(　　)来保证泵在合适流量下安全运行。

A. 回流管线　　B. 排凝管线　　C. 保冷管线　　D. 进口管线

答案：A

697. 高压泵回流可回流至再冷凝器或(　　)。

A. 再冷凝系统　　B. LNG 储罐　　C. 气化器　　D. 泵入口

答案：B

698. 关于高压泵启动操作叙述不可取的是(　　)。

A. 启泵前适当提高高压泵入口压力　　B. 启泵前适当调高再冷凝器的液位

C. 打开回流管线阀门　　D. 启泵后尽快打开出口阀门

答案：D

699. 关于高压泵启动操作叙述不可取的是(　　)。

A. 启泵后要检查高压泵工艺参数

B. 开出口阀门前要检查泵出口总管压力

C. LNG 缓慢进入气化器同时关小高压泵回流阀门

D. 高压泵启动后关闭放空线阀门

答案：D

700. 启动外输高压泵前需确认入口阀门(　　)、出口保冷循环线阀门(　　)。

A. 打开　关闭　　B. 打开　打开　　C. 关闭　打开　　D. 关闭　关闭

答案：A

701. (　　)不是高压泵启动的必备条件。

A. 液位在厂家规定的值以上　　B. 电缆氮气密封压力在厂家给定值范围

C. 出口阀关闭　　D. 最小回流线阀关闭

答案：D

702. 下列选项，不是高压泵电流过大的原因有(　　)。
A. 泵反转　B. 外输的同时最小回流线阀门全开
C. 单台高压泵对应多台气化器　D. LNG 密度过大
答案：A
703. 高压泵启动电流很大，大约是满负载工作电流的(　　)。
A. 4 ~5 倍　B. 5 ~6 倍　C. 6 ~7 倍　D. 7 ~8 倍
答案：D
704. 下列不属于高压泵远程启动逻辑条件的是(　　)。
A. 高压泵泵筒液位高于厂家给定值　B. 高压泵进口手动阀全关
C. 出口紧急切断阀关闭　D. 回流控制阀开度达到设定值
答案：B
705. 高压泵启泵逻辑检测内容不包括(　　)。
A. 氮封压力　B. 泵出口阀门关闭
C. 泵入口压力　D. 泵出口温度
答案：D
706. 下列选项中，不会减小高压泵振动的是(　　)。
A. 提高高压泵入口压力
B. 保证轴承与轴的配合间隙适宜
C. 电机和泵的联轴节找正合格
D. 对每个叶轮做平衡试验，安装叶轮平衡试验合格的产品
答案：A
707. 正常外输时，高压泵出现低流量，下列说法不正确的是(　　)。
A. 检查入口过滤器差压计　B. 检查流量计
C. 检查动力电缆接线　D. 检查最小回流线阀
答案：D
708. 在不影响外输的情况下，下列与高压泵切换无关的是(　　)。
A. 加开低压泵　B. 控制再冷凝器的液位
C. 调节气化器的流量　D. 停止码头循环
答案：D
709. 关于高压泵停泵操作叙述不可取的是(　　)。
A. 停泵前适当降低高压泵入口压力　B. 停泵前适当调低再冷凝器的液位
C. 打开回流管线阀门　D. 停泵后关闭出口阀门
答案：D
710. 有 4 台高压泵运行时，要停其中 1 台泵，下列选项中叙述正确的是(　　)。
A. 先停一台低压泵　B. 必须先停 BOG 压缩机
C. 气化器的运行负荷降低　D. 无须关注再冷凝器
答案：C

711. 在停高压泵的过程中，以下叙述正确的是(　　)。
A. 先关闭出口阀，再打开回流阀　　B. 先停止高压泵，再打开保冷阀
C. 先停止高压泵，再关闭出口阀　　D. 先关闭回流阀，再停止高压泵
答案：B
712. ORV 处海水入口管线加装限流孔板的目的是(　　)。
A. 增加海水流速　　B. 增加海水流量
C. 减少海水流速　　D. 减少海水流量
答案：D
713. (　　)不是开架式气化器引入海水前应具备的条件。
A. 海水分布槽里无杂质
B. 海水分布阀的开度基本一致
C. 海水排水渠畅通
D. 相邻海水分布槽的海水高度变化不超过限定值
答案：D
714. 操作时，如果气化器 NG 出口温度过低，可能是 LNG 流量(　　)，此时需要调整 LNG 流量。
A. 过大　　B. 过小　　C. 缓慢降低　　D. 没有影响
答案：A
715. 下列说法中，(　　)最容易引起开架式气化器损坏。
A. 相邻海水分布槽的海水高度变化超过限定值
B. 电解氯跳车
C. 仪表空气压力低低
D. 高压泵跳车
答案：A
716. ORV 在启动操作过程中，有关 ORV 海水系统以下叙述错误的是(　　)。
A. 检查海水温度　　B. 检查海水流量
C. 投用海水工艺联锁　　D. 投用海水前需要预冷 ORV
答案：D
717. 海水正常时，开架式海水气化器 LNG 流量过大不会造成(　　)的后果。
A. 出口温度降低　　B. 高压泵流量增大
C. 翅片表面海水结冰　　D. 海水分布槽振动
答案：D
718. SCV 燃烧器点火正常后，以下操作正确的是(　　)。
A. 先打开入口切断阀　　B. 先对入口管线进行预冷
C. 调高燃料气的供应压力　　D. 临时将 SCV 出口温度联锁屏蔽
答案：B
719. 手动启动浸没燃烧式气化器燃烧器之前，必须(　　)。

A. 打开入口切断阀　　B. 打开出口切断阀
C. 启动冷却水泵　　D. 关闭出口手动阀
答案：C
720. 浸没燃烧式气化器强制吹扫的目的是(　　)。
A. 吹掉设备锈皮　　B. 吹扫空气
C. 吹扫可燃气　　D. 吹扫水浴里过多的水
答案：C
721. 手动启动 SCV 过程中，叙述正确的是(　　)。
A. 先启动风机，再点火　　B. 可先点火，再启动循环水泵
C. 需要手动对风道吹扫　　D. 需要手动加碱
答案：A
722. 浸没燃烧式气化器点火继电器由(　　)逻辑进行检查，以确保点火系统正确工作。
A. 安全仪表系统　　B. 集散控制系统
C. 燃烧器管理系统　　D. 就地面板
答案：C
723. 下列是浸没燃烧式气化器启动应满足的联锁条件是(　　)。
A. 海水流量正常　　B. 水浴的液位达到规定值
C. 水浴的酸碱度正常　　D. LNG 的温度正常
答案：B
724. 下列选项中，不是中间介质气化器引入 LNG 前应具备的条件是(　　)。
A. 海水流量在厂家规定的范围内
B. 相邻海水分布槽的海水高度变化不超过限定值
C. 海水壳层已排气
D. 中间传热介质液位不超过厂家限定值
答案：B
725. 中间介质气化器引入 LNG 时，下列说法不正确的是(　　)。
A. 入口管道温降在规定范围内
B. 出口 NG 的温度在规定值内
C. 海水出口温度在规定值内
D. LNG 壳层是钛合金材料，不用注意 LNG 壳层的温度
答案：D
726. IFV 投用过程中，IFV 的丙烷液位将会(　　)。
A. 先升后降　　B. 先降后升　　C. 维持稳定　　D. 逐渐下降
答案：B
727. 启动中间介质气化器时，(　　)丙烷腔情况不需要进行检查。
A. 温度　　B. 压力　　C. 液位　　D. 流量
答案：D

728. ORV 停机过程，叙述正确的是(　　)。
A. 先停海水，再停 LNG　　B. 先停 LNG，再停海水
C. 同时降低 LNG 与海水流量　　D. 停海水后必须对海水槽排水
答案：B
729. ORV 正常停机操作，叙述正确的是(　　)。
A. 出口阀门必须关闭　　B. 进口阀门必须关闭
C. 海水分布蝶阀必须关闭　　D. 必须屏蔽海水流量低低联锁
答案：B
730. 停止 ORV 过程中，先停 LNG 一段时间后再停海水的原因是(　　)。
A. 节能环保　　B. 使排海海水温度充分恢复
C. 使入口管存 LNG 充分汽化　　D. 确保海水泵的安全运行
答案：C
731. 下面与 ORV 切换操作无关的是(　　)。
A. 为平稳运行考虑，先启一台海水泵
B. 为平稳运行考虑，加启一台高压泵
C. 为平稳运行考虑，先启动备用 ORV
D. 备用 ORV 加负荷的同时降低运行的 ORV 的负荷
答案：B
732. 按下 SCV 联锁 ESD 按钮停机后，出口切断阀(　　)。
A. 开启　　B. 立刻关闭　　C. 延时关闭　　D. 阀门保位
答案：C
733. SCV 正常停机操作后，叙述正确的是(　　)。
A. 必须关闭出口阀门　　B. 必须关闭进口阀门
C. 必须停循环水泵　　D. 必须更换水池水浴
答案：B
734. 关于 SCV 正常手动停机操作，不正确的是(　　)。
A. 先停止 LNG，再停燃烧器　　B. 先停燃烧器，再停风机
C. 可以同时停止循环水泵和风机　　D. 先停循环水泵，再停燃烧器
答案：D
735. 关于 SCV 正常自动停机(一键停机)操作，不正确的是(　　)。
A. 一键停机会关闭入口切断阀　　B. 一键停机会关闭出口切断阀
C. 一键停机包括停循环水泵　　D. 一键停机包括停风机
答案：B
736. IFV 停机操作说法错误的是(　　)。
A. 停机前需先关闭海水线　　B. 停机前需先关闭 LNG 管线
C. 停机后不需要进行排凝操作　　D. 停机后不需要排空丙烷
答案：A

737. IFV 停机过程中，(　　)阀门不需要关闭。

A. 入口切断阀　　B. LNG 流量控制阀

C. 海水流量调节阀　　D. 出口切断阀

答案：D

738. IFV 在海水温度低于(　　)℃时要降低运行负荷，需要启动 SCV。

A. 1　　B. 3　　C. 7　　D. 10

答案：C

739. IFV 的停机流程，最先关闭的阀门是(　　)。

A. 海水切断阀　　B. 出口紧急切断阀

C. LNG 入口流量调节阀　　D. 放空线阀门

答案：C

740. (　　)不是造成开架式海水气化器出口天然气温度低的原因。

A. 海水量小　　B. LNG 流量过大

C. 翅片换热效果不佳　　D. 下游用气量大

答案：D

741. 下列能间接引起开架式气化器跳车的是(　　)。

A. 海水流量低低　　B. 出口天然气温度低低

C. 高压泵跳车　　D. 海水离心泵跳车

答案：D

742. 下列选项中，不是触发 ORV 紧急联锁停车条件的是(　　)。

A. 出口温度低　　B. 海水温度低

C. 出口压力高　　D. 海水流量低

答案：B

743. 海水气化器设计要求海水在换热后温降一般不超(　　)。

A. 3℃　　B. 5℃　　C. 8℃　　D. 10℃

答案：B

744. 下列选项中，不是海水气化器主要控制工艺指标的是(　　)。

A. LNG 流量　　B. 海水流量　　C. 海水压力　　D. 出口温度

答案：C

745. 浸没燃烧式气化器运行过程中出口天然气温度过低，可能的原因不包括(　　)。

A. 燃料气供应量少　　B. LNG 流量过大

C. 出口天然气温度仪表可能故障　　D. 天气严寒

答案：D

746. 浸没燃烧式气化器正常工艺投用时，入口 LNG 流量增加速率过大会产生(　　)报警。

A. 水浴温度　　B. 超流量　　C. 出口压力　　D. 水浴液位

答案：A

747. 浸没燃烧式气化器燃烧器故障停止运行，可能的原因是(　　)。

A. 水浴 pH 值过低　　B. LNG 温度波动

C. 烟囱气体温度过高　　D. 水浴液位过高

答案：C

748. 浸没燃烧式气化器燃烧器故障停止运行，(　　)不是其逻辑原因。

A. 主继电器故障　　B. 燃气压力过高

C. LNG 管道入口切断阀关闭　　D. 水浴温度过高

答案：C

749. 下列会直接引起浸没燃烧式气化器联锁的是(　　)。

A. 水浴的 pH 值超标　　B. 水浴温度高高

C. 燃料气流量过低　　D. 海水流量低低

答案：B

750. (　　)不会造成 IFV 气化器紧急停车。

A. 气化器海水入口流量低低　　B. 气化器出口 NG 压力高高

C. 气化器入口 LNG 温度高高　　D. 气化器出口 NG 温度低低

答案：C

751. 关于 IFV 气化器，下列说法错误的是(　　)。

A. 海水换热分两个部分，一是丙烷壳程内海水直接与液相丙烷换热，二是在二次换热管段海水与一次换热段来的 NG 气体换热确保 IFV 出口 NG 气体温度满足工艺外输要求

B. 当 IFV 海水管线出口温度低于 -1℃时将联锁 IFV 停车

C. 当 IFV 海水管线出入口温差大于 5℃时将联锁 IFV 停车

D. 当 IFV 丙烷壳程中 LNG 与丙烷气相一次换热后的 NG 气体温度低低时也会触发 IFV 联锁停车

答案：C

752. 关于 IFV，(　　)会造成联锁停车。

A. 出口温度高高　　B. 海水流量低低　　C. 丙烷液位高高　　D. 丙烷液位低低

答案：B

753. 关于 IFV，其气化器出口温度(　　)报时会造成停车。

A. 低低　　B. 高高　　C. 低　　D. 高

答案：A

754. 乙烷装车换热器乙烷出口温度较高可进行以下操作(　　)。

A. 增加乙烷流量　　B. 增大 LNG 流量

C. 投用备用换热器　　D. 增加乙烷装车压力

答案：B

755. 停止乙烷装车后，乙烷管线压力升高，以下操作合理的是(　　)。

A. 停止 LNG 供应　　B. 增加 LNG 流量

C. 关闭乙烷储罐出料阀门　　D. 手动打开乙烷装车线压力控制阀

答案：D

756. 关于乙烷装车换热器操作，叙述错误的是(　　)。

A. 乙烷装车换热器可以在线切换

B. 备用乙烷装车换热器 LNG 流程需要保冷

C. 备用乙烷装车换热器乙烷流程需要保冷

D. 乙烷装车换热器是一种管壳式换热器

答案：C

757. 关于乙烷装车换热器 LNG 流程，叙述错误的是(　　)。

A. LNG 流经换热器壳程　　B. LNG 换热后直接去气化器汽化外输

C. 操作不当，可造成 LNG 汽化　　D. LNG 为高压 LNG

答案：A

758. SCV 循环水系统的组成不包括(　　)。

A. 过滤器　　B. 水泵　　C. pH 计　　D. 液位计

答案：D

759. SCV 循环水系统的作用不包括(　　)。

A. 增加 LNG 汽化效率　　B. 对火焰降温

C. 为 pH 检测供水　　D. 冷却燃烧器外夹层

答案：A

760. 以下关于 SCV 循环水系统的说法正确的是(　　)。

A. 确保汽化后的 NG 温度恒定　　B. 对水浴循环净化

C. SCV 停机后水温低时水泵自启　　D. 冷却鼓风机转动部件

答案：C

761. 以下关于 SCV 循环水系统过滤器说法正确的是(　　)。

A. 过滤器不可在线清理　　B. 防止杂物进入循环水系统

C. 过滤杂质清洁水浴　　D. 过滤器配有压差计

答案：B

762. SCV 检测的烟气指标一般不包括(　　)。

A. NO_x　　B. CO　　C. O_2　　D. CO_2

答案：D

763. SCV 烟气中的 NO_x 含量有效控制措施是(　　)。

A. 降低火焰温度　　B. 降低烟气排放温度

C. 使燃料气充分燃烧　　D. 升高烟气排放温度

答案：A

764. SCV 烟气中的 CO 含量有效控制措施是(　　)。

A. 降低火焰温度　　B. 增加火焰温度

C. 使燃料气充分燃烧　　D. 降低烟气排放温度

答案：C

765. SCV 烟气在线检测取样口一般设在(　　)。

A. 燃烧器内　　B. 烟囱顶部　　C. 烟囱底部　　D. 水浴池内部空间

答案：C

766. SCV 运行过程中，pH 值会发生变化的主要原因是(　　)。

A. 水浴温度的变化　　B. 水浴中水未定期更换

C. 燃烧产生烟气中含有酸性气体　　D. 海边气候环境的影响

答案：C

767. SCV 运行时，水浴的 pH 值呈(　　)趋势。

A. 上升　　B. 维持不变　　C. 下降　　D. 视情况而定

答案：C

768. SCV 自动加碱的作用(　　)。

A. 中和水浴 pH 值　　B. 控制烟气 pH 值

C. 水浴消毒　　D. 用于碱性清洗剂

答案：A

769. SCV 自动加碱控制原理说法错误的是(　　)。

A. 水浴 pH 值低于设定值时自动开始加碱

B. 碱罐液位下降一定值后停止自动加碱

C. 水浴 pH 值升高至设定值后停止自动加碱

D. 碱罐液位低时自动加碱程序照样进行

答案：B

770. 一般排凝罐不排凝操作时，排凝罐的 BOG 排气阀门状态(　　)。

A. 锁开(LO)　　B. 锁关(LC)　　C. 锁开或锁关　　D. 常关(NC)

答案：A

771. 一般排凝罐不排凝操作时，排凝罐的注氮阀门状态(　　)。

A. 锁开(LO)　　B. 锁关(LC)　　C. 锁开或锁关　　D. 常关(NC)

答案：B

772. 排凝罐排凝操作时，注氮升压过程中，下列操作不正确的是(　　)。

A. 关闭 BOG 排气阀门　　B. 观察排凝罐压力

C. 关闭安全阀根部阀　　D. 关闭凝液收集入口阀门

答案：C

773. 排凝罐排凝操作时，下列做法不正确的是(　　)。

A. 关注排凝罐液位的变化　　B. 观察排凝罐压力

C. 关闭安全阀根部阀　　D. 关注氮气系统压力

答案：C

774. 外输计量主管线压力低低会联锁关闭(　　)阀门。

A. 再冷凝器高压补气线紧急切断阀

B. 外输 NG 总管紧急切断阀

C. 气化器出口至电加热器管线紧急切断阀

D. 气化器出口管线紧急切断阀

答案：A

775. 外输计量主管线压力高高联锁结果包括(　　)。

A. 破真空线紧急切断阀关闭　　B. 外输计量撬切断阀

C. 再冷凝器高压补气线紧急切断阀　　D. 高压泵紧急停车

答案：D

776. 不能引起计量外输区域停车的条件(　　)。

A. 外输管线压力高高　　B. 外输管线压力低低

C. 外输管线温度低低　　D. 外输管线温度高高

答案：D

777. 计量撬操作时，要注意流量计的测量范围，接收站最大允许测量数值不高于最大测量数值(　　)。

A. 80%　　B. 90%　　C. 100%　　D. 110%

答案：B

778. 下列与计量撬切换说法不正确的是(　　)。

A. 确认备用计量撬仪表投用　　B. 先投用备用撬

C. 关闭在用撬阀门后立即投用备用撬　　D. 确认流量计在规定校验期内

答案：C

779. 打开快开盲板操作，以下说法不正确的是(　　)。

A. 打开前要确认发球筒常压　　B. 打开前要进行氮气置换

C. 打开后用少量天然气保持微正压　　D. 注意周围环境安全

答案：C

780. 关于放置清管器操作，以下说法不正确的是(　　)。

A. 放置前确认发球筒内清洁　　B. 放在靠近快开盲板处

C. 放入发球筒中偏心大小头处　　D. 放置过程中必须使用防爆工具

答案：B

781. 关于发球筒快开盲板关闭操作，以下说法不正确的是(　　)。

A. 关闭前确认发球筒内清洁

B. 确认盲板密封垫圈完好

C. 关闭后要对盲板外观进行检查

D. 快开盲板关好后密封性达到免验漏水平

答案：D

782. 关于发球操作过程，以下说法不正确的是(　　)。

A. 发球时不可对清管器前、后端进行均压

B. 通球指示器可初步判断清管器是否发出

C. 发球后要打开快开盲板确认清管器是否已经发出

D. 发球工作结束后要对发球筒进行验漏

答案：A

783. 为控制 BOG 压缩机入口温度，设有(　　)。

A. 入口缓冲罐　　B. 凝液罐　　C. 减温器　　D. 冷却风扇

答案：C

784. 减温器可以降低 BOG 压缩机入口温度，正常操作时其冷源是(　　)。

A. 高压汇管 LNG　　B. 液氮　　C. 低压汇管 LNG　　D. 低温 BOG

答案：C

785. BOG 压缩机启机时，减温器降低 BOG 温度的效果应通过(　　)控制。

A. 减低 LNG 温度　　B. 增大 LNG 的流量

C. 减少 BOG 的流量　　D. 开大 BOG 压缩机回流阀

答案：B

786. 为缩短 BOG 压缩机的预冷时间，关于减温器的操作正确的是(　　)。

A. 提前投用减温器再启动压缩机

B. 同时打开贫、富 LNG 阀为减温器供 LNG

C. 关闭压缩机回流阀，减少减温器前 BOG 回流量

D. 关小减温器上游 BOG 管线阀门，减少 BOG 的流量

答案：A

787. 下列选项中，不是低温 BOG 压缩机启动条件的是(　　)。

A. 回流控制阀全开　　B. 辅油泵正常运行

C. 压缩机入口温度正常　　D. 出口阀关闭

答案：D

788. BOG 压缩机启动前，应先启动(　　)。

A. 主油泵　　B. 辅油泵

C. 电机空间加热器　　D. 油池加热器

答案：B

789. 关于 BOG 压缩机启动过程，叙述不正确的是(　　)。

A. 启动辅油泵之后再对压缩机进行盘车

B. 启动要有严格的预冷过程

C. 预冷结束后缓慢关闭回流阀门，同时调节再冷凝器

D. 可以通过调节压缩机负荷提高预冷效果

答案：D

790. 关于 BOG 压缩机停机过程，叙述不正确的是(　　)。

A. 压缩机停机后，辅油泵要运行一段时间

B. BOG 压缩机停机过程要考虑 BOG 外输的情况

C. BOG 压缩机停机过程，同时调节再冷凝器

D. 所有压缩机停机后减温器要继续投用一段时间

答案：D

791. 关于 BOG 压缩机出口去向不包括(　　)。

A. 卸船期间向船返气　　B. 去燃料气系统

C. 去再冷凝系统　　D. BOG 外输

答案：A

792. 关于 BOG 压缩机启动过程中，如果出口温度过高怎么处理，以下做法不正确的是(　　)。

A. 投用入口减温器　　B. 导通回流至火炬的流程

C. 关小回流控制阀门，减小回流量　　D. 尽量保持压缩机低负荷运行

答案：C

793. 地面火炬一般(　　)运行。

A. 并联　B. 串联　C. 一用一备　D. 根据情况间断

答案：A

794. 地面火炬设多级运行时，一般是两台火炬(　　)。

A. 各级同时开启，分别关闭　B. 各级分别开启，分别关闭

C. 各级分别开始，同时关闭　D. 各级同时开启，同时关闭

答案：B

795. 火炬系统启动前需要确认(　　)正常。

A. 仪表风　B. 氮气　C. 燃料气　D. 其他选项全对

答案：D

796. 地面火炬系统拥有(　　)级放空。

A. 2　B. 3　C. 4　D. 1

答案：B

797. BOG 压缩机的负荷调节是通过卸荷阀和(　　)来实现。

A. 入口阀　B. 出口阀　C. 余隙阀　D. 回流阀

答案：C

798. 进口布克哈德 BOG 压缩机实现 25% 负荷调节是通过(　　)来实现。

A. 入口调节阀　B. 余隙空间　C. 出口流量控制　D. 回流流量的控制

答案：B

799. 根据 BOG 压缩机的负荷自动调节的设计，以下说法错误的是(　　)。

A. 储罐压力高时，负荷升高

B. 再冷凝器液位低时，负荷降低

C. 高压泵入口饱和蒸汽压差低时，负荷降低

D. 再冷凝器压力高时，负荷降低

答案：D

800. BOG 压缩机的负荷自动控制与(　　)有关。

A. 储罐压力　B. 储罐液位　C. 润滑油温度　D. 冷却水温度

答案：A

801. 下列选项中，不会引起再冷凝器压力波动的是(　　)。

A. BOG 压缩机跳车　B. 第二台高压泵启动

C. 第二台高压泵停泵　D. 储罐压力波动

答案：D

802. 当再冷凝器液位超高时，可通过引入(　　)将液位降低。

A. 高压泵泵筒放空气　B. 高压外输气

C. BOG 总管气　D. 氮气

答案：B

803. 当罐内泵出口压力增大时，再冷凝器液位(　　)。

A. 下降　B. 上升　C. 保持不变　D. 先降后升

答案：B

804. 再冷凝器液位不断降低时，不适合再进行(　　)。

A. 增加 LNG 的进量　　B. 降低 BOG 压缩机的负荷

C. 提高汽化外输量　　D. 适当升高高压泵入口总管处压力

答案：C

805. BOG 压缩机跳车，再冷凝器压力会突然(　　)。

A. 下降　　B. 升高　　C. 不变　　D. 不停波动

答案：A

806. 下列属于再冷凝器液位波动的直接因素是(　　)。

A. 高压泵跳车　　B. 海水泵跳车　　C. ORV 跳车　　D. 氮气系统跳车

答案：A

807. 以下关于 BOG 系统压力控制的说法，错误的是(　　)。

A. BOG 压力过高可以通过火炬泄压

B. BOG 系统压力太高也不可将 BOG 直接排放至大气

C. BOG 系统压力降至一定数值会联锁停 BOG 压缩机

D. BOG 系统压力过低时可以引用高压 NG 补压

答案：B

808. 不是因为 BOG 系统压力不断升高而采取的措施是(　　)。

A. 通过火炬泄压

B. PSV 起跳 BOG 直接排放至大气

C. 利用 SCV 将 BOG 燃烧掉

D. 启动高压 BOG 增压机直接将 BOG 外输

答案：C

809. BOG 气体自 BOG 总管至再冷凝器的过程中不会经过(　　)设备。

A. BOG 减温器　　B. BOG 排凝罐　　C. BOG 压缩机　　D. BOG 冷换器

答案：B

810. 接收站 BOG 冷换器的作用(　　)。

A. BOG 压缩机入口 BOG 降温　　B. 是再冷凝器的备用设备

C. 再冷凝器出口介质降温　　D. 再冷凝器入口 BOG 降温

答案：D

811. 接收站 BOG 冷换器的工艺流程叙述错误的是(　　)。

A. BOG 来自 BOG 压缩机出口　　B. 冷介质来自高压 LNG

C. 冷介质换热后返回 LNG 储罐　　D. BOG 换热后降温后进入再冷凝器

答案：C

812. 关于 BOG 冷换器的操作叙述正确的是(　　)。

A. BOG 换热后温度过高会增加冷换器 LNG 的流量

B. 可控制 BOG 经过 BOG 冷换器的流量

C. 可控制 LNG 经过 BOG 冷换器后的温度

D. 可控制 LNG 经过 BOG 冷换器后的压力

答案：A

813. 布克哈德 BOG 压缩机润滑油油池加热器启停控制说法正确的是(　　)。

A. 可根据润滑油温度自动启停

B. 油温低时加热器与辅油泵同时自动启动

C. 油池加热器一般手动启动、自动停止

D. 油池加热器一般自动启动、手动停止

答案：A

814. 以下关于布克哈德 BOG 压缩机润滑油油冷器的叙述，正确的是(　　)。

A. 油冷器只可给润滑油降温

B. 油冷器可给润滑油升温或降温

C. 油冷器只给润滑油升温

D. BOG 压缩机运行中油冷器给润滑油升温

答案：B

815. 以下设备不会对 BOG 压缩机润滑油温度产生影响的是(　　)。

A. 油冷器　　B. 冷却水加热器

C. BOG 压缩机电机风扇　　D. 冷却水系统风冷扇

答案：C

816. 以下对 BOG 压缩机润滑油温度影响的表述，不正确的是(　　)。

A. 油池电加热器可根据温度自动启停

B. 润滑油温度过低，BOG 压缩机将无法启动

C. 润滑油温度较高时，油冷器可为润滑油降温

D. 润滑油温度低时，可手动停止油冷器与冷却水换热

答案：D

817. BOG 压缩机启动后，冷却水温度不断升高，以下说法不正确的是(　　)。

A. 冷却水电加热器停止　　B. 冷却风扇启动

C. 手动调节自力式温度调节阀　　D. 要多观察润滑油温度的变化

答案：C

818. BOG 压缩机冷却水系统电加热器的使用情况说法正确的是(　　)。

A. 冷却水电加热器根据水温自动启停

B. 水温低时加热器与水泵同时自动启动

C. 加热器一般手动启动、自动停止

D. 加热器一般自动启动、手动停止

答案：A

819. BOG 压缩机冷却水系统自力式温度调节阀的作用说法不正确的是(　　)。

A. 自力式温度调节阀的控制无须人为调节

B. 水温高时，可控制冷却水只走冷却风扇支路

C. 水温低时，可控制冷却水只走电加热器支路

D. 控制冷却水走冷却风扇或电加热器支路，但不能同时走两支路

答案：D

820. BOG 压缩机冷却水系统压力控制说法不正确的是(　　)。

A. 蓄能器起到稳定水系统压力

B. 冷却水压力过高会联锁压缩机跳车

C. 冷却水压力低于一定数值会联锁启动第二台水泵

D. 冷却水压力过低会联锁压缩机跳车

答案：B

821. 能够引起燃料气系统停车的条件(　　)。

A. BOG 压缩机停车　　B. 工艺区停车

C. 燃料气压力高高　　D. 外输区域停车

答案：C

822. BOG 压缩机出口和高压 NG 均可供应燃料气，关于燃料气加热器入口压力控制叙述正确的是(　　)。

A. 入口压力控制设计有分程控制器

B. 与 BOG 压缩机出口压力相同

C. 高压 NG 是两路供气，两路分程控制

D. 压力太高会联锁加热器停机

答案：A

823. (　　)最容易产生火雨。

A. 全场 ESD 触发期间　　B. 高压外输期间

C. 零输出循环期间　　D. 装槽车期间

答案：A

824. 火炬系统高空自动点火系统通过火炬头处温度传感器监测温度，当温度(　　)时，联锁自动点火。

A. 高于设定温度　　B. 低于设定温度

C. 检测温度波动大时　　D. 检测温度不变时

答案：B

825. 火炬在自动点火程序下点火，肉眼观察火炬已经点燃，但是点火盘仍然按照自动点火程序在循环点火，最有可能的原因是(　　)。

A. 火炬点火电压过高　　B. 火炬火花塞故障

C. 火炬点火盘阀门故障　　D. 火炬头温度传感器损坏

答案：D

826. 下列选项中，不是高空火炬长明灯点火方法的是(　　)。

A. 高空自动点火　　B. 地面手动点火

C. 高空手动点火　　D. 地面自动点火

答案：D

827. 高空火炬设施连续用氮气吹扫的主要目的是(　　)。
A. 防止雨水进入火炬筒　　B. 稀释放空可燃气体
C. 防止回火　　D. 保持火炬筒内干燥
答案：C
828. 冷火炬检修前，切换至备用火炬操作，下列说法不正确的是(　　)。
A. 切换前确认热火炬没有混合轻烃排放
B. 拆除冷热火炬跨线盲板
C. 冷火炬管线加装盲板
D. 切换后混合轻烃和BOG可同时排放火炬
答案：D
829. BOG处理方法叙述错误的是(　　)。
A. 直接供火炬长明灯燃气　　B. BOG压缩再冷凝
C. 卸船期间BOG返船　　D. BOG压缩直接外输
答案：A
830. BOG作为燃料气使用时，以下说法正确的是(　　)。
A. 可直接作为燃料气使用　　B. 经BOG压缩机加压后作为燃料气使用
C. 作燃料气使用时一般不需要加热　　D. 站内燃料气使用也需要加臭
答案：B
831. 当汽化外输计量撬故障时，以下BOG的处理方式不可行的是(　　)。
A. 卸料时BOG返船　　B. BOG排放火炬
C. 利用高压BOG增压机压缩直接外输　　D. BOG压缩机加压后直接外输
答案：C
832. 目前LNG接收站BOG处理方法不包括(　　)。
A. BOG压缩后作燃料气使用　　B. BOG压缩再冷凝
C. BOG压缩直接外输　　D. BOG装车运输
答案：D
833. 实现轻烃回收装置闪蒸罐压力控制的阀门安装在(　　)。
A. 升压泵出口　　B. 进料泵出口
C. 闪蒸汽凝液泵出口　　D. 产品高压泵出口
答案：C
834. 下列有关轻烃回收装置闪蒸冷凝器冷源进料旁路作用的叙述，错误的是(　　)。
A. 降低闪蒸罐内温度　　B. 提高闪蒸罐液位
C. 降低闪蒸罐内压力　　D. 降低闪蒸罐液位
答案：D
835. 轻烃回收装置闪蒸罐进料中轻组分含量大幅增加，闪蒸罐压力控制器输出将(　　)。
A. 变大　　B. 变小　　C. 不变　　D. 不确定
答案：A

836. 轻烃回收装置闪蒸罐液位过高，在闪蒸罐液位与脱甲烷塔进料组成的选择控制回路作用下，脱甲烷塔的进料将(　　)。

A. 减少　　B. 增加　　C. 不变　　D. 不确定

答案：B

837. 常用来保证轻烃回收装置脱甲烷塔产品分离质量的方法，主要是通过测量和控制(　　)。

A. 脱甲烷塔进料温度　　B. 脱甲烷塔顶温度

C. 脱甲烷塔灵敏板温度　　D. 脱甲烷塔底温度

答案：C

838. 轻烃回收装置脱甲烷塔重沸器入口蒸汽流量增加，是由于脱甲烷塔灵敏板温度控制器输出(　　)造成的。

A. 减小　　B. 增大　　C. 不变　　D. 增大或减小

答案：B

839. 轻烃回收装置脱甲烷塔灵敏板温度升高，在脱甲烷塔灵敏板温度与重沸器入口蒸汽流量组成的串级控制回路作用下，脱甲烷塔釜重沸器入口蒸汽调节阀开度将(　　)。

A. 关小　　B. 开大　　C. 开大或关小　　D. 不变化

答案：A

840. 轻烃回收装置脱甲烷塔灵敏板温度升高，其原因叙述错误的是(　　)。

A. 脱甲烷塔内重组分上移　　B. 脱甲烷塔进料温度升高

C. 脱甲烷塔釜重沸器蒸阀开度偏大　　D. 脱甲烷塔进料流量增大

答案：D

841. 轻烃回收装置闪蒸汽凝液罐出现低液位时，补充闪蒸汽凝液罐液位的阀门安装在(　　)。

A. 升压泵出口　　B. 进料泵出口

C. 闪蒸冷凝器冷源进料旁路管线上　　D. 高压泵出口

答案：C

842. 轻烃回收装置冷箱冷源进料旁路线上切断阀自动打开，是由于闪蒸汽凝液罐出现(　　)。

A. 液位过低　　B. 液位过高　　C. 压力过低　　D. 压力过高

答案：A

843. 若轻烃回收装置闪蒸罐压力持续升高，对闪蒸汽凝液罐液位的影响是(　　)。

A. 上升　　B. 先上升后下降

C. 下降　　D. 先下降后上升

答案：C

844. 轻烃回收装置下列参数变化，不会导致闪蒸汽凝液罐液位波动的是 (　　)。

A. 闪蒸罐压力　　B. 闪蒸罐液位

C. 装置进料组成大幅变化　　D. 脱甲烷塔压力升高

答案：B

845. 实现轻烃回收装置脱甲烷塔压力控制的阀门安装在(　　)。

A. 进料泵出口管线　　B. 高压泵出口管线

C. 脱甲烷塔顶气相出口管线　　D. 脱甲烷塔底出口管线

答案：B

846. 以下参数变化，对轻烃回收装置脱甲烷塔压力无影响的是(　　)。

A. 脱甲烷塔塔顶回流量　　B. 脱甲烷塔重沸器入口蒸汽流量

C. 脱甲烷塔塔顶采出流量　　D. 脱甲烷塔进料流量

答案：D

847. 轻烃回收装置脱甲烷塔压力突然升高的原因，叙述错误的是(　　)。

A. 脱甲烷塔压力控制阀开大　　B. 灵敏板温度控制器输出增大

C. 脱甲烷塔釜重沸器蒸汽流量增加　　D. 脱甲烷塔压力控制阀关小

答案：A

848. 轻烃回收装置脱甲烷塔压力升高，在脱甲烷塔压力自动控制回路作用下，脱甲烷塔压力控制器的输出将(　　)。

A. 变小　　B. 先减小后增加

C. 变大　　D. 不变

答案：C

849. 轻烃回收装置主要塔、罐的安全阀定压值与操作压力的关系是(　　)。

A. 安全阀定压值 $<$ 操作压力　　B. 安全阀定压值 $=$ 操作压力

C. 安全阀定压值 $>$ 操作压力　　D. 两者大小关系不确定

答案：C

850. 轻烃回收装置脱甲烷塔、脱乙烷塔、闪蒸罐等主要设备中，操作压力最高的是(　　)。

A. 脱甲烷塔　　B. 脱乙烷塔　　C. 闪蒸罐　　D. 三者操作压力相同

答案：A

851. 轻烃回收装置大部分静设备设计有 2 台压力安全阀，除了(　　)。

A. 闪蒸罐　　B. C_2^+ 回收排凝罐

C. 闪蒸汽凝液罐　　D. 脱甲烷塔顶凝液罐

答案：B

852. 轻烃回收装置压力安全阀通常安装在静设备的(　　)。

A. 中下部　　B. 下部　　C. 中部　　D. 上部

答案：D

853. 轻烃回收装置升压泵入口压力下降的原因，叙述错误的是(　　)。

A. LNG 罐内泵突然跳车　　B. 升压泵回流阀突然关小

C. LNG 罐内泵出口回流阀开大　　D. 升压泵入口过滤器堵塞

答案：B

854. 与轻烃回收装置低温泵出口压力偏低无关的是(　　)。

A. 吸入罐液位过高　　B. 回流阀开度过大

C. 吸入罐压力过低　　D. 出口阀门开度过大

答案：A

855. 以下参数变化，不会对轻烃回收装置脱甲烷塔进料泵入口压力造成影响的是(　　)。

A. 闪蒸罐压力　　B. 闪蒸罐进料组成

C. 闪蒸罐液位　　D. 脱甲烷塔顶气相流量

答案：C

856. 轻烃回收装置各低温筒袋泵设置有氮气密封保护系统，氮封压力由氮气入口管线上的减压阀控制，氮封压力低时，以下减压阀调节方式中正确的是(　　)。

A. 顺时针旋转调节　　B. 逆时针旋转调节

C. 先顺时针再逆时针旋转调节　　D. 先逆时针再顺时针旋转调节

答案：A

857. 以下不是轻烃回收装置脱甲烷塔进料泵启动前应具备的条件的是(　　)。

A. 回流阀打开一定开度　　B. 氮封压力合格

C. 出口切断阀关闭　　D. 保冷线阀打开

答案：D

858. 以下不是轻烃回收装置脱甲烷塔级间回流泵启动前应具备的条件的是(　　)。

A. 机泵已送电　　B. 保冷线阀关闭

C. 出口阀打开　　D. 机泵相关仪表投用

答案：C

859. 轻烃回收装置升压泵准备启动前，以下阀门应关闭的是(　　)。

A. 最小回流调节阀　　B. 出口线现场球阀

C. 保冷线切断阀　　D. 最小回流线切断阀

答案：C

860. 轻烃回收装置升压泵启动后，应首先(　　)。

A. 打开泵出口阀　　B. 调整泵出口流量至规定值

C. 关闭保冷线切断阀　　D. 打开保冷线切断阀

答案：B

861. 以下不是轻烃回收装置脱甲烷塔进料泵停泵前应具备的条件的是(　　)。

A. 保冷线阀门打开　　B. 机泵处于全回流运行状态

C. 机泵出口下游流量阀关闭　　D. 氮封压力投用正常

答案：A

862. 以下不属于轻烃回收装置闪蒸汽凝液泵停泵后的操作的是(　　)。

A. 出口阀关闭　　B. 出口阀打开

C. 回流调节阀手动关闭　　D. 保冷线阀打开

答案：B

863. 以下不是轻烃回收装置升压泵停泵后的操作的是(　　)。

A. 出口阀关闭　　B. 打开保冷线阀

C. 氮封系统停用　　D. 投用出、入口保冷循环

答案：C

864. 轻烃回收装置各低温筒袋泵中，设置有出、入口总管跨泵保冷流程的是(　　)。

A. 脱甲烷塔进料泵　　B. 升压泵

C. 脱甲烷级间回流泵　　D. 闪蒸汽凝液泵

答案：B

865. 轻烃回收装置准备倒空蒸汽，应确认装置处于以下状态，除了(　)。

A. 装置停车　　B. 重沸器入口蒸汽流量调节阀关闭

C. 蒸汽系统已隔离　　D. 蒸汽温度正常

答案：D

866. 下列有关轻烃回收装置倒空蒸汽系统的操作，错误的是(　　)。

A. 选择合适的工具　　B. 佩戴防高温手套

C. 打开管线末端导淋排放即可　　D. 手动打开沿途各低点导淋

答案：C

867. 倒空轻烃回收装置蒸汽系统时，操作阀门时应该(　　)。

A. 迅速全开　　B. 匀速、逐渐开大

C. 随意速度打开　　D. 不需要佩戴防护手套

答案：B

868. 有关轻烃回收装置停车后，蒸汽系统倒空操作作用的叙述，错误的是(　　)。

A. 防止管线超压　　B. 防止管线冻堵

C. 防止管线锈蚀　　D. 防止管线积水，下次暖管时发生“水锤”

答案：A

869. 轻烃回收装置短期停车，需建立 LNG 高压外送线零输出保冷循环，保冷循环介质的最终去向是(　　)。

A. 再冷凝器　　B. C_2^+ 回收排凝罐

C. ORV/SCV　　D. LNG 储罐

答案：D

870. 以下不属于轻烃回收装置 LNG 高压外送线建立零输出保冷循环需要进行的操作的是(　　)。

A. 产品高压泵停运　　B. LNG 高压外送线至气化器入口阀关闭

C. LNG 高压外送线倒空置换　　D. LNG 高压外送线泄压

答案：C

871. 关于轻烃回收装置建立 LNG 高压外送线零输出保冷时机的叙述中，最准确的是(　　)。

A. 装置停车后　　B. 装置开车前

C. 装置停车前　　D. 装置开车后

答案：A

872. 轻烃回收装置 LNG 高压外送线建立零输出保冷循环操作，首先要进行(　　)。

A. LNG 高压外送线泄压
B. LNG 高压外送线至气化器流程入口流程切断
C. LNG 高压外送线倒空
D. LNG 高压外送线置换
答案：B
873. 对于保冷的管道，为防止快速失效，其外表面必须设置(　　)。
A. 防潮层　B. 识别层　C. 防锈层　D. 修饰层
答案：A
874. 管道保温层的作用是(　　)。
A. 阻隔水分从内向外流失　B. 阻隔水分从外向内流失
C. 阻隔热量从内向外流失　D. 阻隔热量从外向内流失
答案：C
875. 管道保冷结构自内向外第二层是(　　)。
A. 防锈层　B. 保冷层　C. 防潮层　D. 保护层
答案：B
876. 保冷失效原因常规分析一般不包括(　　)。
A. 保冷结构不合理　B. 保冷材料不合理
C. 施工质量问题　D. 环境问题
答案：D
877. 以下属于保温材料的是(　　)。
A. 复合硅酸盐　B. 聚苯乙烯　C. 泡沫玻璃　D. 聚氨酯泡沫
答案：A
878. 以下不是保冷材料的是(　　)。
A. 聚苯乙烯　B. 超细玻璃棉　C. 泡沫玻璃　D. 聚氨酯泡沫
答案：B
879. 对于介质温度大于或等于(　　)的设备或管道、非铁素体碳钢设备或管道以及保冷结构，当使用抱箍式支承件时，应设置隔垫。
A. 200℃　B. 250℃　C. 300℃　D. 350℃
答案：A
880. 保温结构中，外保护层搭结合理的内容包括(　　)。
A. 室内设备及管道一般部位搭结 30mm 以上
B. 室外设备及管道一般部位搭结 50mm 以上
C. 高温部位弯头与直管段部位搭结应大于 75mm
D. 设备平壁面插接尺寸大于 10mm
答案：D
881. 下列关于转动设备定期切换说法错误的是(　　)。
A. 设备切换时应严格按照操作规程进行操作
B. 备用设备启动时发生故障应及时处理并做好记录

C. 备用设备启动完成后即可停止原运行设备
D. 设备切换情况应如实记录在记录本上
答案：C
882. 下列关于转动设备定期切换说法错误的是(　　)。
A. 设备只有在发生故障或工艺调整时进行切换
B. 备用设备在启动前应进行充分检查
C. 备用设备启动过程中发生异常或故障，应立即停止
D. 在运设备必须在备用设备启动正常运行一段时间后再停止
答案：A
883. 下列选项中，不是转动设备定期切换的原因是(　　)。
A. 保证备用设备处于随时可以启动状态
B. 及时发现备用设备故障隐患
C. 方便进行工艺调整
D. 保障设备运行安全
答案：C
884. 关于高压泵定期切换前检查说法错误的是(　　)。
A. 润滑油液位是否正常　　B. 泵预冷是否合格
C. 盘车是否正常　　D. 各阀开关是否正确
答案：C
885. 机泵的日常巡检不包括(　　)。
A. 机泵机械密封的检查　　B. 机泵出口压力的检查
C. 机泵润滑油油位的检查　　D. 所有机泵的预热情况
答案：D
886. 在日常机泵巡检时，不需检查的内容有(　　)。
A. 检查机泵的润滑油位　　B. 检查机泵的振动情况
C. 检查机泵的轴承温度　　D. 检查动、静平衡
答案：D
887. 下列选项中关于离心泵日常巡检，不是检查内容的是(　　)。
A. 检查泵、电机是否有杂音　　B. 检查备用泵是否预热
C. 冬季应注意防冻　　D. 保持泵体、电机及基础的清洁
答案：B
888. 下列对于泵日常检查的叙述正确的是(　　)。
A. 检查泵润滑油的油位、定期更换润滑油，所以油质无须检查
B. 各备用泵的预热情况在需要开启前检查，巡检无须检查
C. 泵振动及运行杂音情况属于检维修设备的检查范围，不属于日常巡检内容
D. 检查各运行泵的电流，防止超电流运转
答案：D
889. 下列选项中，不属于罐内泵巡检内容的是(　　)。

A. 运行有无异常声音、振动　　B. 出口压力、温度
C. 罐内泵仪表和电缆接线盒氮封压力　　D. 轴承温度
答案：D
890. 对于罐内泵巡检说法错误的是(　　)。
A. 泵筒混凝土结冰情况
B. 氮封压力
C. 阀门、法兰有无泄漏、结冰
D. 罐内泵位于储罐底部，因此无须关注声音及振动
答案：D
891. 下列选项中，不属于高压泵巡检内容的是(　　)。
A. 泵筒液位是否正常
B. 各阀组压力是否正常，有无异常放空
C. 设备、管道保冷层是否完好
D. 有无异常声音、振动
答案：A
892. 下列选项中，属于低温泵和常温泵巡检不同点的是(　　)。
A. 润滑油油质　　B. 振动
C. 出口压力　　D. 阀门、法兰有无泄漏
答案：A
893. 下列不是螺杆压缩机日常巡检内容的是(　　)。
A. 检查轴承温度、油温、油压及轴振动、轴位移
B. 是否有异常响声
C. 出口压力
D. 检查机房吸风、排风的通风系统是否正常
答案：A
894. 下列对于螺杆压缩机巡检说法错误的是(　　)。
A. 手动排冷凝水　　B. 查看运行参数是否正常
C. 清洁空滤芯　　D. 检查润滑油油位、油质
答案：C
895. 下列不是巡检螺杆压缩机需要进行的操作是(　　)。
A. 手动排冷凝水
B. 启动往复式压缩机为净化压缩空气储罐充压
C. 打开就地面板查看运行参数
D. 用布条清理机械表面
答案：B
896. 下列不是螺杆压缩机日常巡检内容的是(　　)。
A. 地脚螺栓是否松动　　B. 法兰、阀门有无泄漏
C. 出口压力、温度是否正常　　D. 冷干机露点是否合格
答案：D

897. 下列选项中不是 BOG 压缩机日常巡检内容的是(　　)。
A. 压缩机各级气缸是否泄漏　B. 曲轴箱及气缸是否存在异响
C. 冷却水系统是否泄漏　D. BOG 管网温度
答案：D
898. 下列选项中不是 BOG 压缩机日常巡检内容的是(　　)。
A. 润滑油有无泄漏，润滑油液位是否正常
B. 检查冷却水系统有无泄漏，压力、温度参数是否正常
C. BOG 凝液收集罐的液位及压力
D. 压力、温度等工艺运行参数是否正常
答案：C
899. 下列对于 BOG 压缩机日常巡检说法错误的是(　　)。
A. 发现严重泄漏后立即通知中控并按下紧急停车按钮
B. 发现严重泄漏后立即通知中控停机
C. 长时间停机的 BOG 压缩机应进行每日盘车
D. 发现脏污及时用湿布擦拭，清除表面的灰尘，使设备保持干净
答案：B
900. 现场巡检 BOG 压缩机发现(　　)不可以紧急停车。
A. 一个冷却风扇严重损坏　B. 压缩机某部位冒烟、着火
C. 气缸严重的漏水、漏气　D. 机身中体接筒气缸处有裂纹等
答案：A
901. ORV 翅片板结冰高度不能超过(　　)，相邻翅片板结冰高度差不能超过(　　)。
A. 3m　1m　B. 4m　1m　C. 3m　2m　D. 4m　2m
答案：A
902. 下列关于 ORV 日常巡检说法错误的是(　　)。
A. 检查海水的分布状态　B. 检查管束板上的结冰厚度、高度
C. 检查管束板上是否有海生物等杂质　D. 打开门清理翅片板上的垃圾
答案：D
903. ORV 海水入口管线振动大可加装限流孔板，其目的是(　　)。
A. 增加海水流速　B. 增加海水流量
C. 减少海水流速　D. 减少海水流量
答案：D
904. 下列不属于 ORV 巡检内容的是(　　)。
A. 管束板上的防腐层厚度　B. 管道保冷是否完好
C. 海水管线有无异常振动，有无泄漏　D. 阀门、法兰连接处有无泄漏、结冰
答案：A
905. 下列关于 SCV 日常巡检说法错误的是(　　)。
A. 没有任何关键部位被破坏的征兆，燃烧器顶部托盘安全可靠

B. 整个系统没有关键的漏点

C. 所有的 ESD 按钮状态完好，复位钥匙被摘除

D. 甲板、烟囱、烟囱去雾器、内部结构、吊耳及扶梯、接地系统等完好

答案：D

906. 下列不属于 SCV 每日巡检内容的是(　　)。

A. SCV 水浴池内水质采样分析

B. 管道保冷是否完好

C. 鼓风机及冷却水泵有无异常声音和振动

D. 碱罐是否泄漏

答案：A

907. 冬季 SCV 处于备用状态下，水浴温度低于(　　)℃时启动电加热器，高于(　　)℃时停止电加热器。

A. 5　7　　B. 5　8　　C. 4　7　　D. 4　8

答案：B

908. 下列关于 SCV 巡检说法错误的是(　　)。

A. 冬季巡检时应检查小火、中火燃料气管线上手阀是否关闭

B. 为防止 SCV 的 pH 计损坏，夏季需将 pH 计拆下，冬季回装上备用

C. 巡检时可用便携式 pH 计对水浴 pH 值进行检测，并与 DCS 数据对比

D. 冬季巡检时需检查洗眼器电伴热投用正常，没必要保持长流水

答案：D

909. 下列不属于电解制氯装置日常巡检内容的是(　　)。

A. 检查次氯酸钠储罐、酸罐、碱罐及管道有无泄漏

B. 检查运行设备有无异常声音及振动

C. 检查变压器/整流器内部件及配电柜和控制柜有无损坏或过热的迹象

D. 检查电解槽结垢情况及电压

答案：C

910. 巡检发现电解制氯装置进口海水流量偏低，分析其原因描述错误的是(　　)。

A. 海水电解氯系统进口隔膜阀故障　　B. 海水电解氯系统进口过滤器堵塞

C. 海水流量计故障　　D. 海水电解氯系统 ESD

答案：D

911. 下列关于电解制氯装置巡检说法错误的是(　　)。

A. 检查过滤器压差值是否达到设定值及自动反冲洗情况

B. 目视检查电解槽的沉淀物沉积情况，并根据槽压值和余氯量确定是否需要酸洗

C. 酸洗时要求有外操在现场，正常情况下酸渗漏量很少；若出现极限情况(如酸管破损)，可用工业水冲洗稀释后排放

D. 检查每组电解槽海水流量在设定流量范围之间，如流量不在此范围值时，操作手动阀门调节海水流量在允许范围内

答案：B

912. 下列不属于电解制氯装置巡检的参数的是(　　)。

A. 电解槽海水流量　　B. 电解槽海水入口压力

C. 电解槽电压　　D. 余氯浓度

答案：D

913. 球阀的关闭件为球形，由于其结构的优越性，比闸板承受力(　　)，抗冲击性强，强度高。

A. 小　　B. 大　　C. 相同　　D. 接近

答案：B

914. 输气干线上球阀的执行机构常用气液联动和(　　)两种类型。

A. 蜗杆传动　　B. 气体传动　　C. 机械传动　　D. 手动

答案：D

915. 天然气长输管道使用的气液联动球阀是利用(　　)自身的能量作动力和讯号的。

A. 天然气　　B. 油液　　C. 水　　D. 空气

答案：A

916. 一般截止阀的结构由阀体、阀盖、阀瓣、阀杆、密封座圈和(　　)组成。

A. 驱动机构　　B. 执行机构　　C. 手柄　　D. 传动机构

答案：D

917. 使用一段时间后，截止阀密封填料漏气的最可能原因是(　　)。

A. 安装不对　　B. 设计不对　　C. 填料太多　　D. 密封填料使用太久失效

答案：D

918. 截止阀密封填料漏气的原因是密封填料使用太久而失效，其根本处理的方法是(　　)。

A. 增加密封填料　　B. 更换密封填料　　C. 拧紧压盖　　D. 松开压盖

答案：B

919. 旋塞阀底盖与阀体之间泄漏是由于连接螺栓未拧紧、密封环损坏、底盖变形引起的，其处理的方法是(　　)。

A. 拧紧螺栓、保养密封环

B. 拧紧螺栓、更换密封环、校正或更换底盖

C. 拧紧螺栓、保养密封环、校正或更换底盖

D. 拧紧螺栓、校正或更换底盖

答案：B

920. 先导式安全阀阀体上导压管接头漏气的原因是(　　)。

A. 螺帽太紧　　B. 螺帽太松　　C. 导压管太大　　D. 导压管太小

答案：B

921. 旋塞阀阀杆漏气最不可能的原因是(　　)。

A. 阀杆变形　　B. 填料压得太紧

C. 阀杆密封圈损坏　　D. 阀盖压得不正

答案：B

922. 安全切断阀切断后关闭不严的原因是(　　)。

A. 阀座密封圈损坏　　B. 阀瓣密封垫损坏

C. 阀芯密封垫损坏　　D. 其他选项都是

答案：D

923. 安全切断阀阀瓣密封垫损坏会造成(　　)。

A. 主阀自动关闭　　B. 自动切断功能丧失

C. 主阀关不严　　D. 当需紧急关闭时动作灵敏度降低

答案：C

924. 下列最不可能成为弹簧式安全阀启闭不灵活的原因是(　　)。

A. 弹簧调整不恰当　　B. 阀内部出现卡涩

C. 阀芯密封件损坏　　D. 弹簧失灵或损坏

答案：C

925. 下列选项中，不是过滤器种类的是(　　)。

A. 表面型　　B. 深度型　　C. 内外型　　D. 吸附型

答案：C

926. 下列选项中，不属于常用的过滤器种类的是(　　)。

A. 重力式分离器　　B. 离心式旋风分离器

C. 气体管道过滤器　　D. 安全水封过滤器

答案：D

927. 过滤－分离器的筒体部分亦称主体，分为过滤段与(　　)两部分。

A. 集液段　　B. 捕集段　　C. 分离段　　D. 除尘段

答案：C

928. 过滤－分离器由进口管、出口管、筒体、过滤元件、(　　)、储液罐、排液口等部件组成。

A. 丝网捕集元件　　B. 挡板　　C. 旋风子　　D. 中心管

答案：A

929. 在更换过滤器滤芯时，要求端部(　　)。

A. 对齐并且压紧　　B. 对齐不必压紧

C. 不用对齐必须压紧　　D. 不用对齐不必压紧

答案：A

930. 过滤器滤芯的清洗时，当过滤器进出口压差(　　)，通过排污无法解决，则说明滤芯堵塞；

A. 过大　　B. 中　　C. 小　　D. 过小

答案：A

931. 过滤器滤芯的清洗中启用备用过滤器，停用并对过滤器放空后进行“反吹”；若仍不能解决，则应换下滤芯，使用高压水流(　　)冲洗。

A. 从外向里　　B. 从内向外　　C. 向内　　D. 向外

答案：B

932. 正常情况下，卧式过滤分离器前后压差过大是由于内部脏物积聚、滤芯堵塞造成；应通过以下措施处理：加强排污；清洗滤芯；更换滤芯等。如果是处理量(　　)分离器的设计处理能力，则应考虑增设分离器。

A. 小于　　B. 大于　　C. 等于　　D. 不等于

答案：B

933. 盲板抽堵作业的工艺处置不包括(　　)。

A. 管道及设备系统介质切断与泄压　　B. 管道及设备降温与置换

C. 管道及设备吹扫与清洗　　D. 人员的培训与安全教育

答案：D

934. 在有毒介质的管道设备上进行盲板抽堵作业，应尽可能降低系统(　　)，作业点应为常压。

A. 温度　　B. 流量　　C. 压力　　D. 液位

答案：C

935. 盲板抽堵前工艺处置通常采用(　　)进行吹扫置换。

A. 空气　　B. 仪表风　　C. 工厂风　　D. 氮气

答案：D

936. 下列对于盲板抽堵作业前后工艺处置说法错误的是(　　)。

A. 将设备停车即可，无须办理停电手续，并关闭相关阀门

B. 隔离后进行排凝泄压操作

C. 加装盲板作业前采用氮气进行吹扫置换，检测可燃气体含量

D. 盲板抽离作业后采用氮气进行吹扫置换，检测氧气含量

答案：A

937. 垫片失效的处理方法采用适当方法更换垫片，或向失效垫片内侧注入(　　)。

A. 煤油　　B. 润滑剂　　C. 堵漏胶　　D. 防腐剂

答案：C

938. 生产上用螺丝固定工件时，常在螺丝帽下面垫一个较大的垫圈，使用该垫圈的好处是(　　)。

A. 使螺帽旋得更紧　　B. 减少螺帽对工件的压力

C. 减少螺帽对工件的压强　　D. 装饰作用，使工件美观

答案：C

939. 下列不属于半金属垫片的特点的是(　　)。

A. 压缩、回弹性能好

B. 具有多道密封和一定的自紧功能

C. 可部分消除压力、温度变化和机械振动的影响

D. 为了加强垫片主体和准确定位，设有金属制内环和外环

答案：D

940. 法兰预紧力(密封比压力)主要决定于(　　)。

A. 垫片类型　　B. 垫片材质　　C. 垫片密封面积　　D. 垫片压力等级

答案：B

941. 下列关于压力表更换的说法不正确的是(　　)。
A. 更换压力表时应与系统物料切断
B. 选压力表应选测量范围在 1/3 量程以内的压力表
C. 压力表应安装在操作人员易于观察的部位
D. 应根据被测介质的性质来选择压力表。
答案：B
942. 关于压力表更换操作，下列说法错误的是(　　)。
A. 更换压力表时应关闭压力表引出阀
B. 压力表的量程范围应在工作压力的 1 ~2 倍
C. 压力表应安装在操作人员易于观察的部位
D. 应根据被测介质的性质来选择压力表
答案：B
943. 压力表的更换方法不正确的是(　　)。
A. 安装完成后无须验漏
B. 选择经校验合格或装有出厂合格证的新表
C. 更换前，将三通旋塞置于冲洗的位置，冲洗管中的杂物
D. 切断压力源，拆卸旧表，更换新表
答案：A
944. 下列关于压力表更换注意事项说法错误的是(　　)。
A. 拆卸压力表之前应关闭引出管线上阀门并泄压
B. 带垫片的压力表更换时要确认垫片是否完好，否则要更换垫片
C. 设备运转或者管线带压时不允许更换压力表
D. 压力表更换后打开引出管线上阀门投用时应用验漏液检测是否泄漏
答案：C
945. 润滑脂主要质量指标有：滴点、水分、机械杂质、(　　)等。
A. 针入度　　B. 温度　　C. 湿度　　D. 残炭
答案：A
946. 压缩机油、机械油所用过滤网，二级过滤网一般取(　　)目。
A. 100　　B. 80　　C. 60　　D. 40
答案：B
947. 黏度指数与温度的关系(　　)。
A. 反比　　B. 正比　　C. 不变　　D. 不成比例
答案：A
948. 油迹不明显，在油迹被擦净后(　　)内不出现油迹者为渗油。
A. 10min　　B. 10s　　C. 5min　　D. 50s
答案：C

949. 燃料气电加热器使用温度测量来控制所需要加热元件数量，当电加热器出口温度低低报警，不会导致(　　)。

A. 此台电加热器出口阀门关闭　　B. 此台电加热器停车

C. 另一台电加热器出口阀门关闭　　D. 另一台电加热器启动

答案：C

950. 燃料气电加热器出口温度高高会导致(　　)。

A. 另一台电加热器紧急停车　　B. 此台电加热器紧急停车

C. 紧急切断阀关闭　　D. 此台电加热器出口阀门开启

答案：B

951. 以下说法错误的是(　　)。

A. 燃料气温度低会导致 SCV 出口天然气温度低

B. 燃料气加热器开车前 ORV 已经投用并有外输气和燃料气产生，SCV 燃料气系统需要做好进气准备

C. 燃料气出口温度及压力均需要稳定运行

D. 燃料气加热器温度高高会导致燃料气加热器紧急停车

答案：A

952. 电加热器的运行负荷由(　　)控制。

A. 流量控制器　　B. 压力控制器

C. 电加热器出口压力控制器　　D. 电加热器出口温度控制器

答案：D

953. 以下不会造成整流器跳车的原因是(　　)。

A. 槽前流量低　　B. 槽前压力高

C. 槽前过滤器堵塞　　D. 启动冲击加药泵

答案：D

954. 以下会联锁电解氯系统跳车的是(　　)。

A. 连续加药量太大　　B. 冲击加药量太大

C. 海水泵全部跳车　　D. 系统海水温度低

答案：C

955. 关于次氯酸钠储罐液位控制的说法中，能联锁电解氯系统跳车的是(　　)。

A. 次氯酸储罐液位低　　B. 次氯酸储罐液位低低

C. 次氯酸储罐液位高　　D. 次氯酸储罐液位高高

答案：D

956. 以下参数会联锁电解氯系统跳车的是(　　)。

A. 电解槽后海水温度太高　　B. 系统海水温度低

C. 电解后余氯浓度太高　　D. 电解后余氯浓度太低

答案：A

957. 下列不会造成制氯装置压力、流量波动的是(　　)。

A. 海水泵流量　　B. 过滤器堵塞

C. 电解槽电压　　D. 电解槽入口手阀开度

答案：C

958. 制氯系统工艺参数中，会引起整流器跳车的是(　　)。

A. 海水流量太大　　B. 产品储罐液位太低

C. 海水压力太高　　D. 产品浓度太高

答案：C

959. 以下关于整流器自我保护停止运行的说法不正确的是(　　)。

A. 具有过电流保护功能　　B. 具有过电压保护功能

C. 具有过热保护功能　　D. 具有过长时间持续运行保护功能

答案：D

960. 整流器三相电压值不同或者相丢失不可能的原因是(　　)。

A. 相丢失　　B. 变压器故障

C. 相间不对称　　D. 主电压太高/太低

答案：B

961. 制氯系统因入口流量低报跳车，会引发以下(　　)设备停止运行。

A. 整流器跳车　　B. 连续加药泵　　C. 冲击加药泵　　D. 海水升压泵

答案：A

962. 下列选项中，不会导致电解氯系统故障跳车的是(　　)。

A. 两台风扇全部故障　　B. 次氯酸钠罐液位 HH 报时

C. 次氯酸钠罐液位 H 报时　　D. ESD 触发

答案：C

963. 启动制氯系统时不需要检查的是(　　)。

A. 风机　　B. 海水温度　　C. 电解槽　　D. 海水提升泵

答案：B

964. 以下不会引起制氯系统跳车的原因有(　　)。

A. 进口流量低报　　B. 进口压力高报　　C. 晃电　　D. 产品浓度太高

答案：D

965. 以下说法中错误的是(　　)。

A. LNG 是以甲烷为主的液态混合物，石油天然气经过预处理，脱除重烃、硫化物、二氧化碳、水等杂质后，深冷液化而成

B. $1m^3$ LNG 汽化后可得到约 $625m^3$ 天然气

C. 当 LNG 由液态蒸发为冷的气体时，其密度为 $1.5kg/m^3$。沿着液面和地面扩散，吸收水与地面的热量以及大气与太阳的辐射热，形成白色云团

D. BOG 常压下温度为 −162℃

答案：D

966. 卸料过程中，在储罐液位较高且因来料密度较大采用上进液时，LNG 通过顶部进料从顶部空间喷入储罐中，不可能发生的情况是(　　)。

A. LNG 中部分重烃闪蒸出来进入 BOG 总管

B. 沸点较高的重烃在与低温 BOG 混合换热过程中逐步液化

C. 高压泵放空气体分液罐出现大量凝液

D. BOG 压缩机入口分液罐出现大量凝液

答案：C

967. BOG 再冷凝系统利用了 BOG 的(　　)达到目的。

A. BOG 与 LNG 能够相互转化　　B. BOG 的爆炸极限范围比天然气小

C. BOG 会对皮肤产生低温危害　　D. BOG 的密度比 LNG 的密度小

答案：A

968. 以下情况不会引起 BOG 管网进液的是(　　)。

A. 安全阀故障　　B. 阀门内漏

C. 阀位设置错误　　D. 安全阀正常检修

答案：D

969. BOG 总管进液危害不包括(　　)。

A. 影响 BOG 压缩机运行及使用寿命　　B. 影响 BOG 再冷凝器运行及使用寿命

C. 火炬火雨　　D. LNG 储罐超压损坏

答案：B

970. BOG 管网进液后，需立即组织开展现场排查，确定并隔离进液点，以下不属于安全阀起跳、内漏的判断依据的是(　　)。

A. 安全阀铅封是否断开，如断开则该安全阀起跳

B. 安全阀法兰、阀体是否结霜，如有结霜则该安全阀起跳或内漏

C. 安全阀处是否有气体泄漏的声音

D. 安全阀所在管道设备压力是否曾达到起跳压力，并有明显的瞬间压力降低

答案：C

971. 空气压缩机气管路上压力超过额定负荷压力，(　　)断开。

A. 过滤装置　　B. 压力调节器　　C. 压力表　　D. 释压阀

答案：B

972. 空气压缩机必须有压力表和(　　)，压力表必须定期校准。

A. 安全阀　　B. 释压阀　　C. 流量计　　D. 温度计

答案：A

973. 螺杆式空压机冷却器的作用是(　　)。

A. 冷却高温空气，析出水分　　B. 获得 −40℃以下露点的空气

C. 除掉压缩空气内的灰尘　　D. 提高压缩空气的压力

答案：A

974. 螺杆式空压机(　　)滤芯太脏时，油因阻力过大而影响循环，造成过热停机。

A. 过滤装置　　B. 压力调节器　　C. 油气分离器　　D. 释压阀

答案：C

975. 燃料气系统压力过低不会影响(　　)。

A. BOG 压缩机　　B. SCV　　C. 火炬　　D. 锅炉

答案：A

976. 燃料气可能会产生系统压力高高联锁跳车，原因不包括(　　)。

A. 燃料气压力控制阀内漏　　B. 多台正在运行 SCV 联锁跳车

C. 压力控制阀故障全开　　D. 燃料气电加热器温度高

答案：D

977. 燃料气电加热器压力控制器控制 3 个阀门的开度，用来(　　)。

A. 稳定燃料气加热器进口流量　　B. 稳定燃料气加热器出口温度

C. 稳定燃料气加热器进口压力　　D. 稳定燃料气加热器进口温度

答案：C

978. 直接影响燃料气系统压力的是(　　)。

A. BOG 压缩机出口压力

B. 燃料气电加热器入口 3 个压力调节阀的开度

C. SCV 出口压力

D. 火炬长明灯燃气压力

答案：B

979. 为防止超压，罐体内外筒之间为真空层。为使真空得以长期保持，夹层中还设置有(　　)。

A. 氮气　　B. 氧气　　C. 吸附剂　　D. 什么都没有

答案：C

980. 槽车超压可以通过槽车安全阀进行泄压，一般罐体上有(　　)只安全阀。

A. 1　　B. 2　　C. 3　　D. 4

答案：B

981. 下列不属于高真空多层绝热中存在的传热形式是(　　)。

A. 辐射传热　　B. 层与层之间的固体导热

C. 纤维材料传热　　D. 层间剩余气体导热

答案：C

982. LNG 槽车充装时，检查罐体压力是否正常，正常压力应维持在(　　)。

A. 0.0 ~ 0.1 MPa　　B. 0.2 ~ 0.3 MPa　　C. 0.5 ~ 1.0 MPa　　D. 1.0 ~ 1.5 MPa

答案：B

983. 下列选项中，不会引起液化天然气槽车超装的是(　　)。

A. 槽车撬上的质量流量计故障

B. 槽罐上液位计故障

C. 槽车撬循环管线截断阀处于打开状态

D. 开始装车后液化天然气槽车撬液相管线流量调节阀旁路打开

答案：D

984. 下列选项中，(　　)不是导致液化天然气槽车超装的原因。

A. 总重 - 核载 > 车头实际质量 + 车罐实际质量

B. 系统预设量 < 核载

C. 总重 - 皮重 < 核载

D. 车头实际质量 + 车罐实际质量 + 核载 > 总重

答案：A

985. 下列选项中，液化天然气槽车充装计量一般采用的计量设备是(　　)。

A. 质量流量计　B. 地磅　C. 涡街流量计　D. 涡轮流量计

答案：B

986. 质量流量计作为 LNG 计量设备，无法测量管道内流动 LNG 的(　　)。

A. 质量流量　B. 流体密度　C. 温度　D. 电导率

答案：D

987. 在装车过程发生事故时，泄漏的 LNG 通过导液沟流入(　　)。

A. 集液池　B. 凝液收集罐　C. 污水池　D. 消防水池

答案：A

988. LNG 槽车充装时，如何判断装车臂与槽车连接法兰发生泄漏(　　)。

A. 法兰口结霜，结冰严重

B. 法兰口有大量白雾挥发

C. 法兰口其中 1 个螺栓松动

D. 法兰口处检测到可燃气体，但未达到爆炸下限

答案：D

989. 当发生泄漏险情时，工作班组是第一发现和处置单位，是应急处置方案的主要(　　)。

A. 指挥人员　B. 协调人员　C. 实施人员　D. 见证人员

答案：C

990. 充装现场，充装人员使用便携式可燃气体检测仪检测出可燃气体含量时，首要任务是(　　)。

A. 现场确认准确泄漏部位，判断具体泄漏情况

B. 迅速急停装车橇，拆臂，槽车驶离装车位

C. 组织所有人员根据撤离路线图提示沿上风向迅速撤离

D. 向槽车充装站主管领导报告情况

答案：A

991. 由于工艺系统某参数越限(　　)而引起的联锁动作，简称“工艺参数联锁”。

A. 最大值　B. 联锁值　C. 参数值　D. 显示值

答案：B

992. SIS 系统的中文含义是(　　)。

A. 联锁控制系统　B. 设备联锁系统　C. 安全仪表系统　D. 集散控制系统

答案：C

993. 紧急停车系统的缩写是(　　)。

A. DCS 系统　B. SIS 系统　C. ESD 系统　D. UPS 系统

答案：C

994. 设置联锁的主要目的是(　　)。

A. 缩短事故处理时间

B. 在事故状态下确保产品质量合格

C. 避免多余的泄漏

D. 在事故状态下保护设备避免事故的进一步扩大

答案：D

995. 再冷凝器液位低低联锁动作，不会导致(　　)。

A. 再冷凝器底部出口阀关闭　　B. 再冷凝器顶部补气阀打开

C. 高压泵放空线阀门关闭　　D. BOG 压缩机跳车

答案：B

996. 假设某容器液位高高联锁值为 70%，高报警值为 65%，则触发液位高高联锁后液位值最小应降低至(　　)以下方可复位此联锁。

A. 65%　　B. 68%　　C. 70%　　D. 72%

答案：C

997. 某紧急切断阀因工艺联锁关闭后无法复位打开，首先应检查(　　)。

A. 发生联锁的工艺参数是否恢复正常　　B. 紧急切断阀回讯是否正常

C. 阀门是否故障　　D. 仪表风压力是否正常

答案：A

998. 罐内泵正常运行时出口流量小的原因可能是(　　)。

A. 出口阀门开度小　　B. 出口阀开度太大

C. 吸入压力太高　　D. 回流阀开度小

答案：A

999. 罐内泵电机电流过小的原因可能是(　　)。

A. 出口流量太大　　B. 储罐液位过高

C. 回流阀开度过大　　D. 出口流量太小

答案：D

1000. 罐内泵不转动的原因不包括(　　)。

A. 滚动轴承损坏　　B. 电机定子绕组损坏

C. 低压泵入口压力高　　D. 电气系统出现故障

答案：C

1001. 不属于罐内泵电机电流过大的原因是(　　)。

A. 出口流量太大　　B. 出口流量太小

C. 滚动轴承损坏　　D. 旋转零件与静止零件接触卡死

答案：B

1002. 下列不是引起高压泵振动异常原因的是(　　)。

A. 轴承损坏　　B. 汽缚、汽蚀

C. 入口压力低　　D. 转动部件动态失衡

答案：C

1003. 高压泵出口压力偏高的处置方法不恰当的是(　　)。

A. 缓慢打开高压泵回流　　B. 关小高压泵入口手阀

C. 增大气化器入口流量　　D. 适当降低高压泵入口总管压力

答案：B

1004. 高压泵流量偏低的原因可能是(　　)。

A. 入口过滤器堵塞　　B. 高压泵出口总管压力低

C. 入口压力高　　D. 回流阀开度大

答案：A

1005. 高压泵出口压力偏低的原因可能是(　　)。

A. 入口压力高　　B. 出口阀未打开　　C. 流量较低　　D. 泵反转

答案：D

1006. 关于 BOG 管网进液危害的描述错误的是(　　)。

A. BOG 管网温度升高　　B. BOG 管网管道发生变形

C. BOG 管网温度降低　　D. BOG 压缩机入口缓冲罐进液

答案：A

1007. BOG 管网进液时，BOG 总管的温度变化(　　)。

A. 升高　　B. 不变　　C. 降低　　D. 先升高后降低

答案：C

1008. 下列不是 BOG 管网进液造成的后果的是(　　)。

A. BOG 管道发生形变　　B. BOG 压缩机入口缓冲罐进液

C. BOG 压缩机停车　　D. TSV 起跳

答案：D

1009. 为及时发现 BOG 总管是否进液，设置 BOG 总管温度低报值，低报值可设为(　　)。

A. －80℃　　B. －120℃　　C. －150℃　　D. －160℃

答案：C

1010. 下列选项中不是 BOG 管网进液现象的是(　　)。

A. 再冷凝器液位上升　　B. BOG 总管某个温度快速下降

C. BOG 压缩机入口分液罐液位上升　　D. BOG 压缩机入口温度降低

答案：A

1011. BOG 管网轻烃一系列温度最先下降，其次为再冷凝器与高压泵区域，最后温度下降处为 BOG 压缩机区域。可初步判断是(　　)区域进液。

A. 工艺区　　B. 轻烃装置　　C. 槽车区域　　D. 码头区域

答案：B

1012. BOG 管网槽车区域温度最先降至－152℃，其次高压泵区域、再冷凝器区域温度相继降低，可判断是(　　)区域进液。

A. 工艺区　　B. 轻烃球罐　　C. 槽车区域　　D. 码头区域

答案：C

1013. 下列最可能会造成低温冻伤的是(　　)。

A. NG　　B. LNG　　C. IA　　D. LPG

答案：B

1014. 关于 LNG 接触冻伤的说法错误的是(　　)。

A. 直接接触时，皮肤表面的潮气会凝结，并黏在低温物体表面上

B. 皮肤及皮肤以下组织冻结，很容易撕裂，并留下伤口

C. 体温下降生理功能和智力活动下降，心脏功能衰竭，进一步下降会致人死亡

D. LNG 是新型能源，对皮肤不会造成太大影响，只要回温，就能很快恢复正常

答案：D

1015. LNG 接收站可造成低温冻伤不仅仅是 LNG 泄漏，其他可能造成低温冻伤的说法不正确的是(　　)。

A. 裸露的低温管道可能造成低温冻伤

B. 公用工程液氮泄漏可能造成低温冻伤

C. BOG 泄漏可能造成低温冻伤

D. 工艺区氮气管道氮气泄漏可能造成低温冻伤

答案：D

1016. 进入 LNG 泄漏区域进行人员施救不需要佩戴(　　)。

A. 正压式空气呼吸器　　B. 防冻服

C. 护目镜　　D. 非防爆工具

答案：D

1017. 冷灼伤与烫伤同样严重，冷灼伤的组织无疼痛感，呈现苍白、淡黄色的蜡色，冻伤部位恢复需要 15～60min，之后还要不停地加热，直至皮肤由浅蓝色变成(　　)。

A. 粉红色或红色　　B. 苍白色　　C. 肉色　　D. 蜡黄色

答案：A

1018. 以下不是洗眼器及配套设施的是(　　)。

A. 电伴热　　B. 疏水阀　　C. 过滤网　　D. 开关阀

答案：B

1019. 下列关于洗眼器开关阀的说法正确的是(　　)。

A. 手柄设置便于开关，也可设置脚踏、手拉等辅助措施

B. 阀门关闭并上锁

C. 阀门打开并上锁

D. 阀门选用截止阀

答案：A

1020. LNG 接收站关于洗眼器的使用与管理，说法正确的是(　　)。

A. 上下班时用于洗手

B. 每月检查洗眼器喷头有没有水

C. 在显眼处装设提示牌

D. 寒冷地区洗眼器需有防冻凝措施，冲洗水温度需大于 0℃

答案：C

1021. 制氯装置运行过程中，造成电解槽电压升高的原因是(　　)。

A. 海水温度低　B. 钙镁沉淀物　C. 海水液位低　D. 过滤器堵塞

答案：B

1022. (　　)不是电解槽海水流量低的原因。

A. 海水升压泵停车　B. 在线切换反冲洗过滤器

C. 反冲洗过滤器排水阀故障持续打开　D. 过滤器堵塞

答案：B

1023. 下列不会引起制氯装置整流器跳车的是(　　)。

A. 海水温度低低　B. 次氯酸钠储罐液位高高

C. 电解槽海水流量低低　D. 电解槽入口海水压力高高

答案：A

1024. 雨淋阀既能应用于雨淋系统，也可用于(　　)、水喷雾系统和预作用灭火系统。

A. 消防炮系统　B. 水幕系统　C. 干粉灭火系统　D. 泡沫发生系统

答案：B

1025. 雨淋阀按结构方式分为杠杆式、活塞式、(　　)、和蝶阀式等。

A. 热力式　B. 隔膜式　C. 闸板式　D. 角阀式

答案：B

1026. 紧急情况下可通过手动方式启动雨淋阀，手动控制启动可分为电气手动开阀和(　　)开阀。

A. 液压手动　B. 机械手动　C. 仪表风　D. 高压氮气

答案：B

1027. 雨淋阀被打开，水迅速从开式喷头喷出执行灭火功能，并可发出(　　)，以达到报警、控火、灭火的目的。

A. 电压信号　B. 报警信号　C. 光信号　D. 脉冲信号

答案：B

1028. 消防喷淋系统的设计原则是根据(　　)以及需要消防的对象而决定喷淋头的数量和种类。

A. 发生火灾的可能性　B. 使用场所的面积

C. 火灾发生的大小　D. 运行物料的种类

答案：B

1029. 以下不是喷淋系统作用的是(　　)。

A. 隔离作用　B. 降温作用　C. 绝缘作用　D. 灭火作用

答案：C

1030. 下列区域未设置喷淋系统的是(　　)。

A. LNG 码头操作平台　B. LNG 储罐顶操作平台

C. 码头紧急疏散通道　D. 工艺区集液池

答案：D

1031. 槽车超压时，应及时打开(　　)将槽车内超压气体尽快泄放，直到安全阀正常回座。

A. 上进液阀　　B. 自增压阀　　C. 安全阀　　D. 超压排放阀

答案：D

1032. 槽车超压时，在向空气排放 LNG 气体时，下列说法错误的是(　　)。

A. 应在事先确定附近确实无明火、易燃物以及无行人通过

B. 在离车附近进行警戒

C. 如果排放阀降压效果较差，可将车开到空旷处，由气相接口放空

D. LNG 气体排放时，应使用水喷淋对 LNG 进行稀释，降低 LNG 爆炸极限

答案：D

1033. 充装时槽车发生超压、造成安全阀起跳后，外操应立即按下 ESD 紧急停车按钮，指示司押人员切断槽车进液流程，外操打开排凝阀和(　　)开始返气泄压。

A. 注氮阀　　B. 隔离阀

C. 气相安全阀旁路阀　　D. 液相安全阀旁路阀

答案：C

1034. 槽车在行驶过程中发现超压后，应采取以下哪种措施(　　)。

A. 检查安全阀是否处于正常工作状态，若正常，可寻找卸车点进行压力卸放

B. 应立即停车就地放空

C. 驶入空旷地带，确认无火源、车辆行人稀少，导通压力排放口进行压力卸放

D. 立即联系交管部门，协助处理

答案：C

1035. 在整个装车过程中，一旦现场操作人员发现某台撬有可能超装的情况出现，下列(　　)处置方式是错误的。

A. 按下撬位 ESD 按钮　　B. 按下火气全场停车按钮

C. 按下批量控制器上停止按钮　　D. 汇报控制室，由控制室停止该撬位装车

答案：B

1036. 槽车超装后，可利用蒸发返气法，利用氮气的热量与 LNG 交换，使超装的 LNG 汽化后排入(　　)，达到排液的目的。

A. 凝液罐　　B. 储罐　　C. BOG 汇管　　D. BOG 压缩机

答案：C

1037. 槽车超装后，可利用排液返罐法，从槽车的气相臂对槽车注氮升压，当压力升到(　　)时，开启液相线的排凝阀，通过排凝线排液至槽车排凝罐。

A. 0. 3MPa　　B. 0. 5MPa　　C. 0. 7MPa　　D. 0. 9MPa

答案：B

1038. 处理超装作业时，以下说法错误的是(　　)。

A. 操作时槽车可以处于紧急停车状态　　B. 操作时装车撬可以处于紧急停车状态

C. 密切监视操作的温度、压力等参数　　D. 在雷雨天气下应立即停止操作

答案：A

1039. LNG 槽车充装作业时，注意压力、温度是否在允许范围内，是否存在介质泄漏现象，设备的本体是否有肉眼可见的变形等，发现异常情况(　　)。

A. 立即停止作业，打开槽车放空阀

B. 立即采取措施并报告中控

C. 由充装操作员与槽车司机商议后共同处理

D. 立即停止作业，迅速将槽车开出厂区

答案：B

1040. LNG 槽车泄漏时，根据泄漏严重程度，以下(　　)做法是错误的。

A. 合理设置警戒区域，加强警戒　　B. 处理过程中严禁明火

C. 立即疏散人群，所有人员不得靠近　　D. 无关人员，沿上风向撤离

答案：C

1041. LNG 充装过程中，LNG 槽车发生泄漏，以下做法错误的是(　　)。

A. 现场确认险情，判断具体泄漏位置

B. 迅速急停装车橇，打开装车橇排凝阀，关闭根部阀

C. 组织所有人员根据撤离路线图提示沿上风向迅速撤离

D. 槽车立即发动驶离撬位

答案：D

1042. LNG 槽车翻车，发生槽罐破裂，LNG 大量泄漏情况，下列做法错误的是(　　)。

A. 组织好与排险无关人员向上风向撤离，撤离距离不少于 200m

B. 使用消防水喷淋 LNG 槽车

C. 配合市公安局、消防局在警戒区域外警戒待命。

D. 抢险人员穿好防静电服到现场，关闭漏气管段阀门，使用木楔进行堵塞

答案：B

1043. 下列英文缩写中，表示温度显示控制器的是(　　)。

A. TW　　B. TIC　　C. TI　　D. TCV

答案：B

1044. 下列英文缩写中，表示差压高报警的是(　　)。

A. PDAH　　B. PDSH　　C. PDAL　　D. PDSL

答案：A

1045. 下面的工艺流程图中，字母“I”表示(　　)。

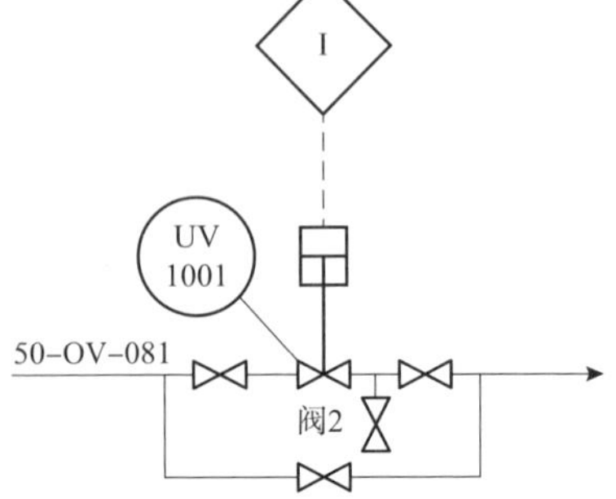

A. 联锁　　　B. 显示　　　C. 控制　　　D. 指示

答案：A

1046. 下图中的符号 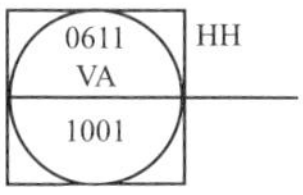

表示的含义是(　　)。

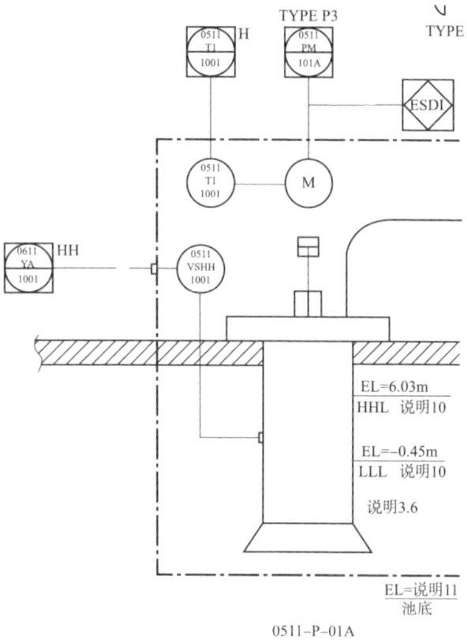

A. 轴震动测量仪器的信号就地显示，带高高报警

B. 流量测量仪器的信号就地显示，带高高报警

C. 轴震动测量仪器的信号传到 DCS，带高高报警

D. 流量测量仪器的信号传到 DCS，带高高报警

答案：C

1047. PID 图上应注明设备位号和设备的规格和设计参数，这些规格和参数是(　　)。

A. 设计值　　　B. 操作值　　　C. 额定值　　　D. 理论值

答案：A

1048. PID 图中，工艺放空阀符号 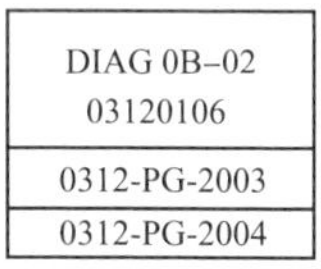

中的数字“03120106”，其中的“01”表示(　　)。

A. 单元号　　　B. PID 号　　　C. 序号　　　D. 位号

答案：B

1049. 一般设置在调节阀前后的管线上，用于在需检修关闭阀时前后放空并加注氮气置换的工艺阀组是(　　)。

A. 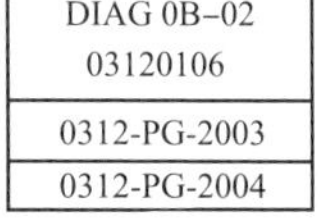

B. 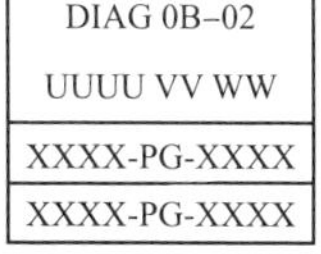

C. 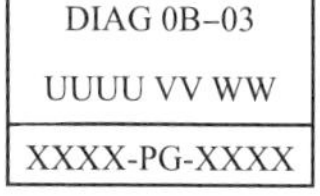

D. 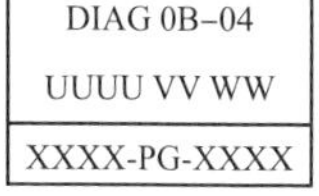

答案：B

1050. 如图所示的 P&ID 连接符号中 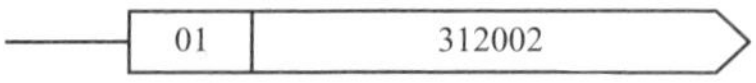

，“312002”表示的是(　　)。

A. P&ID 图号　　B. 连图号　　C. 单元号　　D. 序列号

答案：A

1051. 当一条直线平行于投影面时，在该投影面上反映(　　)。

A. 类似性　　B. 实形性　　C. 积聚性　　D. 平行性

答案：B

1052. 当一条直线垂直于投影面时，在该投影面上反映(　　)。

A. 类似性　　B. 实形性　　C. 积聚性　　D. 垂直性

答案：C

1053. 当一个面平行于一个投影面时，必(　　)于另外两个投影面。

A. 平行　　B. 垂直　　C. 倾斜　　D. 相切

答案：B

1054. 三视图是采用(　　)得到的。

A. 中心投影法　　B. 边界投影法　　C. 正投影法　　D. 斜投影法

答案：C

1055. 在三视图中，主视图反映物体的(　　)。

A. 与物体摆放位置有关　　B. 宽和高

C. 长和宽　　D. 长和高

答案：D

1056. 主视图与左视图(　　)。

A. 长对正　　B. 宽相等

C. 高平齐　　D. 与物体摆放位置有关

答案：C

1057. 为了将物体的外部形状表达清楚，一般采用(　　)个视图来表达。

A. 二　　B. 三　　C. 四　　D. 五

答案：B

1058. 三视图中，“宽相等”是指(　　)宽相等。

A. 俯、左视图　　B. 主、左视图　　C. 主、俯视图　　D. 不一定

答案：A

1059. LNG 的组分摩尔比是指各组分(　　)的比。

A. 物质的量　　B. 质量　　C. 单位摩尔质量　　D. 质量分数

答案：A

1060. 已知某 LNG 的摩尔比为甲烷：乙烷：丙烷 =96：3：1，则其质量比为(　　)。

A. 96：3：1　　B. 1436：90：44

C. 1：1：1　　D. 768：45：22

答案：D

1061. 已知某 LNG 各组分摩尔比为甲烷：乙烷：丙烷 =41：6：3，则其中甲烷的摩尔分数为(　　)。

A. 41%　　B. 82%　　C. 59%　　D. 18%

答案：B

1062. 已知某 LNG 各组分摩尔比为甲烷：乙烷：丙烷 =41：6：3，则其中甲烷的质量分数为(　　)。

A. 82.0%　　B. 59.0%　　C. 67.8%　　D. 27.3%

答案：C

1063. 离心泵的基本性能曲线不包括(　　)。

A. 扬程－流量　　B. 效率－流量

C. 有效汽蚀余量－流量　　D. 轴功率－流量

答案：C

1064. 离心泵叶轮切削后，对离心泵的影响是(　　)。

A. 扬程和流量都降低　　B. 扬程降低，流量增大

C. 扬程提高，流量降低　　D. 扬程和流量都增大

答案：A

1065. 流体进出离心泵的压力、管线、流速、高度条件，可以根据(　　)计算得到离心泵的扬程。

A. 欧拉方程　　B. 拉格朗日方程

C. 伯努利方程　　D. 达西定律

答案：C

1066. 把单位液体提升的高度或给予的能量叫作泵的(　　)。

A. 效率　　B. 轴功率　　C. 扬程　　D. 位移

答案：C

1067. 离心泵汽蚀最严重的部位是(　　)。

A. 轴封　　B. 叶轮进口处　　C. 叶轮轮毂　　D. 叶轮出口处

答案：B

1068. 泵的汽蚀是所输送流体在该温度的饱和蒸汽压(　　)造成的。

A. 不饱和　　B. 饱和　　C. 过饱和　　D. 降低

答案：A

1069. 下面选项中的措施，可以提高离心泵抗汽蚀能力的是(　　)。

A. 减小排出管路的流动损失　　B. 减少吸入管路的流动损失

C. 增大排出管路的流动损失　　D. 增大吸入管路的流动损失

答案：B

1070. 汽蚀余量分有效汽蚀余量 *NPSHa* 和必须汽蚀余量 *NPSHr*，已知某离心泵的

$NPSHr = 1.2m$，当 $NPSHa =$ (　　)时泵不会发生汽蚀现象。

A. 1. 2m　　B. 1m　　C. 2. 2m　　D. 0. 6m

答案：C

1071. 下列参数中，用于衡量离心泵经济性的指标是(　　)。

A. 扬程　　B. 效率　　C. 功率　　D. 转速

答案：B

1072. 离心泵的效率是以下哪两个参数的比值(　　)。

A. 电机功率与轴功率　　B. 电机功率与有效功率

C. 有效功率与轴功率　　D. 有效功率与电机功率

答案：C

1073. 以下措施中，不可以提高泵效率的是(　　)。

A. 提高叶轮、导叶流道表面的光洁度

B. 设计高效叶轮

C. 更换体积更小的电机

D. 缩小各部间隙，增加泄漏阻力，以减少容积损失

答案：C

1074. 离心泵的水力效率为 0. 9，容积效率为 0. 75，机械效率为 0. 85，则离心泵的效率为(　　)。

A. 0. 573　　B. 2. 5　　C. 0. 765　　D. 0. 675

答案：A

1075. 多级往复式压缩机每级最大的压缩比可能达到(　　)。

A. 1 : 1　　B. 3 : 1　　C. 10 : 1　　D. 1 : 10

答案：B

1076. 以下关于往复式压缩机的单级压缩比不宜太大的原因错误的是(　　)。

A. 过大的单级压缩比会使气缸的容积系数下降，压缩机工作效率低下

B. 过大的压缩比还会使压缩过程的温升过大，给压缩机运行带来困难

C. 过大的压缩比会使压缩机实际所需的功率增大

D. 过大的压缩比会导致压缩机适用范围减小

答案：D

1077. 往复式压缩机的最大压缩比是容积系数(　　)时的压缩比。

A. =0　　B. =1　　C. =0. 5　　D. >1

答案：A

1078. 往复式压缩机排气终了时压力表显示为 2. 1MPa，吸气终了时的压力表显示为 1. 0MPa 压缩机的压缩比为(　　)。

A. 2　　B. 2. 1　　C. 2. 2　　D. 2. 3

答案：A

1079. 下列(　　)泄漏会影响压缩机排气量。

A. 末级缸排气阀　　B. 吸气缓冲罐

C. 二级缸双作用活塞环　　D. 一级吸气阀

答案：D

1080. 对往复式压缩机排气量影响最大的因素是(　　)。

A. 水露点　　B. 温度　　C. 压力　　D. 容积

答案：D

1081. 不属于往复式压缩机的排气量调节方法的是(　　)。

A. 调节压缩机旁路　　B. 改变转速

C. 调整压缩级数　　D. 调节吸气阀

答案：C

1082. 当往复式压缩机结构尺寸一定时，影响排气量的主要因素是(　　)。

A. 效率　　B. 功率　　C. 转速　　D. 压力

答案：C

1083. LNG 的密度主要取决于(　　)。

A. 温度　　B. 压力　　C. 组成　　D. 黏度

答案：C

1084. LNG 在吸收热量后将导致一些液体蒸发为气体，某些组分蒸发后会导致剩余液体密度(　　)。

A. 变小　　B. 变大　　C. 不变　　D. 无法确定

答案：B

1085. 已知某 LNG 槽罐车充装 LNG 的质量为 20t，罐车压力表显示压力为 0.1MPa，通过罐车液位计示数计算可知 LNG 的体积约为 $45m^3$，则罐内 LNG 的密度约为(　　)。

A. $444kg/m^3$　　B. $2250m^3/kg$　　C. $225m^3/kg$　　D. $44.4kg/m^3$

答案：A

1086. LNG 的密度是温度的函数，温度升高后 LNG 的密度(　　)。

A. 增大　　B. 不变　　C. 减小　　D. 先增大后减小

答案：C

1087. 当泵内液体压力(　　)该温度下的饱和蒸汽压时，会出现汽蚀现象。

A. 大于　　B. 大于或等于　　C. 小于　　D. 小于或等于

答案：D

1088. 下列关于饱和蒸汽压的说法错误的是(　　)。

A. 饱和蒸汽压的大小取决于物质的本性和温度，温度越高，饱和蒸汽压越小

B. 饱和蒸汽压越大，表示该物质越容易挥发

C. 饱和蒸汽压可以通过 $\lg(P_v)=A-B/(T+C)$ 来计算

D. 饱和蒸汽压可以通过 $\ln(P_v)=A'-B'/T$ 来计算

答案：A

判断题

1. 职业道德是指从事一定职业的人们在长期的职业活动中所形成的操作技能。
答案：×
正确答案：职业道德是指从事一定职业的人们在长期的职业活动中所形成的行为规范。
2. 职业道德具有自愿性的特点。
答案：×
正确答案：职业道德是一种非强制性的约束机制。
3. 职业道德不倡导人们的牟利最大化的观念。
答案：×
正确答案：职业道德不是牟利，是一般的职业规范。
4. 在市场经济条件下，克服利益导向是职业道德社会功能的表现。
答案：×
正确答案：在市场经济条件下，克服利益导向不是职业道德社会功能的表现。
5. 企业文化所具有的功能包括娱乐功能。
答案：×
正确答案：企业文化的功能不包括娱乐功能。
6. 企业文化对企业具有整合的功能。
答案：√
7. 职业道德对企业起到增强竞争力的作用。
答案：√
8. 如果向企业员工灌输太多的职业道德，则容易使企业员工产生谨小慎微的观念。
答案：×
正确答案：向企业员工灌输太多的职业道德，不会使企业员工产生谨小慎微的观念。
9. 职业道德是人生的事业成功的重要条件。
答案：√
10. 事业成功的人往往具有较高的职业道德。
答案：√
11. 员工在职业交往活动中，应尽力在服饰上突出个性是符合仪表端庄具体的要求。
答案：×
正确答案：员工在职业交往活动中，服饰上应符合仪表端庄具体的要求。
12. 员工在职业道德活动中，做到表情冷漠、严肃待客符合职业道德规范的要求。
答案：×
正确答案：员工在职业道德活动中，表情冷漠、严肃待客不符合职业道德规范的要求。
13. 爱岗敬业作为职业道德的内在要求，指的是员工要热爱自己喜欢的工作岗位。
答案：×
正确答案：爱岗敬业作为职业道德的内在要求，员工要强化职业责任。
14. 在市场经济条件下，应该树立多转行、多学知识、多长本领的择业观念。
答案：×

正确答案：在市场经济条件下，多转行不是正确的择业观念。

15. 在市场经济条件下，根据服务对象来决定是否遵守承诺并不违反职业道德规范中关于诚实守信的要求。

答案：×

正确答案：在市场经济条件下，根据服务对象来决定是否遵守承诺违反了职业道德规范中关于诚实守信的要求。

16. 如果在职业活动中，一贯地坚持诚实守信会损害企业的利益。

答案：×

正确答案：在职业活动中，坚持诚实守信不会损害企业的利益。

17. 要做到办事公道，则在处理公私关系时，要做到公私不分。

答案：×

正确答案：要做到办事公道，在处理公私关系时，要做到公平公正。

18. 办事公道是指从业人员在进行职业活动时，要做到助人为乐和有求必应。

答案：×

正确答案：办事公道是指从业人员在进行职业活动时，要做到追求真理、平等待人、公私分明、坚持原则。

19. 勤劳节俭虽然有利于节省资源，但是并不能促进企业的发展。

答案：×

正确答案：勤劳节俭是促进经济和社会发展的重要手段。

20. 在市场经济时代，勤劳是需要的，而节俭则不宜提倡。

答案：×

正确答案：在市场经济时代，勤劳节俭是提倡的。

21. 职业纪律是企业的行为规范，其具有随意性强的特点。

答案：×

正确答案：职业纪律是企业的行为规范，其具有明确的规定性的特点。

22. 职业纪律中包括群众纪律。

答案：√

23. 在企业活动中，师徒之间要做到平等和互相尊重。

答案：√

24. 在日常接待工作中，当对待不同的服务对象时，应做到一视同仁的服务态度。

答案：√

25. 创新既不能墨守成规，也不能标新立异。

答案：×

正确答案：创新是企业发展的动力，应鼓励员工大胆地试大胆地闯，敢于提出新问题。

26. 服务也需要创新。

答案：√

27. 除天然气本身具有流动性质外，使天然气发生运移的因素有很多。

答案：√

28. 分散的天然气向邻近具有一定孔隙或裂缝的地层移动，称为天然气的运移。

答案：√

29. 天然气的运移是指流动的天然气向邻近的具有一定孔隙或裂缝的地层移动。

答案：×

正确答案：天然气的运移是指分散的天然气向邻近的具有一定孔隙或裂缝的地层移动。

30. 天然气的水蒸气加热方法是利用水与天然气进行热交换达到加热天然气的目的。

答案：×

正确答案：天然气的水蒸气加热方法是利用水蒸气与天然气进行热交换达到加热天然气的目的。

31. 天然气净化是指从油、气井中采出或从矿场分离器中分出的天然气在进入输、配管道送往用户之前必不可少的生产环节。

答案：√

32. 天然气酸气处理主要从含大量酸性气体的气田气中脱除酸气。

答案：×

正确答案：天然气酸气处理主要从含大量酸性气体且不富含重烃的气田气中脱除酸气。

33. 液化石油气是一种通过回收利用石油尾气，并对其采取加压液化供用户使用的燃料。

答案：√

34. 液化石油气是一种无色气体。

答案：×

正确答案：液化石油气是一种无色气体或黄棕色油状液体，有特殊臭味。

35. 人工煤气是一种易燃、易爆、无毒的气体燃料。

答案：×

正确答案：人工煤气是一种易燃、易爆、有毒的气体燃料。

36. 降低节流前天然气的温度可以防止形成水合物。

答案：×

正确答案：提高节流前天然气的温度才可以防止形成水合物。

37. 天然气不能制造炭黑。

答案：×

正确答案：天然气可以制造炭黑。

38. 天然气经高温热解可得乙烯，它被誉为“有机合成工业之母”。

答案：×

正确答案：天然气经高温热解可得乙炔，它被誉为“有机合成工业之母”。

39. 大型 LNG 运输船中，主要的两种类型分别是薄膜型和球罐型。

答案：√

40. 将气体液化的最大好处是使它的温度降低，便于储存和运输。

答案：×

正确答案：将气体液化的最大好处是使它的体积缩小，便于储存和运输。

41. 液化天然气船一般都设有气体再液化装置，也可运送液化石油气。

答案：√

42. LNG 冷能的利用方式主要为直接利用的方式。

答案：×

正确答案：LNG 冷能的利用方式主要包括直接利用和间接利用两种方式。

43. 液化天然气是地球上最干净的能源，不但可以作为燃料，还可以用来食品冷冻、空气液化和发电。

答案：√

44. LNG 冷能可用于海水淡化工艺。

答案：√

45. 黏度的物理意义是促使流体流动产生单位速度梯度的外摩擦应力。

答案：×

正确答案：黏度的物理意义是促使流体流动产生单位速度梯度的内摩擦应力。

46. 黏度是指液体受外力作用移动时，分子间产生的内摩擦力的量度。

答案：√

47. 假如运动黏度的单位用厘斯和 mm^2/s 来表示的话，不管按 SI 制或 c · g · s 制，其数值大小是一样的。

答案：√

48. 在压力不变的情况下，流体温度升高，流体的体积减小。

答案：×

正确答案：在压力不变的情况下，流体温度升高，流体的体积增大。

49. 流体的压缩性是流体质点在一定压力差或温度差的条件下，其体积或密度可以改变的性质。

答案：√

50. 流体压缩性的物理意义是：单位体积流体的体积对压力的变化率，且压力增大时体积增大。

答案：×

正确答案：流体压缩性的物理意义是：单位体积流体的体积对压力的变化率，且压力增大时体积减小。

51. 影响流体流动形态的因素有管径、流速、流体密度以及流体黏度。

答案：√

52. 层流和水力光滑状态的水力摩阻系数与雷诺数无关。

答案：×

正确答案：层流和水力光滑状态的水力摩阻系数与雷诺数有关。

53. 流体的流动状态有两种，分别是层流和紊流。

答案：√

54. 导热现象既可以发生在固体内部，也可发生在静止的液体和气体之中。

答案：√

55. 只要介质内或者介质之间存在温度差，就一定会发生传热。

答案：√

56. 在气体中的热传导是通过分子运动本身来进行的。

答案：√

57. 两种物体的热辐射必须有中间介质才能进行。

答案：×

正确答案：热辐射不依靠中间介质，可以在真空中传播。

58. 物体由于具有温度而辐射电磁波的现象称为热辐射。

答案：√

59. 一切温度高于绝对零度的物体都能产生热辐射，温度愈低，辐射出的总能量就愈大，短波成分也愈多。

答案：×

正确答案：一切温度高于绝对零度的物体都能产生热辐射，温度愈高，辐射出的总能量就愈大，短波成分也愈多。

60. 流体与固体表面之间的热量传递只是热对流的结果。

答案：×

正确答案：流体与固体表面之间的热量传递是热对流和导热两种传热方式共同作用的结果。

61. 关于对流传热系数，有相变化时的对流传热系数比无相变化时的大。

答案：√

62. 对流是液体和气体中热传递的特有方式，气体的对流现象比液体明显。

答案：√

63. 在物质的量和压力恒定的条件下，气体的体积与热力学温度成反比。

答案：×

正确答案：在物质的量和压力恒定的条件下，气体的体积与热力学温度成正比。

64. 理想气体方程和克拉伯龙方程是等效的。

答案：×

正确答案：一般克拉伯龙方程是指描述相平衡的方程 $\mathrm{d}p/\mathrm{d}T=L/(T\Delta v)$。尽管理想气体定律是由克拉伯龙发现，但是国际上不把理想气体状态方程叫克拉伯龙方程。

65. 理想气体状态方程，是描述理想气体在处于平衡态时，压强、体积、物质的量、温度间关系的状态方程。

答案：√

66. 露点指的是空气中充满湿气并且达到最大值时的温度。当相对湿度达到100%，露点要么和气温一样，要么比气温低。

答案：√

67. 湿空气的露点不仅与温度有关，而且与湿空气中水分含量的多少有关，含水量大的露点低，含水量少的露点高。

答案：×

正确答案：湿空气的露点不仅与温度有关，而且与湿空气中水分含量的多少有关，含水量大的露点高，含水量少的露点低。

68. 露点不是定值，它随温度和相对湿露点与空气温度和相对湿度的关系度的变化而变化。

答案：√

69. 诱导轮不是离心泵必需的基本结构。

答案：√

70. 离心泵正常运行时，叶轮与泵轴相对运动构成摩擦副。

答案：×

正确答案：离心泵正常运行时，叶轮与泵轴相对静止。

71. 离心泵联轴器的作用为连接泵轴与电机轴，并传递能量。

答案：√

72. 扩散器使输送介质动能转化为压能，是离心泵的主要做功部件。

答案：×

正确答案：离心泵的主要做功部件是叶轮。

73. 导轮可改善进入离心泵的流体状态，有效降低汽蚀余量。

答案：√

74. 平衡鼓可以用来平衡由于叶轮两侧压力不平衡导致的转子径向不平衡力。

答案：×

正确答案：平衡鼓可以用来平衡由于叶轮两侧压力不平衡导致的转子轴向不平衡力。

75. 当离心泵的进口压力大于环境温度下的液体的饱和蒸汽压时，液体中有大量蒸汽逸出，并形成许多小气泡。

答案：×

正确答案：当离心泵的进口压力小于环境温度下的液体的饱和蒸汽压时，液体中有大量蒸汽逸出，并形成许多小气泡。

76. 离心泵发生汽蚀的本质原因是离心泵入口压力小于流体饱和蒸汽压。

答案：√

77. 离心泵发生汽蚀时不会严重影响设备，无人干预会自行消除。

答案：×。

正确答案：离心泵发生汽蚀应立即确认条件并停泵检查，否则易对离心泵造成严重损坏。

78. 通常所说的机械密封实际上是一种静密封。

答案：×

正确答案：通常所说的机械密封实际上是一种动密封。

79. 单端面机械密封易于实现介质的零泄漏。

答案：×

正确答案：单端面机械密封不易实现介质的零泄漏，双端面密封由于引入高压力介质，可能实现介质的零泄漏。

80. 机械密封是一种旋转机械的轴封装置。

答案：√

81. 机械密封动环和静环之间存在泄漏点。

答案：√

82. 机械密封在工作中如发生短时间的干摩擦而不损伤密封端面。因此，要求密封环要有良好的自润滑性。

答案：√

83. 机械密封的密封压力主要来自弹簧的压力。

答案：×

正确答案：不同结构形式的机械密封，其主要的密封压力往往不同，如有封液的机械密封，其封液的压力常为主要密封压力。

84. 阀杆用来传动驱动力，带动填料盒运动，阀杆应有足够的强度、刚度和耐磨性。

答案：×

正确答案：阀杆用来传动驱动力，带动阀芯运动，阀杆应有足够的强度、刚度和耐磨性。

85. 阀盖与阀体的连接方式有丝扣连接、法兰连接及利用介质压力进行自密封等形式。

答案：√

86. 阀门填料盒的作用在于保证阀盖与阀杆间的密封。

答案：√

87. 润滑管理“五定”指定点、定组、定时、定质、定量。

答案：×

正确答案：润滑管理“五定”指定点、定人、定时、定质、定量。

88. 润滑管理“五定”中定质是指对设备的加油部位，按照规定的间隔时间，进行加油，清洗或更换新油。

答案：×

正确答案：润滑管理“五定”中定时是指对设备的加油部位，按照规定的间隔时间，进行加油，清洗或更换新油。

89. 润滑管理“三级过滤”指固定贮油桶到领油大桶一级过滤，领油大桶到油壶二级过滤，油壶到润滑部位三级过滤。

答案：√

90. 化学腐蚀初始阶段，会在金属表面形成一层极薄的氧化膜，如果氧化膜覆盖完全，可完全阻止腐蚀的继续进行。

答案：√

91. 金属化学腐蚀中，金属常被氧化。

答案：√

92. 氢腐蚀是一种电化学腐蚀，是在高温高压下钢中过量的氢与钢中固溶的碳或碳化物作用生成甲烷造成的，生成的甲烷在钢中扩散能力很低，聚集在晶界原有的微观空隙内。

答案：×

正确答案：氢腐蚀是一种化学腐蚀，是在高温高压下钢中过量的氢与钢中固溶的碳或碳化物作用生成甲烷造成的，生成的甲烷在钢中扩散能力很低，聚集在晶界原有的微观空隙内。

93. 盛装气体或者液体，承载一定压力的密闭设备都是压力容器。

答案：×

正确答案：盛装气体或者液体，承载一定压力的密闭设备不一定都是压力容器。

94. 按压力容器的设计压力等级不同，可将压力容器划分为低压、中压、高压和超高压4个压力等级。

答案：√。

95. 压力容器已实施进口商品安全质量许可制度，未取得进口安全质量许可证书的商品不准进口。

答案：√

96. 压力管道，是指利用一定的压力，用于输送气体或者液体的管状设备，其范围规定为最高工作压力大于或者等于0.1MPa(表压)，介质为气体、液化气体、蒸汽或者可燃、易爆、有毒、有腐蚀性、最高工作温度高于或者等于标准沸点的液体，且公称直径大于或者等于50mm的管道。

答案：√

97. 有压力的管道叫作压力管道。

答案：×

正确答案：压力管道，是指利用一定的压力，用于输送气体或者液体的管状设备，其范围规定为最高工作压力大于或者等于0.1MPa(表压)，介质为气体、液化气体、蒸汽或者可燃、易爆、有毒、有腐蚀性、最高工作温度高于或者等于标准沸点的液体，且公称直径大于或者等于50mm的管道。

98. LNG接收站中数量最多的压力管道是GB类管道。

答案：×

正确答案：GB类管道为燃气(GB1级)、热力(GB2级)等用于公共事业或民用的公用管道。LNG接收站中数量最多的压力管道是GC类管道。

99. 压力容器压力试验过程中，通过观察承压部件有无明显变形或破裂，来验证压力容器是否具有设计压力下安全运行所必需的承压能力。

答案：√

100. 当采用水对不锈钢管进行压力试验时，水中氯离子含量不得高于50ppm($1ppm=10^{-6}$)。

答案：×

正确答案：当采用水对不锈钢管进行压力试验时，水中氯离子含量不得高于25ppm。

101. 对压力管道进行压力试验时，实验过程中应连续缓慢升压，到达试验压力后保压。

答案：×

正确答案：对压力管道进行压力试验时，实验过程中应分段缓慢升压，先到50%，再10%逐级升压，每级稳压3min，到达试验压力后保压。

102. 输送极度和高度危害介质及可燃介质的管道，必须进行泄漏性试验。

答案：√

103. 输送 LNG 的管道进行泄漏性试验时，试验介质应采用液氮。

答案：×

正确答案：输送 LNG 的管道进行泄漏性试验时，试验介质宜采用空气。

104. 泄漏性试验是以气体为试验介质，在设计压力下，采用发泡剂、显色剂、气体分子检测仪等手段检查管道系统中泄漏点的试验。

答案：√

105. 交流电流表和电压表的刻度均是指交流量的有效值。

答案：√

106. 在纯电阻电路中，电压和电流的频率相同、相位相同。

答案：√

107. 角频率与周期互为倒数。

答案：×

正确答案：角频率 $\omega = 2\pi/T$，所以，不是互为倒数关系。

108. 常用电气设备的维修应包括日常维护保养和故障检修两个方面。

答案：√

109. 电气设备维修时，应在配电柜断开工作回路的开关上悬挂安全牌。

答案：×

正确答案：电气设备维修时，应在配电柜断开工作回路的开关上悬挂警示牌。

110. 对电气设备进行停电检修时，确定有无电压的根据是用合格的试电笔验电证明电气设备确无电压。

答案：√

111. 装设的接地线应接触良好、连接可靠。装设接地线应先接导体端，后接接地端。

答案：×

正确答案：装设接地线应先接接地端，后接导体端。

112. 电动机外壳接地属于重复接地。

答案：×

正确答案：电动机外壳接地属于保护接地。

113. 接地引入线和接地体的组合统称为接地装置。

答案：√

114. 一套完整的防雷装置应由接闪器、引下线和接零装置 3 部分组成。

答案：×

正确答案：一套完整的防雷装置应由避雷针、接闪器、引下线和接零装置组成。

115. 防直击雷接地装置距电气设备接地装置要求在 3m 以上。

答案：×

正确答案：防直击雷接地装置距电气设备接地装置要求在 5m 以上。

116. 避雷针实际上是引雷针，可将周围的雷电引来并提前放电。

答案：√

117. 直流电机运行是可逆的。

答案：√

118. 感应电动机启动时电流大，启动力矩也大。

答案：×

正确答案：感应电动机启动时电流大，启动力矩小。

119. 异步电动机的启动电流一般为电动机额定电流的 4 ~7 倍。

答案：√

120. 三相四线制可输送 1 种电压。

答案：×

正确答案：三相四线制可输送 2 种电压。

121. 对于交流电，线电压指的是两根火线之间的电压。

答案：√

122. 三相四线制相电压为 220V。

答案：√

123. 断路器控制回路中，红灯亮说明开关在分位，跳闸回路完好，绿灯亮说明开关在合位，合闸回路完好。

答案：×

正确答案：断路器控制回路中，红灯亮说明开关在合位，合闸回路完好，绿灯亮说明开关在分位，跳闸回路完好。

124. 选择接触器时要根据主电路来选择接触器控制线圈的额定电压。

答案：×

正确答案：选择接触器时要根据控制电路的电压来选择接触器控制线圈的额定电压。

125. 现场设备的操作柱按钮可用于设备的启停操作。

答案：√

126. 救护人可以用双手缠上围巾拉住触电的衣服，把触电人拉开带电体。

答案：×

正确答案：救护人应先断开电源，再用干木棍或其他绝缘材料使触电人脱离带电体。

127. 金属梯子适用于有触电机会的工作场所。

答案：×

正确答案：金属梯子在有触电机会的工作场所使用容易造成触电。

128. 戴上绝缘手套，穿上绝缘靴，用相应电压等级的绝缘工具按顺序拉开电源开关或熔断器是使高压触电者脱离电源的方法之一 。

答案：√

129. 膨胀式温度计是利用介质受热后，因体积膨胀而引起封闭系统中压力变化的原理，通过测量压力的大小而测量温度值。

答案：×

正确答案：膨胀式温度计是利用物体受热膨胀原理制成的温度计，主要有液体膨胀式、固体膨胀式和压力式温度计 3 种。压力式温度计是利用密闭容积内工作介质的压力随温度变化的性质，通过测量工作介质的压力来判断温度值的一种机械式仪表。

130. 压力式温度计是利用介质受热后，因体积膨胀或压力增加来测量温度的。

答案：√

131. 双金属温度计是把两种膨胀系数不同的金属薄片焊接在一起制成的，是一种固体膨胀式温度计，结构简单、牢固。

答案：√

132. 一体化温度变送器通常直接安装在现场，变送器模块内部的集成电路在一般情况下工作温度为 -20～80℃，超过这一范围，电子元件的性能就会发生变化，变送器不能正常工作，因此，在使用过程中应特别注意变送器模块所处的环境温度。

答案：√

133. 使用温度变送器可以消除因电缆阻值增大对温度测量的影响。

答案：√

134. 一体化热电阻温度变送器是把毫伏信号转换为标准电流输出。

答案：×

正确答案：一体化热电阻温度变送器是把电阻信号转换为标准电流输出。

135. 压力变送器是一种将压力变量转换为可传输的标准化输出信号的仪表。

答案：√

136. 用压力变送器测量开口容器的液位，如果在安装好以后，因为维护需要，将仪表安装位置下移，仪表的指示是不变的。

答案：×

正确答案：用压力变送器测量开口容器的液位，如果在安装好以后，因为维护需要，将仪表安装位置下移，仪表的指示会偏高。

137. 电容式压力变送器是由电容器和转换放大电路两部分组成。

答案：×

正确答案：电容式压力变送器是由测量部分(包括正、负压测量室和差动电容检测元件等)和转换放大电路两部分组成。

138. 流量计速度波动比较大，阻尼时间应该调小。

答案：×

正确答案：阻尼时间应该调大。

139. 消除电磁流量计的正交干扰的方法之一是：合理布置电极引线，使电极引线所形成的平面保持与磁力线平行，避免磁力线穿过此闭合回路，并设有机械调整装置。

答案：√

140. 电磁流量计的转换器功能是将微弱的感应电势直接转换成统一标准信号输出。

答案：×

正确答案：电磁流量计的转换器功能是将微弱的感应电势放大并转换成统一标准信号输出。

141. 旋涡式流量计的特点之一是，在测量时管道内装有可动部件，故此使用寿命长，压力损失小，精确度高(±0.5% ~1.0%)，量程比宽(1：100)。

答案：×

正确答案：旋涡式流量计的特点之一是，在测量时管道内装无可动部件，故此使用寿命长，压力损失小，精确度高(±0.5% ~1.0%)，量程比宽(1：100)。

142. 涡街流量计的旋涡频率f信号的检测方法很多，有热学法检测，有差压法检测。

答案：√

143. 旋涡式流量计是利用流体振动原理来进行流量测量的，广泛应用于石油、化工、电力、冶金煤炭等行业各种气体计量。

答案：√

144. 质量流量计测量方法可以分为两大类：一是间接式测量；二是直接式测量。

答案：√

145. 直管式质量流量计的特点是，测量管能自然排空，不易起振，为此需将测量管的管壁减薄，或用高频起振，但这样做会缩短测量管使用寿命。

答案：√

146. 科氏力质量流量计传感器的敏感元件是测量管，测量管的形状只采用弯管式，弯管式测量管的形状，多为U形管，也有P形管、Ω形管等。

答案：×

正确答案：测量管的形状有直管式和弯管式。

147. 双法兰液位变送器与一般差压变送器相比，它可以直接测量具有腐蚀性或含有结晶颗粒及黏度大、易凝固等介质液位，从而解决了导压管线易被腐蚀、被堵塞的问题。

答案：√

148. 双法兰式液位计在使用过程中如果改变安装位置，则其输出也会随之发生变化。

答案：×

正确答案：双法兰液位计测量不受安装位置影响。

149. 浮筒式液位计测量液位时，液位最高，扭力管所产生的扭角最大，液位最低，产生的扭角越小。

答案：×

正确答案：浮筒式液位计测量液位时，液位最低，扭角最大。

150. 浮筒式液位计测量液位时，若浮筒脱落，其输出应最小。

答案：×

正确答案：浮筒式液位计测量液位时，若浮筒脱落，其输出应最大。

151. 用浮筒式液位计测量液位时的最大测量范围就是浮筒的长度。

答案：√

152. 伺服液位计适用于测量黏稠度较高的介质。

答案：×

正确答案：伺服液位计不适用测量黏稠度较高的介质。

153. 伺服液位计测量的是实高。

答案：×

正确答案：伺服液位计测量的是空高，它可以自动地以总高减去空高，得到实高。

154. 伺服液位计一般采用标准法兰安装于罐顶，在实际应用中，不管是内浮顶罐、拱顶罐、球罐都应安装导向管。

答案：√

155. LTD 之所以能够准确测量温度是因为其探头安装有一个温度传感器。

答案：√

156. LTD 探头如若停止不动，依旧可以准确指示密度，但不可以准确指示温度。

答案：×

正确答案：LTD 探头如若停止不动，可以准确指示温度，无法准确指示密度。

157. LTD 在上电时，如果探头已连接，电机将驱动传感探头按照预先设定的模式下降至液体表面或者罐底，如果探头没有连接，则电机不动作。

答案：√

158. 检测比空气轻的可燃气体，探测器高出释放源所在高度 1 ~ 2m，且与释放源的水平距离适当减小至 5m 以内。

答案：√

159. 可燃气体探测器的检测原理主要有催化燃烧型、热导型、红外吸收型等，采样方式主要有扩散式和吸入式。

答案：√

160. 可燃气体检测器的响应时间为 30s。

答案：×

正确答案：可燃气体检测器的响应时间为 30s 以内。

161. 接收站使用的三频红外火焰探测器的原理是其中一只传感器工作在反映火焰信息的中心波长，另外两只传感器监视环境中的其他红外辐射，结合火焰的闪烁特征，通过高性能的微处理器和先进的数学算法模型进行运算，使只有符合火焰特征的辐射频谱才会被确认为火警，其他干扰因素会被排除。

答案：√

162. 燃烧产生的电磁波主要有紫外波段辐射和可见光波段的光辐射，而红外波段的热辐射较少。

答案：×

正确答案：燃烧产生的电磁波主要有红外波段辐射和可见光波段的光辐射，而紫外波段的热辐射较少。

163. 根据火焰的光特性，火焰探测器有两种：一种是对火焰中波长较短的紫外光辐射敏感的紫外探测器；另一种是对火焰中波长较长的红外光辐射敏感的红外探测器。

答案：×

正确答案：根据火焰的光特性，火焰探测器有 3 种，还有紫外/红外混合探测器。

164. 调节阀的正作用就是气关阀，反作用就是气开阀。

答案：×

正确答案：调节阀的气开、气关方式，可以通过气动执行机构的正、反作用与阀芯正、反装的组合来实现。

165. 气动调节阀的气开、气关方式，可以通过气动执行机构的正、反作用与阀芯正、反装的组合来实现。

答案：√

166. 对于储罐等设备，如果它们的压力控制通过排出物料来操纵，则调节阀应选用气关式。

答案：√

167. 分程控制系统一般只有两个调节器，它们的输出通过一个选择器后，送往执行器。这两个调节器，一个在正常情况下工作，另一个在非正常情况下工作。

答案：×

正确答案：选择控制系统一般只有两个调节器，它们的输出通过一个选择器后，送往执行器。这两个调节器，一个在正常情况下工作，另一个在非正常情况下工作。

168. 选择控制系统就是一个调节器同时控制两个或两个以上调节阀，每一个调节阀根据工艺的要求在调节器输出的一段信号范围内动作。

答案：×

正确答案：分程控制系统就是一个调节器同时控制两个或两个以上调节阀，每一个调节阀根据工艺的要求在调节器输出的一段信号范围内动作。

169. 串级控制系统主要应用于对象的滞后和时间常数很大、干扰作用强而频繁、负荷变化大、对控制质量要求较高的场合。

答案：√

170. 劳动防护用品使用前要对防护功能进行严格检查，对不合格、损坏或磨损严重的可以不更换。

答案：×

正确答案：劳动防护用品使用前要对防护功能进行严格检查，对不合格、损坏或磨损严重的必须更换。

171. 个人防护装备是保护劳动者免受伤害的第一道防线。

答案：×

正确答案：应该是最后一道防线。

172. 按防护人体部位可主要分为：头部防护用具、呼吸系统防护用具、眼面防护用具、听力防护用具、手部防护用具、足部防护用具、躯干防护用具、坠落防护用具。

答案：√

173. 乙炔瓶使用时，只能直立，不能横躺卧放。

答案：√

174. 安全和生产发生矛盾时，必须以经济利益为先。

答案：×

正确答案：安全和生产发生矛盾时，必须以安全为先。

175. 天然气中的有毒气体是二氧化碳。

答案：×

正确答案：天然气中的有毒气体是甲烷。

176. 作业许可管理的范围由集团公司划定，企业不必更改，也不需再制定相应的作业许可管理程序。

答案：×

正确答案：作业许可管理的范围由集团公司划定，企业要制定相应的作业许可管理程序。

177. 人力资源部门是负责作业许可审批人、监护人的资质培训和认定。

答案：×

正确答案：安全管理部门负责作业许可审批人、监护人的资质培训和认定。

178. 企业各级业务主管部门是作业许可的管理责任主体，提供业务技术咨询和现场管理，对作业许可全过程的管理负责。

答案：√

179. 应急演练结束后，必须对演练过程进行评估，形成评估报告。并针对暴露出的问题从完善预案、修订制度、加强培训等方面制定整改措施，明确整改责任，限期全部整改。

答案：√

180. 接收站消防水系统一般只有稳高压系统。

答案：×

正确答案：消防水系统还有高压系统。

181. 接收站内各单元大部分设备均露天布置，保证了良好的通风条件。

答案：√

182. 事故状态下安全泄放设施排放出的 LNG 或者天然气也有导致火灾爆炸的危险。

答案：√

183. 严禁颠倒晃动干粉灭火器。

答案：×

正确答案：在使用前要晃动干粉灭火器。

184. 在室外使用二氧化碳灭火器时，应选择下风方向喷射。

答案：×

正确答案：在室外使用二氧化碳灭火器时，应选择上风方向喷射。

185. 国家标准规定的安全色有红、蓝、黄、绿 4 种颜色。

答案：√

186. 安全色中黄色——表示停止、危险的意思。

答案：×

正确答案：安全色中黄色——表示警告、注意的意思。

187. 安全色中红色——表示停止、危险的意思。

答案：√

188. 安全公示的内容要务求真实、动态更新。

答案：√

189. 建立完善基层义务应急队(班)，应明确“防小、防早”的职责，重点是后期应急响应和应急处置。

答案：×

正确答案：建立完善基层义务应急队(班)，应明确“防小、防早”的职责，重点是初应急响应和应急处置。

190. 风险指数值表征了每一个风险等级的绝对大小。

答案：×

正确答案：风险指数值表征了每一个风险等级的相对大小。

191. 岗位人员应清楚本岗位接触的职业病危害因素，掌握职业病防护设施操作方法，应能够正确使用防护用品。凡不按规定佩戴或使用防护用品的人员不得上岗作业。

答案：√

192. 生产经营单位应当在有较大危险因素的生产经营场所和有关设施、设备上，设置明显的安全警示标志。

答案：√

193. 重大事故隐患与重大危险源是引发重大事故的源头，所以两者的概念是等同的。

答案：×

正确答案：重大事故隐患与重大危险源两者概念不能等同。

194. 企业应当严格审核危险化学品承运方的相关资质，相关人员和运输车辆(船舶)应当符合危险化学品运输安全要求，所托运危险化学品的相关安全信息不应当告知承运方。

答案：×

正确答案：所托运危险化学品的相关安全信息应当告知承运方。

195. 涉及危险化工工艺的生产装置在设计和运行过程中均应当开展过程危害分析。

答案：√

196. 装置异常状态下，操作人员应当按照紧急处置程序处置，必要请示领导后，启动紧急停车程序。

答案：×

正确答案：装置异常状态下，操作人员应当按照紧急处置程序处置，必要可以自行启动紧急停车程序。

197. 企业应采取预先通知、桌面推演等多种行之有效的方式，加强实战演练，提高演练效果。

答案：×

正确答案：企业应采取不预先通知、桌面推演等多种行之有效的方式，加强实战演练，提高演练效果。

198. 各级单位应每季度至少组织 1 次实战演练。

答案：√

199. 应急预案实行只向上一级主管单位备案即可。

答案：×

正确答案：应急预案应当向上一级主管单位和地方政府备案。

200. 大于20000Hz的声波叫作超声波。

答案：√

201. 超声波流量计的误差大小仅仅与流量计补偿畸变的能力有关。

答案：×

正确答案：超声波流量计的误差大小与由流量计上游管道结构引起的速度分布畸变的类型和程度以及流量计补偿畸变的能力有关。

202. 超声流量计是根据已知的截面积把气体的平均流速转换成流量。

答案：√

203. 在涡轮流量计的进出口，装有导流器。导流器对被测液体起导向整流及支承叶轮的作用，是用具有导磁性的材料制作。

答案：×

正确答案：导流器通常选用不导磁不锈钢或硬铝材料制作。

204. 涡轮流量计计量准确度不受气体组分影响。

答案：√

205. 涡轮流量计输出的脉动电势信号，输入到显示仪表进行指示和累计，实际上是一个测量电信号的仪表。

答案：√

206. 槽车经过汽车衡速度没有限制。

答案：×

正确答案：槽车经过汽车衡速度有限制。

207. 为了汽车衡称重稳定，槽车汽车衡称重时司机需要熄火并关闭车门。

答案：√

208. 槽车称重过汽车衡需要快刹车，达到保护汽车衡的目的。

答案：×

正确答案：槽车称重过汽车衡需要慢刹车，达到保护汽车衡的目的。

209. 流量计的准确度等级是评价流量计质量优劣的最重要技术指标之一，其数值越小，流量仪表准确度等级越高，其准确度也越低。

答案：×

正确答案：流量计的准确度等级数值越小，流量仪表准确度等级越高，其准确度也越高。

210. 使用无检定合格印、证的计量器具视为使用不合格的计量器具。

答案：√

211. 凡列入《中华人民共和国强制检定的工作计量器具目录》的工作计量器具都应实行强制检定。

答案：×

正确答案：凡列入《中华人民共和国强制检定的工作计量器具明细目录》的工作计量器具应根据实际情况确定是否实行强制检定。

212. 使用强制检定的工作计量器具的单位和个人，应当向有关人民政府计量行政部门指定的计量检定机构申请周期检定。

答案：√

213. 镜面式露点仪的原理为不同水分含量的气体在不同温度下的镜面上会结露，采用光电检测技术，检测出露层并测量结露时的温度。

答案：√

214. 镜面式露点仪采用的是间接测量方法，在保证检露准确、镜面制冷高效率和精密测量结露温度前提下，该种露点仪可作为标准露点仪使用。

答案：×

正确答案：镜面式露点仪采用的是直接测量方法，在保证检露准确、镜面制冷高效率和精密测量结露温度前提下，该种露点仪可作为标准露点仪使用。

215. 电传感器式露点仪为采用亲水性材料或憎水性材料作为介质，构成电容或电阻，在含水分的气体流经后，介电常数或电导率发生相应变化，测出当时的电容值或电阻值，就能知道当时的气体水分含量。

答案：√

216. 接触燃烧式气敏传感器可以检测可燃气体，也可检测不可燃气体。

答案：×

正确答案：接触燃烧式气敏传感器只可以检测可燃气体。

217. 热线型半导体式可燃气体检测器的特征在于低浓度下具有极高灵敏度，适用于高灵敏度检测。

答案：√

218. 对采用惰性气体置换的系统检测分析，不得采用触媒燃烧式检测仪直接进行检测。

答案：√

219. 便捷式可燃气体检测仪，电量不足时，可在爆炸危险场所充电。

答案：×

正确答案：便携式测爆仪充电时必须在安全场所进行，严禁在有爆炸危险的场所对仪器充电。

220. 气相色谱法具有高选择性的特点，但无法分离性质极为相近的各种同分异构体和各种同位素。

答案：×

正确答案：气相色谱法具有高选择性的特点，可以分离性质极为相近的各种同分异构体和各种同位素。

221. 气相色谱法的主要特点是选择性高、分离效率高、灵敏度高、分析速度快。

答案：√

222. 气相色谱分析所需试样量少，一般气体样用几毫升，液体样用几微升或几十微升。

答案：√

223. 若用色谱分离出某一物质，则该物质必存在于原始样品中。

答案：√

224. 根据 HJ493 的通用要求，当水样的待测项目为浊度时，最长保留时间为 12 小时，尽量现场测定。

答案：√

225. 当水样的待测项目为化学需氧量，应用硫酸酸化，pH≤2，最长保留时间为2d。

答案：√

226. 一般来说，采集水样和分析之间的时间间隔越短，分析结果越可靠。

答案：√

227. 确保取到的样品准确并具有代表性，从采样探头到气化器连接管线、阀门，要绝热保冷，通过计算焓增量和过冷度，保证LNG在进入气化器前不能发生分馏现象，符合采样标准要求。

答案：√

228. 根据ISO 8943对LNG样品进行采集，采样时间一般为卸料全速开始后一个小时至降速前一个小时。

答案：√

229. LNG码头卸料臂密封氮气主要用作卸料臂旋转接头密封。

答案：√

230. 登船梯放置于LNG船舶甲板后，应关闭自由浮动功能。

答案：×

正确答案：登船梯放置LNG船舶甲板后，必须开启自由浮动功能。

231. 卸料臂与LNG船舶汇管连接完成后，外臂锁(液压油路)必须打开，同时卸料臂要调成浮动模式。

答案：√

232. LNG船舶进出港航道上，通常设有海上浮标，用以标示航道范围。

答案：√

233. LNG船舶进出港航道上，通常设有固定灯桩，用以标示航道范围。

答案：×

正确答案：LNG船舶进出港航道上，通常设有海上浮标，用以标示航道范围。

234. LNG码头、工作船码头和防波堤等通常设有的导助航设施是灯桩。

答案：√

235. 运输LNG的船舶可与油轮共用。

答案：×

正确答案：LNG船舶是专用LNG运输船，不可与油轮共用。

236. 没有配备再冷凝装置的LNG运输船海上航行时，船舱日常蒸发的蒸发气(BOG, Boil-off Gas)必须及时通过蒸发气燃烧系统燃烧处理，避免船舱压力超限。

答案：×

正确答案：目前，多数未配备再冷凝装置的LNG船可将部分日常蒸发的蒸发气(BOG, Boil-off Gas)作为航行燃料，BOG并非只能全部通过蒸发气燃烧系统处理。

237. 海上航行时，薄膜型LNG船舶稳性受船舱液位高度影响较大，对船舱装载的LNG液位有明确要求。

答案：√

238. 大中型 LNG 船舶靠泊码头时，为提高作业效率，应尽可能提高靠泊速度。

答案：×

正确答案：大中型 LNG 船舶靠泊码头时，为保证靠泊作业安全，靠泊速度应小于 10cm/s。

239. LNG 船舶靠泊码头时，船岸双方对中目标是码头气相臂与船舶汇管操作平台气相汇管对齐。

答案：√

240. LNG 船舶靠泊码头时，不需要辅助船舶协助，可独立完成靠泊作业。

答案：×

正确答案：LNG 船舶靠泊码头时，需要辅助船舶协助完成靠泊作业。

241. 在启用快速脱缆钩远程电动脱缆模式前，应注意先进行操作模式的选择。

答案：√

242. 快速脱缆钩可现场手动脱缆，也可在控制室远程脱缆，且优先选用远程脱缆。

答案：×

正确答案：快速脱缆钩可现场手动脱缆，也可在控制室远程脱缆，正常作业时，应采用现场脱缆方式。

243. 船舶收紧缆绳期间，码头系缆人员应一直站立于缆绳附近，直至缆绳完全收紧。

答案：×

正确答案：船舶收紧缆绳期间，码头系缆人员应尽可能远离缆绳，直至缆绳完全收紧。

244. 当船上 LNG 的密度大于接收站储罐原有 LNG 的密度时，卸料方式应采用下进液方式。

答案：×

正确答案：当船上 LNG 的密度大于接收站储罐原有 LNG 的密度时，卸料方式应采用上进液方式。

245. 拆除卸料臂快速接头(QCDC)与船方法兰连接前，应确保卸料臂内无压力。

答案：√

246. 卸料臂的核心部件主要有：低温旋转接头(SWIVEL JOINT)，紧急脱离接头(ERC)和快速连接/断开装置(QCDC)。

答案：√

247. LNG 运输船因大雾天气而滞期，属于 LNG 贸易中约定的不可抗力因素。

答案：×

正确答案：LNG 运输船因大雾天气而滞期，不属于 LNG 贸易中约定的不可抗力因素，而属于恶劣天气影响。

248. CTMS 是 LNG 运输船上货物交接计量系统的英文缩写。

答案：√

249. LNG 贸易中，英文术语“Take or Pay”对应的中文术语为“照付不议”。

答案：√

250. 所有 LNG 储罐设计应设计底部灌装。

答案：×

正确答案：所有 LNG 储罐设计应设计顶部和底部灌装，除非有防止分层的其他有效措施。

251. 在没有卸料和无液化天然气输送时，应通过低压泵自循环保持系统冷态。

答案：√

252. 通过每个储罐在 CCR 中的紧急停车按钮或自动联锁的触发，可以触发储罐紧急关断，低压泵、BOG 压缩机关停。

答案：√

253. 在储罐低压、压缩机异常情况下，压缩机将通过联锁停机。安装在接收站设施上的紧急按钮，可以使 BOG 回收系统紧急关闭。

答案：√

254. 再冷凝器的操作控制包括流量控制、液位控制。

答案：×

正确答案：再冷凝器的操作控制包括流量控制、液位控制、压力控制。

255. 再冷凝器启动和关闭应根据操作手册的要求实施。

答案：√

256. 变配电室（站）和仪表机房未经授权的人员禁止进入变配电室（站）和仪表机房，禁止触碰站内设备。

答案：√

257. 过程控制系统的可靠性可与接收站安全等级不一致，但应采用故障安全设计。

答案：×

正确答案：过程控制系统应具有与接收站安全等级一致的可靠性，且应采用故障安全设计。

258. 应急照明设施宜每年进行一次检查和维护。

答案：×

正确答案：应急照明设施宜每半年进行一次检查和维护。

259. 当发现超装时，应按操作顺序回卸液化天然气到充装站回收系统。

答案：√

260. LNG 和制冷剂应由槽车进行运输。

答案：×

正确答案：LNG 和制冷剂应由经批准的槽车进行运输。

261. 在装卸区应设置“禁止吸烟”的警示牌并强制执行。

答案：√

262. 接收站含油污水应经含油污水处理设备进行专门的处理，达到当地的污水排放指标后方可进行排放。

答案：√

263. 接收站 SCV 排放的废气可直接排放。

答案：×

正确答案：接收站 SCV 排放的废气应进行检测，其中一氧化碳和氮氧化合物的含量不应超过环境保护主管部门规定的浓度。

264. 在作业过程中，应进行持续的气体检测，如发现可燃气体浓度超过规定值，应立即停止作业。

答案：√

265. 按生产过程的作用原理分类，反应釜属于换热压力容器。

答案：×

正确答案：按生产过程的作用原理分类，反应釜属于反应压力容器。

266. 工业管道是指企业、事业单位所属的用于输送工艺介质的工艺管道、公用工程管道及其他辅助管道，可划分为 GC1、GC2 两级。

答案：×

正确答案：工业管道是指企业、事业单位所属的用于输送工艺介质的工艺管道、公用工程管道及其他辅助管道，可划分为 GC1、GC2、GC3 三级。

267. 自动人行道和载货电梯都属于特种设备中电梯的范畴。

答案：√

268. 对于易燃、毒性程度为极度高度危害介质的压力容器，应采用全封闭式安全阀。

答案：√

269. 盛装易燃介质的容器，应该用洁净的空气进行吹扫。

答案：×

正确答案：盛装易燃介质的容器，应该用洁净的氮气进行吹扫。

270. 压力容器的液位计应该安装在容器底端易于观察的位置。

答案：√

271. 用人单位在招聘时可以以性别为由拒绝录用妇女或者提高对妇女的录用标准。

答案：×

正确答案：《劳动法》第十三条规定，妇女享有与男子平等的就业权利。在录用职工时，除国家规定的不适合妇女的工种或者岗位外，不得以性别为由拒绝录用妇女或者提高对妇女的录用标准。

272.《劳动法》规定，口头约定可以作为劳动者与用人单位确立劳动关系、明确双方权利和义务的协议。

答案：×

正确答案：《劳动法》第十六条，劳动合同是劳动者与用人单位确立劳动关系、明确双方权利和义务的协议。

273.《劳动法》规定，劳动合同可以约定一年的试用期。

答案：×

正确答案：《劳动法》第二十一条规定，劳动合同可以约定试用期。试用期最长不得超过六个月。

274. 根据《劳动合同法》规定，劳动合同对劳动报酬标准约定不明确，引发争议的，用人单位与劳动者可以重新协商；协商不成的，适用集体合同规定，没有集体合同或者集体合同未规定劳动报酬的，实行同工同酬。

答案：√

275. 根据《劳动合同法》的规定，劳动者违反竞业限制约定的，应当按照约定向用人单位支付赔偿金。

答案：×

正确答案：根据《劳动合同法》的规定，劳动者违反竞业限制约定的，应当按照约定向用人单位支付违约金。

276. 根据《劳动合同法》的规定，劳动合同被确认无效，劳动者已付出劳动的，单位需支付劳动报酬的，金额参照所在地最低工资标准支付劳动报酬。

答案：×

正确答案：根据《劳动合同法》的规定，劳动合同被确认无效、但劳动者已付出劳动，单位需支付劳动报酬，金额参照本单位相同或者相近岗位劳动者的劳动报酬确定。

277. 在 Windows 中，剪贴板是硬盘上的一块区域。

答案：×

正确答案：在 Windows 中，剪贴板是内存上的一块区域。

278. Windows 提供了对长文件名的支持，文件名最长可达到 255 个字符。

答案：√

279. 在 Word 中，能看见页眉和页脚的视图方式是大纲视图。

答案：×

正确答案：在 Word 中，能看见页眉和页脚的视图方式是页面视图。

280. 文字处理软件属于应用软件。

答案：√

281. 在 Excel 中，使用“编辑”菜单中的“清除”命令可用来删除单元格或区域。

答案：√

282. 选择 Excel 的数据筛选功能，筛选后的表格中只含有符合筛选条件的行，其他行被暂时隐藏。

答案：√

283. PowerPoint 的“超级链接”命令可实现演示文稿幻灯片的移动。

答案：×

正确答案：“超级链接”可建立与其他位置的连接，而不是移动幻灯片。

284. 在 PowerPoint 中，幻灯片通过大纲形式创建和组织标题、正文和多媒体信息。

答案：√

285. U 盘是传播计算机病毒的主要途径。

答案：×

正确答案：U 盘和网络都是传播计算机病毒的途径。

286. 计算机病毒只是软件，所以不能破坏计算机的硬件。

答案：×

正确答案：个别专门针对硬件而设计的病毒可以破坏硬件，比如烧毁 CPU，破坏硬盘。

287. 可以在网络中共享的设备包括 CD－ROM。

答案：√

288. TCP/IP 是 Internet 的网络协议，其中 TCP 叫作传输控制协议。

答案：√

289. 打印的快捷键是 Ctrl + B。

答案：√

290. 切换全角/半角状态的快捷键是 Ctrl + 空格键。

答案：×

正确答案：切换全角/半角状态的快捷键是 Ctrl + shift。

291. 欺骗病毒改变每一个用 DOS 格式来格式化的磁盘第一个扇区里的程序。

答案：×

正确答案：欺骗病毒不是改变程序，而是监测程序的运行，并重定位。

292. 伙伴病毒通过一个文件传播，首先该文件将代替用户将运行的文件执行，之后再运行原始的文件。

答案：√

293. 岗位交接班记录本可以随意涂改，只要不影响查看交接班内容。

答案：×

正确答案：岗位交接班记录本不可以随意涂改。

294. 岗位交接班记录本填写时必须字迹清晰工整、及时、详细、完整，内容真实、准确。

答案：√

295. 岗位操作人员须如实记录本岗位进行的所有工作，记录清楚什么时间进行了什么操作，以及进行的主要操作流程、操作参数调整，并将存在的主要问题写清楚。

答案：√

296. 岗位巡检记录表可以由其他岗位的人代写。

答案：×

正确答案：岗位巡检记录表不可以由其他岗位的人代写。

297. 岗位巡检记录表填写时必须字迹清晰工整、及时、真实、准确。

答案：√

298. 岗位巡检记录表填写应完整，不得有空缺，如无内容填写，须用“ / ”表示。

答案：√

299. 因仪表风主要作为气动阀的气源，无低温状态，因此仪表风管网投用时主要检查管网末端有无杂质，无杂质后正常投用。

答案：×

正确答案：管网及各用气点均需置换至无杂质，且露点满足设计要求。

300. 因工艺管线介质多为低温可燃介质，因此氮气系统投用前各氮气接口均应吹扫合格，露点、氧含量合格，且无杂质。

答案：√

301. 氮气管网投用时连续吹扫合格后应对管网末端低点导淋等进行复测，确保氮气管网置换合格。

答案：√

302. 气密测试前，相邻系统排放阀应打开，试验过程中应特别注意防止高压管道系统的气体窜入低压管道系统引起超压。

答案：√

303. 经气压试验合格，试验后未经拆卸的管道也需做气密性测试。

答案：×

正确答案：经气压试验合格，试验后未经拆卸的管道无须做气密性测试。

304. 气密测试应重点检测阀门填料函、法兰或螺纹连接，放空阀、排凝阀等。

答案：√

305. 管道系统干燥置换时由于需要大量氮气，因此应选择所需置换管道系统中管径最大的一条作为干燥置换氮气接入口。

答案：×

正确答案：应结合所需氮气流量、氮气压力、液氮气化器管径等综合考虑，选择合适管径的管道作为系统氮气接入口，不一定是最大管径。

306. 管道氮气置换过程中氮气流速高时氮气来不及饱和就通过放空口排出管道，因此氮气流速越低越好。

答案：×

正确答案：氮气流速过低时，管道内大量氮气吸收水汽已饱和，影响干燥置换的工期。

307. 管道干燥置换过程如发现某一管段保压后露点上升较大，可能管段内存在明水，可通过对该管段连续爆破吹扫、抽真空、采用热氮气吹扫等方法干燥。

答案：√

308. 投料试车前流程检查重点检查阀门阀位是否正确，盲板、盲法兰是否按方案拆除或安装，压力表等仪表是否投用等。

答案：√

309. 投料试车前，工艺放空阀组切断阀应关闭、放空阀打开，压力表投用。

答案：×

正确答案：投料试车前，工艺放空阀组切断阀应关闭、放空阀关闭，压力表投用。

310. 流程检查时气动阀门应检查现场阀位与 DCS 是否一致，气源阀门是否打开，气源压力是否正常，阀门有无仪表强制信号等。

答案：√

311. 先导式安全阀要有防止重锤自行移动的装置和限制杠杆越轨的导架。

答案：√

312. 先导式安全阀在安装前应专门测试，不需要检查其密封性。

答案：×

正确答案：先导式安全阀在安装前应专门测试，需要检查其密封性。

313. 当系统压力降低到一定值时，导阀阀芯在弹簧的作用下向下回座，导阀密封面开启。

答案：×

正确答案：当系统压力降低到一定值时，导阀阀芯在弹簧的作用下向下回座，导阀密封面关闭。

314. 真空安全阀作用是防止储罐超压。

答案：×

正确答案：真空安全阀作用是为储罐补压。

315. 真空安全阀属于爆破型安全阀。

答案：×

正确答案：真空安全阀不属于爆破型安全阀。

316. 当 LNG 储罐出现负压时，真空安全阀开启引空气进入补压。

答案：√

317. 工艺阀组 OB－02 主要用于管道超压泄放使用。

答案：×

正确答案：OB－01 用于管道超压泄放使用。

318. 工艺阀组 OB－02 和 OB－03 均可向管道注入氮气。

答案：√

319. 工艺阀组 OB－06 为管线预留阀组，为防止泄漏，设置两个切断阀。

答案：×

正确答案：工艺阀组 OB－06 设置一个切断阀。

320. DCS 系统出现报警时，出现报警的工艺数据颜色闪烁，同时发出声音，可按下消音键将颜色闪烁和声音消除。

答案：×

正确答案：DCS 系统出现报警时，出现报警的工艺数据颜色闪烁，同时发出声音，可按下消音键将声音消除。

321. DCS 系统趋势画面包括实时趋势和历史趋势两类。

答案：√

322. 因为 DCS 系统可以查看就地压力表的显示，所以可以远程快速判断就地压力表的好坏。

答案：×

正确答案：就地压力表需现场排查好坏。

323. 气动调节阀可用于调节操纵变量的流量，从控制系统整体看，一个控制系统控制得好不好，都需要通过调节阀来实现。

答案：√

324. 参与 PID 调节的远程控制阀不可以通过 DCS 系统手动给开度值。

答案：×

正确答案：参与 PID 调节的远程控制阀可以通过 DCS 系统手动给开度值。

325. 参与 SIS 联锁的切断阀门，无法通过 DCS 系统进行控制。

答案：×

正确答案：部分进入 SIS 系统的切断阀门可以通过 DCS 系统进行复位。

326. LNG 储罐压力高时只能通过罐顶安全阀放空至大气，无法放空至火炬。

答案：×

正确答案：储罐压力高时可通过 BOG 总管放空至火炬降压，如放空火炬后仍超压，通过罐顶安全阀放空至大气。

327. 两台火炬可互为备用，在单台出现故障或检修时可使用另一台放空。

答案：√

328. 火炬地面爆燃点火对空燃比没有严格要求。

答案：×

正确答案：空燃比是火炬点火的重要条件，空燃比不满足无法点火成功。

329. 火炬长明灯点火是否成功，是通过火炬头温度变送器判断，故中控出现点火失败报警不一定是未点燃，有可能是感温器损坏或变送器损坏。

答案：√

330. 火炬点火系统分为地面爆燃点火和高空自动点火，正常状态均打至手动状态。

答案：×

正确答案：火炬点火系统分为地面爆燃点火和高空自动点火，正常状态下高空点火在自动状态。

331. 火炬长明灯点火燃料气只能由燃料气系统供应，因此需 BOG 压缩机投用后才能对长明灯进行点火。

答案：×

正确答案：长明灯燃料气分为两种：LPG 钢瓶、燃料气系统的天然气。

332. 火炬长明灯熄灭后，可采用高空点火或地面点火等方式将其点燃。

答案：√

333. 在点火过程中，只要是火炬长明灯未点燃，就一直按压点火按钮。

答案：×

正确答案：在点火过程中，不能长时间按压点火按钮，易造成点火电极损坏。

334. 火炬密封气体阻止空气倒流进入火炬筒体内，确保在放空时不会发生爆炸。

答案：√

335. 流体密封器在火炬头内部设置多层锥形折流挡板所形成的气体密封形式称为流体密封。

答案：√

336. 氮气及仪表风均可用作火炬筒密封。

答案：×

正确答案：仪表风不可作为火炬筒密封，因为含氧气。

337. 投产前对卸料管线进行液氮预冷可以检验施工质量，但无法减少首船调试气在港时间。

答案：×

正确答案：卸料总管预冷至低温，减少卸料总管预冷填充时间，可以减少首船调试气在港时间。

338. 卸船管道每隔 100 米设置温度检测，在液氮预冷卸船管道时应时刻监控各测温点的温降速率。

答案：√

339. 排凝罐排凝回储罐时，贫液进下进液，富液进上进液。

答案：×

正确答案：排凝回储罐只能进入上进液。

340. 储罐氮气置换管线出气口在储罐底，只用于储罐干燥置换，储罐投产后该管线停用。

答案：√

341. BOG 通过储罐 BOG 管线既可以进罐也可以出罐。

答案：√

342. LNG 储罐只能采用船上 BOG 预冷。

答案：×

正确答案：储罐预冷方式采用 LNG 喷淋预冷。

343. 储罐预冷时 LNG 从储罐上部向下喷淋。

答案：√

344. LNG 储罐的底部和罐体上设有若干测温点，可监测预冷操作和正常操作时罐内的温度。

答案：√

345. 对于 *DN*50 以下的小管线，可通过缓慢打开阀门、控制管线放空阀门等方法控制进液速度，控制管线温降速度。

答案：√

346. 管道预冷过程中主要检查主管线的位移，无须检查支管线。

答案：×

正确答案：管道预冷过程中检查主管线的位移，也需要检查支管线位移、有无碰撞。

347. 管道预冷速度过慢时，可缓慢开大进料阀的开度，增大 LNG 进料速度。

答案：√

348. 装置开车时，不同步投用的系统无须进行隔离，不会产生相互影响。

答案：×

正确答案：装置开车时，不同步投用的系统需进行隔离，防止物料进入未投用装置引发事故。

349. 管道外侧保冷、防腐维修可不进行系统隔离。

答案：√

350. 关闭码头根部卸料总管紧急切断阀和气相返回线紧急切断阀可隔离码头卸料区域。

答案：×

正确答案：还需关闭码头保冷循环紧急切断阀。

351. 管线上有球阀和截止阀，优先选用截止阀隔离。

答案：×

正确答案：管线上有球阀和截止阀，优先选择球阀隔离。

352. 通过球阀隔离后物料仍有可能存在内漏，无法实现物料完全隔离。

答案：√

353. LNG 接收站所有盲板均需选用不锈钢材质。

答案：×

正确答案：低温不锈钢材质管道、设备盲板采用不锈钢材质，常温碳钢管线盲板采用碳钢材质。

354. 为便于检修，LNG 低温管线、设备盲板均采用 8 字盲板。

答案：×

正确答案：为便于检修，LNG 低温管线、设备盲板均采用插板 + 垫环形式。

355. 盲板的压力等级需与管道压力等级相同。

答案：√

356. “PIR + 泡沫玻璃”硬质保冷结构由于外部有金属外护层，因此无须设置主防潮层。

答案：×

正确答案：“PIR + 泡沫玻璃”硬质保冷材料最外层虽有金属外护层，仍需设置主防潮层防止水汽进入。

357. 二烯烃弹性体发泡材料 + 丁腈橡胶发泡材料保冷结构无须设置防潮层。

答案：√

358. 为避免投料后管道收缩导致保冷层破坏，水平管段和垂直管段均需设置伸缩缝，设置要求均为 6m 长度内设置伸缩缝。

答案：×

正确答案：水平管段 6m 长度内需设置伸缩缝，垂直管段 3.6m 长度内需设置伸缩缝。

359. 泡沫玻璃的使用温度范围比 PIR 大，导热系数比 PIR 小。

答案：×

正确答案：泡沫玻璃的使用温度范围比 PIR 大，导热系数比 PIR 大。

360. 全容式 LNG 储罐吊顶上保冷材料通常使用玻璃纤维毡。

答案：√

361. PIR 与二烯烃弹性体发泡材料的可燃性相同，都为不燃材料。

答案：×

正确答案：PIR 与二烯烃弹性体发泡材料的可燃性相同，都为难燃材料。

362. 只要管道保冷外护层不结冰，管道就不漏冷。

答案：×

正确答案：管道保冷结露、表面温度超标等也是漏冷。

363. 管道保冷在管托、弯头、仪表等部位容易出现漏冷结冰情况。

答案：√

364. LNG 管道投料后弯头处容易出现结冰的原因可能是拼接缝较多，各层接缝形成冷桥。

答案：√

365. 当螺杆式空气压缩机紧急停车后，再次启动时，只能采取就地启动方式。

答案：√

366. 螺杆式空气压缩机停机时直接按急停按钮。

答案：×

正确答案：螺杆式空气压缩机停机时按停机按钮。

367. 螺杆式空气压缩机控制面板内的数据不允许任何人进行私自修改。

答案：√

368. 往复式压缩机开车前需要进行盘车。

答案：√

369. 冬季气温低，启动往复式压缩机前不需要投用冷却水系统。

答案：×

正确答案：冬季气温低，启动往复式压缩机前需要投用冷却水系统。

370. 往复式压缩机启动前必须启动润滑油泵，冬季气温低时还要启动润滑油电加热器。

答案：√

371. LNG 接收站通过往复式空气压缩机为净化压缩空气储罐充压。

答案：√

372. 净化压缩空气储罐的作用是储存压缩空气，当螺杆式空气压缩机故障，仪表风管网压力下降时为仪表风管网提供仪表空气。

答案：√

373. 净化压缩空气储罐容积最少按照仪表风管网 1h 用气量设计。

答案：×

正确答案：净化压缩空气储罐容积按照仪表风管网 0.5h 用气量设计。

374. 微热再生干燥器两塔在切换前应充分均压，输出气流平稳，无压力波动。

答案：√

375. 微热再生干燥器输出气体品质与入口气体流量、温度、压力以及环境温度有密切关系。

答案：√

376. 微热再生干燥器入口气体流量不得大于干燥器额定处理气量，入口气体温度越高，输出气体越干燥。

答案：×

正确答案：微热再生干燥器入口气体流量不得大于干燥器额定处理气量，入口气体温度越低，输出气体越干燥。

377. PSA 制氮系统通过氧分析仪在线分析产品气中的氧含量，当氧含量超过设定值 2% 时，发生氧含量高报警，并联锁 PSA 系统停机。

答案：×

正确答案：PSA 制氮系统通过氧分析仪在线分析产品气中的氧含量，当氧含量超过设定值 2% 时，发生氧含量高报警，并通过消音器排大气。

378. 冷干机露点温度高于设定值后，才能向系统供应原料空气，从而保证初始阶段进入 PSA 装置的空气露点温度就是合格的。

答案：×

正确答案：冷干机温度低于设定值后，才能向系统供应原料空气，从而保证初始阶段进入 PSA 装置的空气露点温度就是合格的。

379. PSA 制氮装置启动后程控阀按事先编制的时序开启和关闭，自动完成 PSA 过程的吸附、均压和解吸等过程。

答案：√

380. 一体化污水处理装置包含初沉池、好氧接触氧化池、沉淀池、出水池。

答案：√

381. 生产污水调节罐中的污水经生产污水管道，重力流入一体化气浮设施。

答案：√

382. 污水处理厂监测池中检测不合格的污水经生产污水提升泵返回生产污水调节罐进行重新处理。

答案：×

正确答案：污水处理厂监测池中检测不合格的污水经达标水提升泵返回生产污水调节罐进行重新处理。

383. SD 是水环境研究治理中对悬浮物的简称，悬浮物指悬浮在水中的固体物质。

答案：×

正确答案：SS 是水环境研究治理中对悬浮物的简称，悬浮物指悬浮在水中的固体物质。

384. COD 是化学耗氧量的简称，是利用化学氧化剂(如高锰酸钾)将水中可氧化物质氧化分解，然后根据残留的氧化剂的量计算出氧的消耗量。其值越小，说明水质污染程度越轻。

答案：√

385. 废水中的 COD 是能够完全降解的，因此可以完全使用检测 COD 来代替检测 BOD。

答案：×

正确答案：废水中的 COD 是能够完全降解的，不可以完全使用检测 COD 来代替检测 BOD。

386. 全自动软化水器运行前人工进行一次正洗、再生、冲洗过程后方可进入正常运行。

答案：×

正确答案：全自动软化水器运行前人工进行一次冲洗、再生、正洗过程后方可进入正常运行。

387. 活性炭过滤器在开始运行前必须进行一次手动操作，排净滤料中的污水。

答案：√

388. 活性炭过滤器的运行由 PLC 控制柜控制运行，当过滤器出口流量达到一定值时设备自动反洗。

答案：×

正确答案：活性炭过滤器的运行由 PLC 控制柜控制运行，当过滤器压差达到一定值时设备自动反洗。

389. 氯作为杀生剂使用其毒性较高。

答案：×

正确答案：氯作为杀生剂使用其毒性较低。

390. 在 LNG 接收站，海水中加氯的作用是净化海水。

答案：×

正确答案：在 LNG 接收站，海水中加氯的作用是灭杀海生物。

391. 在 LNG 接收站，海水中加氯的作用是杀灭海生物，防止海生物附着在海水设备上。

答案：√

392. 增大海水电解氯装置运行电流可以减缓电解槽结垢。

答案：×

正确答案：降低海水电解氯装置运行电流可以减缓电解槽结垢。

393. 整流器启动后为节省时间可迅速加载至预加载电流。

答案：×

正确答案：整流器启动后应缓慢加载至预加载电流。

394. 制氯装置一般通过集中控制系统 PLC 自动运行（酸洗操作通过就地控制箱进行）。当自动控制失效后，设备可以就地进行人工控制。

答案：√

395. 如果未能定期清理掉制氯电解池水垢，电极的使用寿命不会显著降低。

答案：×

正确答案：如果未能定期清理掉制氯电解池水垢，电极的使用寿命会显著降低。

396. 电解槽结垢严重时，无论怎么调节电流，余氯的含量基本不变。

答案：√

397. 海水电解氯系统酸洗的目的是清除阳极板上的钙和镁沉淀物，防止因钙和镁沉淀物增加能耗甚至损坏极板。

答案：×

正确答案：海水电解氯系统酸洗的目的是清除阴极板上的钙和镁沉淀物，防止因钙和镁沉淀物增加能耗甚至损坏极板。

398. 电解槽酸洗使用的酸是酸罐里的 30% 的盐酸。

答案：×

正确答案：电解槽酸洗使用的酸是酸洗箱内配置好的 8% ~10% 盐酸。

399. 酸洗结束后电解槽内的酸液利用酸洗泵将电解槽剩余酸洗液抽回至酸洗箱，废酸排至中和池内，加碱中和排出。

答案：√

400. 酸洗时首先要进行配酸操作，将新鲜水和浓酸按 3：1 的比例注入酸洗罐内，配制成 8% ~10% 的酸液。

答案：√

401. 海水泵正常运行时呼吸阀处会有海水溢出。

答案：×

正确答案：海水泵启动时呼吸阀处会有海水溢出，正常运行时呼吸阀处没有海水溢出。

402. 海水泵出口装有液控微阻缓闭止回阀与海水泵电机联锁，在海水泵启动时该阀缓慢打开至全开。

答案：√

403. 海水泵出口电动蝶阀在正常运行开启，在停泵后处于关闭状态。

答案：×

正确答案：海水泵出口电动蝶阀停机后处于开启状态。

404. 旋转滤网冲洗泵有两台，一用一备，当一台故障时另一台可以自动启动。

答案：√

405. 旋转滤网启动都是自动控制的，平时就算滤网上垃圾较多时也不需要手动操作启动。

答案：×

正确答案：旋转滤网启动都是自动控制的，平时滤网上垃圾较多时需要手动操作启动。

406. 旋转滤网启动方法有两种，手动启动时一般采用低速方法启动。

答案：√

407. 接收站清污机采用就地手动和远程自动两种控制方式。

答案：√

408. 清污机自动运行时，通过拦污栅孔口处安装的限位开关确定停止位置。

答案：√

409. 清污机耙斗与拦污栅配合要协调准确，耙斗在栅面上工作时，两者之间的间隙无须均匀，误差不超过 ±3cm。

答案：×

正确答案：清污机耙斗与拦污栅配合要协调准确，耙斗在栅面上工作时，两者之间的间隙要均匀，误差不超过 ±3mm。

410. 当消防管网压力下降至 0.65MPa 并持续 10 ~ 15s 时，中控室辅操台发出报警声，中控室按下辅操台火灾“确认”按钮后，联锁停止消防稳压泵，自动启动电动海水消防泵。

答案：√

411. 电动消防泵测试时通过中控 FGS 系统确认按钮启动电动海水消防泵。

答案：×

正确答案：电动消防泵测试时通过现场手动启动电动海水消防泵。

412. 电动消防泵启动前需保证排气阀处于关闭状态。

答案：×

正确答案：电动消防泵启动前需保证排气阀处于打开状态。

413. 柴油海水消防泵通过齿轮箱、联轴器与柴油发电机相连，柴油发电机由柴油发电机控制器控制其开停，从而实现消防泵的开停。

答案：√

414. 柴油海水消防泵每月进行一次测试，以检验其工作情况，测试的时间不少于10min。

答案：×

正确答案：柴油海水消防泵每月进行一次测试，以检验其工作情况，测试的时间不少于30min。

415. 柴油海水消防泵启动前需手动启动泵管电加热器和柴油冷却水加热器。

答案：×

正确答案：气温低时，柴油海水消防泵启动前需手动启动泵管电加热器和柴油冷却水加热器。

416. 液氮罐充装液氮时要吹扫充装接头。

答案：√

417. 液氮罐中的液氮是通过罐内泵送至空浴式气化器中的。

答案：×

正确答案：液氮罐中的液氮是通过罐压送至空浴式气化器中的。

418. 当液氮储罐压力降低时，可以通过自带的小型气化器进行汽化使压力升高。

答案：√

419. 锅炉启动前需将锅炉的进水和出水阀门打开，打开各采暖区域的进水和回水阀，然后打开软化水到采暖水补水的管线阀门，对整个系统进行充水。

答案：√

420. 锅炉启动前必须投用蒸汽换热器及蒸汽凝结水换热器。

答案：×

正确答案：锅炉启动前无须投用蒸汽换热器及蒸汽凝结水换热器。

421. 按下锅炉现场控制柜上启动按钮后，首先启动风机对锅炉内部进行吹扫，以排除烟道和炉膛内积存的可燃气体。

答案：√

422. 登船梯在船侧放置好后应设置为自由浮动模式，以防船舶位移造成登船梯损坏。

答案：√

423. 登船梯只能通过就地控制面板控制。

答案：×

正确答案：也可以用遥控器控制。

424. 登船梯需要把油泵关闭才可以设为自由浮动模式。

答案：√

425. 为避免卸料臂双球阀误动作脱开，卸料期间双球阀间安全夹不可拆下。

答案：×

正确答案：为避免卸料臂双球阀误动作脱开，卸料臂操作期间双球阀间安全夹不可拆下，卸料前需拆下。

426. 当快速连接接头连接完成后，应立刻放下快速接头两边千斤顶支撑架，拧紧螺栓固定。

答案：√

427. 将液压阀柜外的球阀打到“解锁”位置，外臂解锁。

答案：√

428. 卸料臂液压油系统有两台由电动机驱动的液压油泵，一用一备。

答案：√

429. 卸料臂液压系统有蓄能器，蓄能器的作用是储存多余的液压油。

答案：×

正确答案：蓄能器的作用是维持液压油压力，在紧急情况下可实现将卸料臂从船方自动收回。

430. 码头卸料臂外臂通过机械锁定，内臂通过液压锁定。

答案：×

正确答案：卸料臂内臂通过机械锁定，外臂通过液压锁定。

431. 卸料前 LNG 卸料臂通过船方 BOG 进行预冷。

答案：×

正确答案：通过船方集管预冷管线小流量 LNG 对卸料臂进行预冷。

432. 预冷过程中通过调节预冷管线阀门开度使各条卸料臂温降速度相当，避免卸料臂预冷完成时间相差较大。

答案：√

433. 卸料臂预冷结束后应确认高点放空阀，卸料臂 XV 阀 OB－02 及至 BOG 管网阀门关闭。

答案：√

434. 为避免 ESD 测试时影响低压总管压力，码头 ESD 测试前应先停止码头保冷循环。

答案：√

435. 卸料臂发生 ESD 引起双球阀关闭和切断阀关闭会导致气体返回臂压力上升。

答案：√

436. 热态 ESD 测试和冷态 ESD 测试前需打开的阀门相同。

答案：×

正确答案：热态 ESD 和冷态 ESD 测试需打开的阀门不完全一致，如热态 ESD 打开卸料臂排凝阀保持切断阀关闭，而冷态 ESD 测试需打开卸料臂切断阀。

437. 卸料臂排凝分船侧排凝和岸侧排凝，船侧排凝时需关闭上球阀。

答案：×

正确答案：船侧排凝时保持双球阀打开状态。

438. 船侧排凝及岸侧排凝时 LNG 均排至排凝罐。

答案：×

正确答案：岸侧排凝时 LNG 排至码头排凝罐，船侧排凝时 LNG 排至船方 LNG 管线。

439. 码头排凝罐排凝操作时，打开注氮阀对排凝罐升压前应关闭排凝罐 BOG 管线切断阀。

答案：√

440. LNG 船系缆完成后可进行登船梯放置、船岸通信连接作业。

答案：√

441. 卸前计量可在卸料臂预冷之后进行，只要在加速卸料开始前即可。

答案：×

正确答案：因卸料臂预冷使用船方 LNG，卸前计量必须在卸料臂预冷前进行。

442. 卸料前卸料臂氮气置换与卸料完成后卸料臂氮气置换的目的相同，检测的指标相同。

答案：×

正确答案：卸料前后，卸料臂氮气置换的目的不同，指标也不同；卸料前置换管内的空气，卸料后置换管内的可燃气。

443. LNG 储罐上进液卸料时 BOG 产生量大于下进液时 BOG 产生量。

答案：√

444. 储罐进料时，当船舱 LNG 密度小于罐内 LNG 密度时，必须从顶部进料。

答案：×

正确答案：储罐进料时，当船舱 LNG 密度小于罐内 LNG 密度时，采用从底部进料。

445. 储罐进料方式之所以从底部和顶部选择是因为 LNG 的温度不同。

答案：×

正确答案：因为 LNG 的密度不同。

446. 卸船期间船方船舱无须岸方 BOG 补压。

答案：×

正确答案：卸船时船舱压力降低，需岸方 BOG 平衡舱压。

447. 船舱压力高时与岸方沟通后可通过气相管线泄压至岸方 BOG 系统。

答案：√

448. 岸方可通过气相返回管线压力控制阀开度控制返船 BOG 流量。

答案：√

449. 码头保冷循环 LNG 流量的大小取决于 LNG 卸料总管温升范围的要求。

答案：√

450. 卸料结束后及时建立码头保冷循环。

答案：√

451. 为减少因卸料管线循环产生的 BOG，可以尽量增大保冷循环 LNG 流量。

答案：×

正确答案：为减少因卸料管线循环产生的 BOG，在满足设计温升的基础上减少保冷循环 LNG 流量。

452. 码头辅助靠泊电子系统包括激光辅助靠泊系统、环境监测子系统、缆绳张力监测系统、船岸专用通信连接系统。

答案：√

453. 环境监测子系统通过现场感应器感应即时环境条件，包括风向、风速、温度、湿度、能见度、海流、海浪、潮汐，并传输到码头控制室。

答案：√

454. LNG 船舶停靠在码头岸边后，利用船岸光纤和电缆连接系统可将 DCS 数据提供给船舶，用于指导船舶安全作业。

答案：×

正确答案：DCS 数据不传输至船上。

455. 快速脱缆钩负载张力监测系统的核心元件为应力测量销，它是一种压力传感器，安装于快速脱缆钩上，通过传输线路将压力信号传输到就地的控制箱内。

答案：√

456. 快速脱缆钩可现场手动脱缆，也可在码头控制室远程脱缆，且远程脱缆优先。

答案：×

正确答案：现场手动脱缆优先。

457. 当快速脱缆钩处于紧缩位置时，在通常或紧急情况下，需要脱钩时，只要推动释放机构上的小推杆，则其中一凸轮块就推动和滚轮架处于同一固定轴上的凸轮块，从而使滚轮架从锁紧舌的上方让开，这时紧缩套在一弹簧的拉力下迅速翻转，插在锁紧套中的脱缆钩端部迅速上翘，这样脱缆钩在缆绳的拉力下就实现了脱缆。

答案：√

458. LNG 储罐 LTD 一体化监测系统只有自动一种操作模式。

答案：×

正确答案：LNG 储罐 LTD 一体化监测系统有手动和自动两种模式。

459. LNG 储罐 LTD 一体化测量仪表，根据指令跟踪液位或到达指定液位，进行数据采集分析，可检测整个储罐温度、密度分布，为预知储罐产生分层和翻滚提供基础数据。

答案：√

460. LNG 储罐上的所有仪表都必须是冗余的，而且必须采用先进、可靠的设备和系统。

答案：√

461. 储罐进料管线倒空置换过程中，可通过进料管线压力情况判断 LNG 是否排净。

答案：√

462. 在接收站正常运行过程中需要经常对储罐进料管线进行倒空置换。

答案：×

正确答案：只有在 BOR 测试等特殊工况下才会有倒空操作。

463. 储罐进料管线倒空时由罐顶注氮，通过罐前平台进料管线底部排凝线排至储罐。

答案：√

464. 储罐进料管线预冷、填充时，根据管道温度和压力结合判断管道填充高度。

答案：√

465. 储罐进料管线预冷利用进料管线切断阀 OB－02 截止阀。

答案：√

466. 储罐进料管线无须预冷可直接进料。

答案：×

正确答案：储罐进料管线必须预冷后才可进料。

467. 同一储罐罐内泵出口并联，只能通过泵回流阀开度调整各台泵流量，避免偏流。

答案：×

正确答案：通过泵出口手动调节阀调整避免偏流。

468. 启动罐内泵时回流阀的输入值大于规定值，可满足泵启动联锁中回流阀开度条件。

答案：×

正确答案：启动罐内泵时回流阀开度回讯值大于规定值，可满足泵启动联锁中回流阀开度条件。

469. 罐内泵停泵后流程为放空阀打开，回流阀全关，出口阀全关。

答案：√

470. 当储罐压力较高时，罐内泵回流选择上进液进入储罐。

答案：×

正确答案：当储罐压力较高时，罐内泵回流选择下进液进入储罐。

471. 罐内 LNG 出现分层时，通过罐内泵回流线经上进液回罐，使罐内 LNG 密度均匀，消除分层。

答案：√

472. 罐内泵回流阀开度达到规定值以上是罐内泵启动联锁条件之一。

答案：√

473. 罐内泵泵筒置换时通过泵筒放空线排放气体。

答案：√

474. 泵筒放空线主要用于罐内泵停泵时卸放泵出口压力。

答案：×

正确答案：罐内泵停泵时主要通过回流管线泄压。

475. 罐内泵在停运状态，泵筒放空阀是关闭的。

答案：×

正确答案：罐内泵在停运状态，泵筒放空阀是打开的。

476. 当高压泵启泵时低压总管的压力会上升。

答案：×

正确答案：当高压泵启泵时低压总管的压力会下降。

477. 进入低压总管的 LNG 与流出低压总管的 LNG 平衡时，低压总管压力保持稳定。

答案：√

478. 罐车按运输方式可以分为铁路运输罐车和公路运输罐车两大类。

答案：√

479. LNG 槽车罐体是由一个碳钢真空外筒和一个与其同心的奥氏体不锈钢制内筒组成，内外筒之间为常压，添加足量保温材料。

答案：×

正确答案：内外筒之间需要抽真空。

480. 罐体后部设置有操作室，操作阀门和仪表一般都布置在操作室中。主要包括增压减压系统、安全系统、仪表监测系统、抽真空及测量系统、紧急控制系统。

答案：√

481. 通过调整流量控制阀控制参数可能会降低槽车装车撬充装过程中流量控制阀的振动。

答案：√

482. 在 LNG 灌装的期间，无须随时注意槽车罐内液体的压力与液位，并始终与中控保持联系。

答案：×

正确答案：在 LNG 灌装的期间，要随时注意槽车罐内液体的压力与液位，并始终与中控保持联系。

483. 在 LNG 槽车装载的初始阶段，流量调节阀会开至只允许大约正常流速的 90% 的位置，进行装车臂、管线和槽车等的冷却。

答案：×

正确答案：在 LNG 槽车装载的初始阶段，流量调节阀会开至只允许大约正常流速的 10% 的位置，进行装车臂、管线和槽车等的冷却。

484. TMS 控制系统上的装车预设量计算错误可能会导致液化天然气槽车超装。

答案：√

485. 液化天然气槽车充装控制系统中地磅控制系统包括地磅、地磅控制器、充装状态监控系统 3 部分。

答案：×

正确答案：液化天然气槽车充装控制系统中地磅控制系统包括地磅和地磅控制器两部分。

486. 在整个装车过程中，一旦现场操作人员发现有不宜继续装车的情况出现，可以按下现场 ESD 按钮或者批量控制器上的红色“STOP”按钮中途停止装车。

答案：√

487. 通过调整流量控制阀控制参数可能会降低槽车装车撬充装过程中流量控制阀的振动。

答案：√

488. 控制系统上的装车预设量计算错误不会导致液化天然气槽车超装。

答案：×

正确答案：控制系统上的装车预设量计算错误可能会导致液化天然气槽车超装。

489. 凝液罐排凝操作时可一人操作。

答案：×

正确答案：必须两人操作。

490. 两台凝液罐要时刻保持一用一备。

答案：√

491. 排凝操作时，应先打开注氮阀，再关闭放空阀。

答案：×

正确答案：应先关闭放空阀，再打开注氮阀。

492. 槽车驶入待装区，检查其计划单、车辆证件、年检资料、罐体及安全附件、罐体压力等，不符合要求者可以提供该物流单位证明文件后，入场充装。

答案：×

正确答案：不符合要求者一律拒绝入场充装。

493. 检查合格后填写槽车安检单，将电子产品及打火机放至保安处。

答案：√

494. 由检查人员检查槽车压力、液位、罐体及相关安全附件，司押人员可不必同行确认。

答案：×

正确答案：由检查人员检查槽车压力、液位、罐体及相关安全附件，司押人员必须同行确认。

495. 槽车到达指定撬位时，操作人员及押运员要在该撬位对面引导车辆。

答案：×

正确答案：应在该撬位同侧进行引导。

496. 根据密封功能划分，旋转接头的密封分为主密封和次密封。

答案：√

497. 在连接装车臂时，充装人员可以指挥司押人员连接。

答案：×

正确答案：根据充装界面要求，装车臂必须由充装人员来操作。

498. 槽车装车后吹扫的目的是置换装车臂及装车管路内的空气。

答案：×

正确答案：槽车装车前吹扫的目的是置换装车臂及装车管路内的空气，槽车装车后吹扫的目的是置换装车臂及装车管路内的 BOG。

499. 在进行 LNG 槽车充装操作前，必须对液相管线进行氮气吹扫，而气相管线无必须吹扫的要求。

答案：×

正确答案：在进行 LNG 槽车充装操作前，气相和液相管线均必须进行氮气置换吹扫。

500. 充装人员进行验漏、吹扫工作时，首先打开注氮阀，充装岗人员使用验漏液对法兰面进行验漏，合格后由槽车司机或押运员打开槽车放空阀并持续 5 秒以上。

答案：√

501. LNG 撬氮气吹扫，通过放空阀吹扫至放空管线或排凝管线。

答案：√

502. 装完车后氮气吹扫完液相臂后，气相臂在没有返气的情况下可以不吹扫。

答案：×

正确答案：装完车后氮气吹扫完液相臂后，气相臂在没有返气的情况下也需要吹扫。

503. 装完车后吹扫的顺序为先打开装车臂放空阀吹扫，然后再打开槽车上进液吹扫。

答案：×

正确答案：先打开氮气阀通过槽车上进液吹扫装车臂的残液，然后再通过放空阀吹扫装车臂内的剩余 NG 气体。

504. 在装车结束后，拆卸装车臂法兰时，现场操作人员应站在槽车放空口的下方进行监护。

答案：×

正确答案：不应站在法兰口正下方，避免司押人员进行介质放空时喷出残液。

505. 操作人员在连接装车臂时，如果操作失误将气、液相装车臂接反，会出现阀门正常打开，但批控器不走量，槽车不进液。

答案：√

506. 在连接装车臂时，应先连接液相臂，再连接气相臂。

答案：×

正确答案：应先连接气相臂，再连接液相臂。

507. 当槽车在充装过程中出现安全阀起跳事件，应打开槽车液相放空阀，尽快排气，防止超压。

答案：×

正确答案：应打开气相安全阀旁路。

508. LNG 装车撬多日未装车，可以直接进行装车。

答案：×

正确答案：需要小流量预冷，装车撬管线温度降到 −120℃以下。

509. 在充装过程中暂停，在重新启动时，可以直接按下批控器开始键。

答案：×

正确答案：需联系中控在 TMS 管理系统上点击“允许启动”。

510. LNG 槽车的液位计的排气阀是检测充装量的唯一标志，如果排气阀堵塞或者不畅，将使液位无法监控。

答案：√

511. 在冬季充装作业时，装车结束后，无须打开排凝阀；夏季充装结束后，则打开排凝阀。

答案：×

正确答案：在冬季充装作业时，装车结束后，也需要打开排凝阀。

512. 充装结束后，操作人员需要检查槽罐压力、充装量、槽罐液位并进行签字确认。

答案：√

513. LNG 槽车装车撬主要包括 LNG 装车橇座、批量控制器和一套装车管理系统。

答案：√

514. 若装车过程中出现现场暂停，若需继续充装可点击批控器界面中的允许启动，可恢复装车。如不需继续充装，则点击结束装车，批控器会自动转为空闲。

答案：√

515. 若装车过程中现场暂停，批控器的状态显示是急停状态时，需现场首先将急停状态消除变为暂停状态，才可允许启动，以保证正常装车。

答案：√

516. 高压泵启动是引起再冷凝器压力波动的原因之一。

答案：√

517. 高压泵启动前，要先启动一台低压泵，确保高压泵入口物料供应。

答案：√

518. 外输的同时最小回流线阀门全开会导致高压泵电流过大。

答案：√

519. 在正常操作中，高压泵最小流量回流管线只能返回到再冷凝器。

答案：×

正确答案：在正常操作中，高压泵最小流量回流管线返回到储罐，也可返回到再冷凝器。

520. 为保护高压泵，每个泵都设有最小流量控制回路，在启泵时要打开最小流量调节阀。

答案：√

521. 在正常操作条件下，高压泵最小流量调节阀打开。

答案：×

正确答案：在正常操作条件下，根据高压泵出口流量大小，判定最小流量调节阀是否需要打开。

522. 高压泵泵筒液位高于厂家给定值是高压泵远程启动必须的条件之一。

答案：√

523. 高压泵电缆的密封氮气压力要在设计给定值范围内是高压泵远程启动必须的条件之一。

答案：√

524. 只要高压泵入口饱和蒸汽压差高于规定值，就允许启动高压泵，与入口压力无关。

答案：×

正确答案：入口压力也要高于设定值。

525. 高压泵设置电机电流保护系统，过电流、欠电流都会联锁高压泵停车。

答案：√

526. 高压泵出口流量过大会导致电流过大。

答案：√

527. 高压泵运行时，出口阀和最小回流线阀可以同时关闭。

答案：×

正确答案：高压泵连续运行时，出口阀和最小回流线阀不可以同时关闭。

528. 停止高压泵时要先关闭出口阀门，再调节回流线阀门开度。

答案：×

正确答案：停止高压泵时，要先调节回流线阀门开度和气化器的流量，再关闭出口阀门。

529. 在投用 ORV 之前要用 LNG 对其入口管线进行充分预冷，然后再投用海水系统。

答案：×

正确答案：先投用海水后再预冷。

530. 开架式气化器引入 LNG 前必须检查相邻海水分布槽的海水高度差不超过限定值。

答案：√

531. 调节海水槽分布阀可以减小开架式海水气化器海水槽的振动。

答案：√

532. 海水经过 ORV 换热后则通过海水明渠直接排入大海，同时要求出入口海水的温差不超过 7℃。

答案：×

正确答案：不超过 5℃

533. 开架式海水气化器海水流量降低必造成出口温度过低。

答案：×

正确答案：海水流量降低可能造成出口温度降低，但不一定过低。

534. 当 SCV 出口的天然气温度过低时，可调节其入口 LNG 流量，以防止因为出口温度过低而导致气化器停车。

答案：√

535. SCV 开车前，ORV 已经投用并有外输气和燃料气产生，SCV 燃料气系统不需要做好进气准备。

答案：×

正确答案：SCV 燃料气系统需要做好进气准备。

536. 在启动 SCV 前，必须先完成 LNG 入口管线的预冷。

答案：×

正确答案：在启动 SCV 后，再对 LNG 入口管线的预冷。

537. SCV 燃烧器启动后，即可打开入口切断阀门，开始向 SCV 进料。

答案：×

正确答案：要预冷后。

538. 浸没燃烧式气化器出口天然气温度降低后可以减少燃料气的供应量来提高天然气的温度。

答案：×

正确答案：增加燃料气的供应量。

539. 浸没燃烧式气化器出口天然气温度降低最直接的原因是水浴的温度低。

答案：√

540. 中间介质气化器开车前需要首先进行预冷再打开海水管线。

答案：×

正确答案：需首先启用海水。

541. 中间介质气化器启动前预冷时间越久越好。

答案：×

正确答案：中间介质气化器启动前预温降速度合理控制，并不是时间越久越好。

542. 中间介质气化器预冷后需关闭旁路手阀。

答案：√

543. 切换开架式气化器时需停止高压泵后再进行。

答案：×

正确答案：切换开架式气化器时无须停止高压泵后再进行。

544. 开架式气化器切换时避免在会导致开架式气化器发生振动的低流量下长时间运行。

答案：√

545. 减小 LNG 流量可以消除由于 LNG 流量过大引起的开架式海水气化器翅片结冰现象，关小气化器入口流量调节阀可以减小 LNG 流量。

答案：√

546. ORV 在正常停机过程中，逐渐关小进口流量调节阀，同时减小海水流量，直至 LNG 与海水同时停止。

答案：×

正确答案：先停 LNG 一段时间后再停海水。

547. ORV 正常停机后，保持进口流量调节阀全关，不需要关闭进出口的切断阀。

答案：×

正确答案：需要关闭进口切断阀。

548. 浸没燃烧式气化器切换时，先将备用气化器燃烧器点燃，然后通入 LNG，要切换气化器的燃烧器熄火需要等到气化器内的 LNG 全部汽化。

答案：√

549. 浸没燃烧式气化器切换时，备用气化器的条件满足后，可以直接将需切换气化器的 LNG 调至备用气化器。

答案：√

550. 冬季 SCV 停机后，水浴温度会缓慢地降至环境温度。

答案：×

正确答案：水温降至设定温度后，水浴电加热器和循环水泵会自动运行。

551. SCV 燃烧器停止后，同时会停止 LNG 的进料，所以直接停燃烧器即可。

答案：×

正确答案：燃烧器熄火需要等到 SCV 内的 LNG 全部汽化并恢复到常温。

552. IFV 可以在冬季运行，不需要进行停机。

答案：×

正确答案：冬季海水温度较低，不能运行。

553. IFV 的海水管线需要在停机后要一直维持最小流量。

答案：×

正确答案：IFV 的海水管线需要在停机后不需要一直维持最小流量。

554. IFV 的停机操作可以在中控完成。

答案：√

555. 海水离心泵跳车会直接导致 ORV 跳车。

答案：×

正确答案：海水离心泵跳车后，因海水流量低间接导致 ORV 跳车。

556. ORV 入口 LNG 流量控制方案为：当 NG 出口温度高于出口管线温度控制器设定值时按照外输计量系统流量控制执行，反之按照 NG 出口温度控制器执行。

答案：√

557. ORV 的出口温度过低会导致气化器停车，联锁采取 3 选 2 逻辑。

答案：√

558. 海水温度过低会联锁 ORV 停车。

答案：×

正确答案：海水温度过低不会直接联锁 ORV 停车。

559. 海水流量过低会联锁 ORV 停车。

答案：√

560. SCV 出口温度过低会导致气化器停车。

答案：√

561. SCV 入口 LNG 流量控制方案为：当 NG 出口温度高于出口管线温度控制器设定值时按照外输计量系统流量控制执行，反之按照 NG 出口温度控制器执行。

答案：√

562. 浸没燃烧式气化器的出口温度过低会导致气化器停车。

答案：√

563. 浸没燃烧式气化器燃烧器故障停止运行，可能是因为水池水浴温度过高。

答案：√

564. 浸没燃烧式气化器冷却水系统故障不会造成气化器停车。

答案：×

正确答案：会造成气化器停车。

565. 浸没燃烧式气化器水浴的 pH 值报警不会引起故障停机。

答案：√

566. IFV 的丙烷参数不会造成停车。

答案：×

正确答案：丙烷腔压力会造成停车。

567. IFV 的海水管线流量越高越好。

答案：×

正确答案：海水管线应在额定流量运行，以避免管道振动

568. IFV 的丙烷压力随液相丙烷温度变化。

答案：√

569. 乙烷装车换热器可以在线进行切换而不影响其上下游装置的运行。

答案：√

570. 备用乙烷装车换热器的 LNG 和乙烷流程都需要保冷。

答案：×

正确答案：乙烷流程无保冷流程。

571. 乙烷经乙烷装车换热器换热后的温度是通过控制乙烷的进料量实现自动控制。

答案：×

正确答案：通过控制 LNG 的进料量实现自动控制。

572. LNG 经过乙烷装车换热器后直接去气化器汽化外输。

答案：√

573. SCV 循环水系统可为 pH 值检测提供检测样品。

答案：√

574. SCV 循环水系统的主要作用是使水浴加热均匀。

答案：×

正确答案：冷却燃烧器外层和火焰降温。

575. SCV 水浴温度低的时候，水浴电加热器和循环水泵都会启动，此时循环水系统的主要作用是使水浴升温并加热均匀。

答案：√

576. SCV 烟气在线检测的指标有 NO_x、CO、CO_2 含量。

答案：×

正确答案：NO_x、CO、O_2 含量。

577. SCV 烟气中的 NO_x 的含量大量增加，最可能原因是燃料气未充分燃烧。

答案：×

正确答案：火焰温度过高，高于 800℃。

578. SCV 烟气中的 CO 的含量大量增加，可能原因是空气流量减少，燃料气未充分燃烧。

答案：√

579. 由于 SCV 燃料气燃烧会形成碱性物质对气化器形成腐蚀。因此气化器还包括一套自动加药系统，定期为水浴加入酸液。

答案：×

正确答案：SCV 燃烧会形成酸性物质，要为水浴加入碱液。

580. SCV 完成切换后，停止的气化器的酸碱度就不用管了。

答案：×

正确答案：SCV 完成切换后，停止的气化器的酸碱度也要在操作范围内。

581. 当 SCV 正常运行时，SCV 将定时定量的自动加碱。

答案：×

正确答案：当 SCV 正常运行时，SCV 将根据水浴的 pH 值变化情况自动加碱。

582. SCV 碱罐液位低时，其自动加碱程序将继续进行。

答案：√

583. 排凝罐排凝操作过程中，其 BOG 排气阀门要关闭。

答案：√

584. 现场对排凝罐注氮升压时，要确保排凝罐压力表一直在操作员视线内。

答案：√

585. 一般情况下，高压外输系统排凝罐凝液收集入口阀门要保持关闭，避免排凝罐突然进低温 LNG，造成罐体低温变形。

答案：×

正确答案：一般情况下，凝液收集入口阀门要保持打开，随时接收凝液。

586. 外输计量主管线压力低低会联锁气化器出口管线紧急切断阀，不会联锁气化器出口至电加热器管线紧急切断阀。

答案：×

正确答案：不会联锁气化器出口管线紧急切断阀。

587. 计量撬实际使用时，其最大允许测量数值不高于流量计最大测量范围的 80%。

答案：×

正确答案：90%。

588. 计量撬切换时要先投用备用计量撬，确认备用撬运行正常再停用原计量撬。

答案：√

589. 快开盲板打开前要对发球筒进行氮气置换，并泄压至常压。

答案：√

590. 在向发球筒内放置清管器时，清管器要尽量放置在离快开盲板近的位置。

答案：×

正确答案：放入发球筒中偏心大小头处并压紧。

591. 在发球作业时，如果通球指示器已经检测到清管器通过，则不必再打开快开盲板检查。

答案：×

正确答案：仍然要检查清管器是否已经发出，并检查发球筒内部情况。

592. BOG 减温器是一种管壳式换热器，为了给 BOG 降温。

答案：×

正确答案：BOG 减温器是一种静态混合器

593. 减温器是为了对 BOG 压缩机入口的 BOG 降温，冷源来自低压汇管的 LNG。

答案：√

594. 减温器是一种混合式换热器，通过向流经减温器的 BOG 喷洒低温 LNG 对 BOG 进行降温，同时大多数 LNG 被汽化。

答案：√

595. BOG 压缩机开车前不需要进行盘车。

答案：×

正确答案：需要盘车。

596. 由于 BOG 压缩机启动时工作状态不稳定，可以将 BOG 压缩机相关的启机条件和联锁信号打到旁路或屏蔽。

答案：×

正确答案：不可以打到旁路或屏蔽

597. BOG 压缩机启机时，回流管线阀门要打开，并且回流控制阀关闭前不宜提高压缩机的负荷。

答案：√

598. BOG 压缩机停机时，先缓慢打开回流管线阀门，然后再降低压缩机的负荷。

答案：×

正确答案：先降低压缩机的负荷

599. BOG 压缩机在启/停操作时，都会对再冷凝器和 BOG 外输有影响，操作人员要时刻注意相关工艺数据，如有异常可以暂停 BOG 压缩机的启停操作。

答案：√

600. 地面火炬系统可以直接大量放空。

答案：×

正确答案：必须小量缓慢增大放空量。

601. 地面火炬系统采用分级放空，并联运行。

答案：√

602. 地面火炬系统启动前不需要投用氮气。

答案：×

正确答案：投用前必须先投用氮气。

603. 设计规定，BOG 压缩机自动运行状态下，储罐压力升高至规定值，低温 BOG 压缩机负荷会自动增加。

答案：√

604. BOG 压缩机负荷器的工作原理是：当负荷控制器开通膜头气源时，使吸气阀常开，活塞压缩作用后，只能把气体压回入口侧；当负荷控制器关闭膜头气源时，吸气阀恢复自由状态，气缸中的气体就能被压缩至出口侧。

答案：√

605. BOG 压缩机负荷自动调节时，若储罐的压力逐渐降低至一定数值 BOG 压缩机负荷会自动降低。

答案：√

606. 高压泵启/停可引起再冷凝器压力波动。

答案：√

607. 再冷凝器的操作液位过高，则通过调节外输线引来的天然气管线阀门开度降低液位，维持其液位稳定。

答案：√

608. 在操作再冷凝器时，主要是对再冷凝器的压力和温度进行控制。

答案：×

正确答案：对压力和液位进行控制。

609. 若提高 BOG 压缩机出口压力，再冷凝所需要的物料比逐渐减小，即液化一定量的 BOG 所需要的低压 LNG 流量增加，但总功耗增加。

答案：×

正确答案：液化一定量的 BOG 所需要的低压 LNG 流量减小。

610. BOG 系统的压力信号可以作为控制 BOG 压缩机的条件，当储罐压力下降后，会先停 BOG 压缩机，再打开高压补气阀。

答案：√

611. BOG 系统压力发生低低联锁，会导致 BOG 压缩机系统联锁。

答案：√

612. LNG 储罐卸料期间切换储罐进料时，BOG 汇管的压力将上升得更快。

答案：√

613. 在减速卸料阶段，船方会根据船舱压力变化情况，适当关小 BOG 管线上的调节阀，控制返气速度。

答案：√

614. LNG 储罐的 BOG 压力控制通常以表压为基准，BOG 压力泄放保护设施采用绝压为基准。

答案：×

正确答案：由于外界大气压变化对 LNG 储罐内的压力影响很大，因此储罐的压力控制通常以绝压为基准，压力泄放保护设施采用表压为基准。

615. BOG 冷换器是一种管壳式换热器，冷媒 LNG 走管程、热媒 BOG 走壳程。

答案：√

616. BOG 冷换器可以降低 BOG 压缩机入口温度，提高 BOG 处理的效率。

答案：×

正确答案：BOG 减温器可以降低 BOG 压缩机入口温度，提高 BOG 处理的效率

617. BOG 冷换器工作原理是：通过控制 LNG 进入 BOG 冷换器的量，来控制 BOG 换热后的温度。

答案：√

618. BOG 冷换器的冷媒是高压 LNG，来自高压泵出口，换热后的 LNG 通过零输出返回线回到储罐。

答案：×

正确答案：换热后的 LNG 进入气化器

619. 布克哈德 BOG 压缩机启动后，运行一定时间，若油压正常辅油泵会自动停止。

答案：√

620. BOG 压缩机润滑油温度低时，要手动启动润滑油加热器对润滑油加热。

答案：×

正确答案：润滑油加热器自动启动

621. BOG 压缩机冷却水系统在新添加冷却水后未排气会导致冷却水系统压力异常波动。

答案：√

622. BOG 压缩机冷却水罐氮气压力低可能会导致冷却水系统压力低。

答案：√

623. BOG 压缩机润滑油系统的压力低低联锁不会导致 BOG 压缩机辅油泵停。

答案：√

624. 如果燃料气系统压力调节阀故障无法全关，会因燃料气系统压力高引起入口紧急切断阀关闭。

答案：√

625. 一台燃料气加热器出口温度过低时，会联锁停止该加热器，同时备用电加热器会自动启动。

答案：√

626. 当燃料气系统由高压 NG 供应时，由于高压 NG 温度较高，可以不启动燃料气加热器进行加热。

答案：×

正确答案：高压 NG 要降压使用，温度会降低，需要启动燃料气加热器进行加热。

627. 冷火炬检修时，要先将冷火炬置换合格，再切换至备用火炬。

答案：×

正确答案：先切换至备用火炬，再将冷火炬置换。

628. 在正常操作中，为了防止火炬放空，造成损失，可以将去火炬 BOG 管道上的压力调节阀手动关闭。

答案：×

正确答案：去火炬 BOG 管道上的压力调节阀要自动状态。

629. 在火炬长明灯点火时，高空点火与地面点火时的空燃比调节方法是一样的。

答案：×

正确答案：高空点火不需要空燃混合。

630. 接收站的冷/热火炬材质和结构相同，在任何情况下都可以互为备用。

答案：×

正确答案：热火炬有混合轻烃排放时，不可与低温 BOG 混用。

631. BOG 气经压缩机加压后，可再冷凝，可外输，可作为燃料气使用。

答案：√

632. 直接对 BOG 升压外输比通过将 BOG 再冷凝后加压汽化外输更节能。

答案：×

正确答案：直接对 BOG 升压外输比通过将 BOG 再冷凝后加压汽化外输更耗能。

633. 如果接收站 BOG 无法回收处理，BOG 管网压力会持续升高，当压力升高到一定程度，可通过火炬排放燃烧掉多余的 BOG。

答案：√

634. LNG 储罐翻滚发生前，BOG 的量异常增多，储罐压力升高。

答案：×

正确答案：LNG 储罐翻滚发生前，BOG 的量异常减少。

635. 轻烃回收装置闪蒸罐液位过高的后果之一是闪蒸罐无闪蒸空间，甲烷不能实现初步分离，造成脱甲烷塔负荷增大。

答案：√

636. 轻烃回收装置闪蒸罐压力过高与轻烃回收装置进料温度无关。

答案：×

正确答案：有关。

637. 轻烃回收装置闪蒸罐压力升高，其压力控制阀阀门开度将开大。

答案：√

638. 轻烃回收装置脱甲烷塔灵敏板温度过低可能造成塔釜液中甲烷不能完全分离，将影响乙烷产品质量。

答案：√

639. 轻烃回收装置脱甲烷塔灵敏板温度不受重沸器入口蒸汽流量影响。

答案：×

正确答案：灵敏板温度受重沸器入口蒸汽流量影响。

640. 轻烃回收装置脱甲烷塔各塔板中对塔的进料组成变化、塔顶回流波动等干扰反应最快的是进料板温度。

答案：×

正确答案：各塔板中对塔的进料组成变化、塔顶回流波动等干扰反应最快的是灵敏板温度。

641. 轻烃回收装置闪蒸汽凝液罐设计为满液位操作。

答案：√

642. 轻烃回收装置闪蒸汽凝液罐液位波动不会影响闪蒸汽凝液泵正常运行。

答案：×

正确答案：液位波动，指示过低可能联锁停闪蒸汽凝液泵。

643. 轻烃回收装置闪蒸罐压力升高不会影响闪蒸汽凝液罐的液位稳定。

答案：×

正确答案：闪蒸罐压力升高，凝液罐外送量加大，闪蒸汽凝液罐液位下降。

644. 轻烃回收装置脱甲烷塔的操作压力可以根据生产需要随意调节。

答案：×

正确答案：不可随意调节。

645. 轻烃回收装置脱甲烷塔压力升高，塔顶气相流量增加，处理不及时将导致闪蒸罐压力升高。

答案：√

646. 轻烃回收装置脱甲烷塔压力升高，对产品质量无影响。

答案：×

正确答案：塔压变化，气液不平衡，灵敏板温度波动，影响产品质量。

647. 轻烃回收装置塔、罐等静设备均设计有压力安全阀，当设备超压时，安全阀自动起跳泄压，达到保护设备的目的。

答案：√

648. 轻烃回收装置脱甲烷塔设计有两台压力安全阀，两台压力安全阀定压值不同。

答案：×

正确答案：两台压力安全阀定压值相同。

649. 轻烃回收装置脱乙烷塔设计有两台压力安全阀，正常情况下两台压力安全阀均是投用状态。

答案：×

正确答案：两台安全阀一台投用、一台备用。

650. 轻烃回收装置各低温筒袋泵出、入口均设置有压力高高联锁，确保机泵在正常操作压力下运转。

答案：×

正确答案：泵入口设置压力低联锁。

651. 轻烃回收装置各低温筒袋泵出口管线设置有热膨胀安全阀，当出口管线内物料温度瞬时大幅升高，可能导致安全阀起跳。

答案：√

652. 轻烃回收装置产品 LNG 高压泵出口管线的材质压力等级较高，主要是因为高压泵出口压力较高。

答案：√

653. 轻烃回收装置各低温筒袋泵最小流量调节阀在启动前需打开一定开度，目的是防止出口流量过低，对设备造成损坏。

答案：√

654. 轻烃回收装置各低温泵启动前需旁路所有 SIS 联锁条件，以防止联锁动作，机泵不能正常启动。

答案：×

正确答案：启动前需投用联锁条件。

655. 轻烃回收装置闪蒸汽凝液泵、LNG 高压泵排气线设置有液位控制回路，作用是防止泵筒内聚集气相，影响机泵正常运行。

答案：√

656. 轻烃回收装置低温筒袋泵出口设置两道单向阀的目的是防止停泵时出口液体倒流，引起叶轮反转。

答案：√

657. 轻烃回收装置 LNG 高压泵停运后，需注意检查出口单向阀和切断阀之间的压力，压力较高及时泄压至 BOG。

答案：√

658. 轻烃回收装置升压泵全部停运、打开泵出口保冷线阀门后，可以不投出入口总管跨泵保冷。

答案：×

正确答案：保证出、入口总管的冷态。

659. 轻烃回收装置停车后，需注意将脱甲烷塔重沸器管程蒸汽凝液彻底倒空，目的是防止重沸器壳程冻堵。

答案：×

正确答案：防止管程冻堵。

660. 轻烃回收装置冬季停车后，蒸汽凝液系统需要彻底倒空防冻。

答案：√

661. 蒸汽系统倒空时，需佩戴防高温手套，并使用合适的操作工具，防止人身意外伤害。

答案：√

662. 轻烃回收装置停车后，LNG 高压外送线可以不用泄压，直接引入冷源建立 LNG 高压外送线保冷循环。

答案：×

正确答案：轻烃回收装置刚停车后 LNG 高压外送线压力较高，需要先泄压，否则无法引入冷源。

663. 轻烃回收装置 LNG 高压外送线由零输出保冷循环切换到投用状态，首先应打开 LNG 高压外送线至气化器入口阀门。

答案：×

正确答案：应首先停用零输出保冷冷源引入阀门。

664. 轻烃回收装置 LNG 高压外送线计划停用，完成隔离后开始管线泄压过程中，需控制泄压速度，防止泄压太快造成下游管线法兰温度降低过快而出现泄漏。

答案：√

665. 绝热层作用是阻止外面水分渗入。

答案：×

正确答案：将绝热材料涂在设备管道外表面，阻止外面热流进入，减少热量损失。

666. 防锈层作用是将防锈材料涂在碳钢、不锈钢、合金钢、非金属或铁素体合金钢的保冷管道外层，防止管道生锈。

答案：×

正确答案：防锈层作用将防锈材料涂在碳钢或铁素体合金钢的保冷管道外层，不锈钢、合金钢和非金属一般不需要防锈。

667. 保护层作用是保护保冷结构免遭水分侵入或外力破坏。

答案：√

668. 当采用一种绝热制品，保温层厚度大于或等于 80mm，且保冷层厚度大于或等于 100mm 时，绝热层施工必须分层错缝进行，各层的厚度应接近。

答案：×

正确答案：当采用一种绝热制品，保温层厚度大于或等于 100mm，且保冷层厚度大于或等于 80mm 时，绝热层施工必须分层错缝进行，各层的厚度应接近。

669. 绝热层拼缝宽度：保温层不得大于 2mm，保冷层不得大于 5mm。

答案：×

正确答案：绝热层拼缝宽度：保温层不得大于 5mm，保冷层不得大于 2mm。

670. 绝热层应捆扎牢固，并应无松脱，铁丝头应扳平嵌入绝热层内。绝热制品捆扎间距不应大于 400mm，间距应均匀、外观平整。每块绝热制品上的捆扎件不得少于两道，不得螺旋式缠绕捆扎。

答案：×

正确答案：绝热层应捆扎牢固，并应无松脱，铁丝头应扳平嵌入绝热层内。硬质绝热制品捆扎间距不应大于400mm，半硬质绝热制品捆扎间距不应大于300mm，软质绝热制品捆扎间距宜为200mm；间距应均匀、外观平整。每块绝热制品上的捆扎件不得少于两道，不得螺旋式缠绕捆扎。

671. 设备定期试验是定期对运行中的设备和备用中的设备进行试验，以检验设备的完好性和准确性，防止“误动、拒动、卡、失灵”等故障的发生，提高设备的可靠性。

答案：√

672. 设备只要定期盘车即可，无须定期切换。

答案：×

正确答案：备用设备需要定期盘车，并需进行定期切换。

673. 凡配有备用设备的设备要实行定期切换制度，严禁超期疲劳使用和不出事故不切换的操作方式，确保备用设备完好，使备用设备随时可以投入正常使用。

答案：√

674. 常温泵日常巡检要检查滑动轴承的径向间隙。

答案：×

正确答案：常温泵日常巡检不需要检查滑动轴承的径向间隙。

675. 机泵与电机的直连情况检查属于机泵的日常巡检内容。

答案：×

正确答案：机泵与电机的直连情况检查不属于机泵的日常巡检内容。

676. 机泵日常巡检包括机泵的运行声音是否异常、轴承(电机轴承和泵轴承)振动、温度是否正常、泵出口压力是否在正常范围内等。

答案：√

677. 罐内泵位于储罐底部，因此无须巡检，内操在DCS加强监控即可。

答案：×

正确答案：罐内泵位于储罐底部，内操不仅需要DCS监控，罐顶也需进行巡检。

678. 高压泵巡检应关注泵筒周围地面结冰情况。

答案：√

679. 低温泵巡检应关注设备及管道保冷层是否完好，防止漏冷。

答案：√

680. 巡检时应检查在运螺杆压缩机排水是否正常，备用的则无须检查。

答案：×

正确答案：巡检时应检查在运螺杆压缩机排水是否正常，备用的也需检查。

681. 螺杆压缩机巡检时应在就地面板上查看运行参数，异常时及时检查。

答案：√

682. 并列运行的螺杆压缩机其中一台长时间待机时无须检查，仪表风管网压力正常即可。

答案：×

正确答案：并列运行的螺杆压缩机其中一台长时间待机时应及时检查原因，重新设定加载卸载压力。

683. 巡检发现压缩机某部位冒烟、着火或者气缸严重的漏水、漏气时应立即汇报并按下紧急停车按钮。

答案：√

684. BOG 压缩机长时间停机时无须进行盘车。

答案：×

正确答案：BOG 压缩机长时间停机时应定期进行盘车。

685. BOG 压缩机运行时噪声太大，巡检时只需远远查看有无泄漏即可。

答案：×

正确答案：BOG 压缩机运行时巡检需戴上耳罩进行仔细巡检。

686. ORV 相邻翅片板结冰高度差不能大于 2m。

答案：×

正确答案：ORV 相邻翅片板结冰高度差不能大于 1m。

687. ORV 备用状态下为防止阀门内漏 LNG，可保持小流量海水防止翅片板结冰。

答案：√

688. ORV 翅片板平均结冰高度不能大于 2m。

答案：×

正确答案：ORV 翅片板平均结冰高度不能大于 3m。

689. 冬季 SCV 运行时应关注碱罐液位及 pH 值，防止加碱管线堵塞造成加碱不顺畅。

答案：√

690. 备用状态下的 SCV 水浴池内无须加水。

答案：×

正确答案：备用状态下的 SCV 水浴池内应加注规定的液位，作为备用。

691. 巡检时需检查电解槽积垢情况或电极板电压值决定是否对电解槽进行酸洗。

答案：√

692. 冬季巡检时需确保制氯间洗眼器电伴热投用正常，并保持长流水状态。

答案：√

693. 电解槽酸洗时可先去其他地方进行巡检，待酸洗差不多再回来恢复流程。

答案：×

正确答案：电解槽酸洗时应待在现场观察酸洗情况。

694. 选择阀门的主要依据是输送流体的压力、流量和输送介质的性质。

答案：√

695. 截止阀有节流作用，一般允许作为节流阀。

答案：×

正确答案：截止阀有节流作用，但一般不允许作为节流阀。

696. 截止阀维护保养时，清洁主要是对阀体、丝杆等表面部件进行清洁。

答案：√

697. 加密封填料时要注意3个要点：选得对、尺寸准、压得好。

答案：×

正确答案：加密封填料时要注意4个要点：选得对、查得细、尺寸准、压得好。

698. 紧密封填料压盖螺母，注意两端螺栓应交替紧固，不使压盖倾斜，并保持丝杆开关灵活。

答案：√

699. 阀门的填料压盖宜压得过紧，应以阀门不泄漏为准。

答案：×

正确答案：阀门的填料压盖不宜压得过紧，应以阀门开关灵活为准。

700. 截止阀的密封是通过阀杆上的阀瓣以平面与阀座密封圈紧贴来实现的。

答案：×

正确答案：截止阀的密封是通过密封圈与阀座密封圈紧贴来实现的。

701. 设备维护保养中规定各连接点密封良好，无漏气现象。

答案：√

702. 阀门的密封垫片的选择应根据管道的输送介质来确定。

答案：×

正确答案：垫片材料和类型的合理选择应根据介质的工作条件，如温度、压力及腐蚀性来确定。

703. 干式过滤器是基于筛除效应、深层效应、静电效应原理来清除气体中的固体和液体杂质的。

答案：×

正确答案：干式过滤器是基于筛除效应、深层效应、静电效应原理来清除气体中的固体。

704. 由于干式过滤器的过滤介质为导电介质，因而具有静电效应。

答案：×

正确答案：由于干式过滤器的过滤介质为不导电介质，因而具有静电效应。

705. 过滤－分离器主要由进口管、出口管、筒体、过滤元件、丝网捕集器、储液罐、排污口等部件组成。

答案：√

706. 新的过滤器必须用清洁剂清洗干净，可用酸类清洗，洗净的滤器要放好，避免污染。

答案：×

正确答案：新的过滤器必须用清洁剂清洗干净，不可用酸类清洗。

707. 过滤器滤芯应按使用情况，在前后压差过大，超过规定值或滤芯损坏时更换。

答案：√

708. 分离器选型不合理、针对性不强，是造成分离器分离效果差的原因之一。

答案：√

709. 盲板抽堵作业前需进行隔离，将相关设备停车，办理停电手续，关闭相关阀门。

答案：√

710. 吹扫置换前无须关闭相关仪表。

答案：×

正确答案：吹扫置换前需注意关闭相关仪表，防止压力过大损坏仪表。

711. 盲板抽堵作业前需进行隔离、泄压、吹扫、置换工艺处置，确保作业安全。

答案：√

712. 密封材料是保证密封性和使用的关键，静密封装置的密封基本原理离不开密封元件的受力变形。

答案：√

713. 垫片性能的优劣在很大程度上取决于密封材料的抗拉、压缩回弹、蠕变松弛等机械性能。

答案：√

714. 不同材料和结构的垫片，其压缩－回弹性能相差很大，其使用性能也相差甚远。所以在更换旧垫片时，不可任意更换垫片材料，否则达不到密封要求。

答案：√

715. 压力表更换后打开控制阀，肉眼观察接头处是否泄漏，确认无泄漏方能投入使用。

答案：×

正确答案：压力表更换后打开控制阀，需使用验漏液检查是否泄漏。

716. 压力表更换时应使用两把活动扳手。扳手开口大小应与被夹持工件表面相吻合，且双手同时用力，配合得当。防止压力表掉地。

答案：√

717. 压力表更换后投用时动作缓慢，注意观察起压情况，使压力缓慢上升。操作人员不得正对压力表表面，不得猛开表，使指针冲击式上升。

答案：√

718. 液压油黏度指数越高，温度对油品黏度变化的影响较大。

答案：×

正确答案：油的黏度指数越高，黏度随温度的变化幅度越小。

719. 油品温度过高降低了系统的散热能力，增加了系统的热负荷。

答案：√

720. 运动黏度是指相同温度下液体流动的动力黏度与其密度之比。

答案：√

721. SCV 燃料气的温度高低无要求。

答案：×

正确答案：SCV 燃料气的温度不宜太低。

722. 燃料气加热器设计温度范围要大于站内燃料气使用温度范围。

答案：√

723. 过滤器堵塞只会造成电解槽流量降低，不会导致压力降低。

答案：×

正确答案：过滤器堵塞会导致压力降低。

724. 制氯系统海水入口流量低低不会导致系统跳车。

答案：×

正确答案：制氯系统海水入口流量低低会导致系统跳车。

725. 制氯系统跳车有可能是海水入口压力低造成的。

答案：√

726. 整流器触发板输出异常，导致整流器升电流过程中电流波动，整流器有异响。

答案：√

727. 停止整流器前，需要先将整流器电流手动降至0。

答案：√

728. 整流器缺陷主要是整流器触发板工作性能不稳定造成的，因此整流器触发板性能的稳定直接关系到设备是否能够稳定运行。

答案：√

729. 次氯酸钠储罐液位高报会导致制氯系统跳车。

答案：×

正确答案：次氯酸钠储罐液位高报会导致冲击加药泵启动。

730. 次氯酸钠储罐液位低报会导致连续加药泵停止运行。

答案：√

731. 制氯系统的自动反冲洗过滤器堵塞可能会导致制氯系统跳车。

答案：√

732. 在正常生产中，BOG 管网内充满以甲烷为主的低温微负压气体。

答案：×

正确答案：在正常生产中，BOG 管网内充满以甲烷为主的低温微正压气体。

733. 卸料期间，只要压力和温度控制得当，不会产生 BOG。

答案：×

正确答案：卸料期间，压力和温度控制得当，可减少 BOG 的产生。

734. LNG 接收站接船前卸料臂预冷过程中，随着 LNG 管线预冷过程中 LNG 汽化为天然气，重烃会随着天然气进入 BOG 管网。

答案：√

735. 若 BOG 总管进液量较多，液相进入 BOG 压缩机入口分液罐中，造成分液罐液位快速上升，若触发液位过高，将联锁 BOG 压缩机停车。

答案：√

736. 空气压缩机气管路上的压力低于压力调节器加载压力时，压缩机会自动加载。

答案：√

737. 在压缩机运行或带压时，可以拆卸螺母、加油塞以及其他零件。

答案：×

正确答案：在压缩机运行或带压时，不可以拆卸螺母、加油塞以及其他零件。

738. 把压缩机安装在凉爽、干净、通风良好的地方，保证压缩机吸入的空气洁净及水分含量最少。

答案：√

739. 当空压机周围环境灰尘较多时，长期运行就造成散热器外表黏附一层粉尘或油泥，其内部也容易因油垢积累而堵塞，从而影响散热效果。

答案：√

740. 压力控制器控制了压缩机出口至燃料气加热器阀门的开度，使燃料气加热器进口压力稳定。

答案：×

正确答案：压力控制器控制了压缩机和气化器支路阀门的开度，使燃料气加热器进口压力稳定。

741. 燃料气系统压力不稳定会影响 SCV 运行。

答案：√

742. 若真空度意外丧失，槽车内的 LNG 大量吸取外界的热量，而使槽车内压力急剧上升，液体体积膨胀，故应尽快小心地将槽车内的 LNG 排出或卸到其他完好的槽车内。

答案：√

743. 真空损坏的槽车应转移到无明火、易燃物以及无行人通过的场所进行应急处理。若不发生泄漏，LNG 可继续存留在真空丧失的槽车内。

答案：×

正确答案：应尽快将 LNG 转移至安全槽车内，不可继续存留在真空丧失的槽车内，否则槽罐内 LNG 会吸热，压力升高，存在爆炸、火灾风险。

744. 槽车超压时，在对有故障的液化天然气槽车进行液体排放时，应将操作箱处于较低位置。这样有利于液体全部排空。

答案：√

745. 通过调整流量控制阀控制参数可能会降低槽车装车撬充装过程中流量控制阀的振动，减少超装的可能。

答案：√

746. LNG 槽车充装时，由于介质密度差异，其最大充装质量有可能超过行驶证核定的充装量及移动式压力容器使用登记证核定的充装量，这属于正常现象。

答案：×

正确答案：最大充装质量严禁超过行驶证核定的充装量及移动式压力容器使用登记证核定的充装量。

747. LNG 槽车的液位计的排气阀是检测充装量的唯一标志，如果排气阀堵塞或者不畅，将使液位无法监控。

答案：√

748. 发生泄漏时，充装班长应当根据事故情况，召集相关技术、维修人员赶赴现场；确认现场人员疏散情况；组织开展抢险救援工作；向现场负责人、公司应急指挥部办公室报告情况。

答案：√

749. 槽车充装时发生泄漏情况，无论泄漏量多少，均应第一时间告知周边企业停止明火作业或可能产生火花的作业。

答案：×

正确答案：槽车充装时发生泄漏情况，应根据事故等级进行判断，轻微泄漏，可不告知周边企业。

750. 槽车充装过程发生大量泄漏时，应组织所有人员根据撤离路线图提示向槽车装车站槽车出口迅速撤离。

答案：×

正确答案：应组织所有人员根据撤离路线图提示沿上风向迅速撤离。

751. 紧急联锁停车系统是对企业生产装置可能发生的危险或不采取措施将继续恶化的状态进行自动响应和干预，从而保障生产安全，避免造成重大人身伤害及重大财产损失的控制系统。

答案：√

752. 联锁系统设置时，应将联锁系统的安全性和可靠性同时考虑在内。

答案：√

753. 对属于一级或者二级重大危险源的储罐，应设置高、低液位报警，可以根据现场情况选择是否设置高高液位和低低液位相应的报警及紧急停车系统。

答案：×

正确答案：应设置高高液位和低低液位相应的报警及紧急停车系统用来保护储罐。

754. 正常生产情况下在联锁运行保护状态，按下 SIS 联锁画面中的“复位”按钮，此时联锁控制会产生动作。

答案：×

正确答案：正常生产情况下，未触发联锁时，按下复位按钮不会产生任何动作。

755. 联锁复位时应首先确认无任何联锁条件触发，否则无法复位。

答案：√

756. 吸入口过滤器堵塞是罐内低压泵出口流量小的原因。

答案：×

正确答案：罐内低压泵入口没有过滤器。

757. 出口流量太大是低压泵电机电流过小的原因。

答案：×

正确答案：出口流量太大是低压泵电机电流过载的原因。

758. 旋转零件与静止零件接触卡死可能造成低压泵电动机过流。

答案：√

759. 轴承损坏、汽缚、汽蚀、转动部件动态失衡等是引起高压泵振动异常的原因。

答案：√

760. 流量过小是高压泵电流过大的原因。

答案：×

正确答案：流量过大是高压泵电流过大的原因。

761. 高压泵入口过滤器堵塞是流量偏低的原因。

答案：√

762. BOG 管网进液可能造成火炬分液罐液位上升。

答案：√

763. BOG 管网进液不影响 BOG 压缩机的正常运行。

答案：×

正确答案：会使 BOG 压缩机入口温度降低，处理量增大，影响再冷凝器的稳定，严重时联锁 BOG 压缩机停车。

764. 经常查看 BOG 管网温度监控画面可及时发现 BOG 管网有无进液现象。

答案：√

765. BOG 管网进液时只需排查现场安全阀是否起跳，其他设备、管线不会造成 BOG 管网进液。

答案：×

正确答案：除安全阀外，液相管线的工艺放空阀组、放空管线等连接至 BOG 管线的流程打开也有可能造成 BOG 管网进液。

766. BOG 管网进液可通过 BOG 管网温度画面查看温降情况判断。

答案：√

767. BOG 管网进液后，首先排查温度先降低的测温点附近安全阀有无起跳、放空线阀门有无打开。

答案：√

768. LNG 液体会使眼睛和皮肤严重冻伤，高浓度的蒸发气会使人眩晕困倦但没有持久的影响。

答案：×

正确答案：空气中天然气浓度过高时，人可因缺氧而头疼、呼吸困难，甚至昏迷，窒息而死。

769. 人体接触低温的 LNG，能引起人体能量代谢等生理功能的改变。

答案：√

770. LNG 接收站操作人员在操作时由于防护不到位不慎被低温 LNG 冻伤时，皮肤颜色迅速变红。

答案：×

正确答案：冻伤组织皮肤颜色变白。

771. 发生事故造成冻伤时，应尽快将伤者撤离事故区域，给予温暖的饮料，使患者的体温尽快提高。

答案：√

772. 在对冻伤进行紧急处置时，为尽快升温可将冻伤部位用热水冲洗。

答案：×

正确答案：不可用热水冲洗，这样做只能加重损伤。

773. 冻伤后，如果没有条件进行热水浸泡，可将冻伤部位放在自己或救助者的怀中取暖，同样可起到热水浴的作用，使受冻部位迅速恢复血液循环。

答案：√

774. 洗眼器是当发生有毒有害物质(如化学液体等)喷溅到工作人员身体、脸、眼或发生火灾引起工作人员衣物着火时，用于紧急情况下，暂时减缓有害物对身体的进一步侵害。

答案：√

775. 洗眼器产品是用于紧急情况下，有效减缓有害物对身体的伤害，通过洗眼器处理就不需要再就医。

答案：×

正确答案：洗眼器产品只是暂时减缓有害物对身体的进一步侵害，进一步的处理和治疗需要遵从医生的指导。

776. 洗眼器或洗眼/洗脸器的洗眼喷头应安装于距离使用者站立面838～1443mm高度范围，距离墙壁或最近的障碍物至少为153mm。

答案：×

正确答案：洗眼器或洗眼/洗脸器的洗眼喷头应安装于距离使用者站立面838～1143mm高度范围。

777. 电解槽在运行中会对阳极网冲刷，会产生晃动，如果隔离钉缺少会造成阴阳极板接触，在运行中会产生火花，会有短路或氢爆炸的危险。

答案：√

778. 电解槽在积盐较多，海水有杂质情况下，阴阳极板会导通，如果出现打火花现象，必须马上停运该列电解槽。

答案：√

779. 过滤器堵塞可能造成电解槽槽前压力高停车。

答案：×

正确答案：过滤器堵塞会造成槽前压力低、流量低。

780. 雨淋阀是水喷雾灭火系统的报警控制阀，一般有角式雨淋阀和直通式雨淋阀。

答案：√

781. 雨淋阀组调试时，自动和手动方式启动雨淋报警阀，在联动信号发出或者手动控制操作后20s内启动。

答案：×

正确答案：雨淋阀组调试时，自动和手动方式启动雨淋报警阀，在联动信号发出或者手动控制操作后15s内启动。

782. 发生火灾时，雨淋系统中雨淋阀由火灾报警控制器发出信号开启。

答案：√

783. 喷淋系统是一种消防灭火装置，是应用十分广泛的一种固定消防设施，它具有价格低廉、灭火效率高等特点。

答案：√

784. 罐顶喷淋系统主要作用是罐顶火灾时灭火。

答案：×

正确答案：罐顶喷淋系统主要起到隔离、降温作用。

785. 喷淋系统包括水喷雾灭火系统、湿式喷水灭火系统、水喷淋灭火系统、水幕封堵系统。

答案：√

786. 若真空度意外丧失，槽车内压力急剧上升，应尽快小心地将槽车内的LNG排出或卸到其他完好的槽车内。若槽车内压力不超 0.5MPa，LNG 可继续存留在真空丧失的槽车内。

答案：×

正确答案：LNG 不可继续存留在真空丧失的槽车内，否则槽罐内 LNG 会吸热，压力升高，存在爆炸、火灾风险。

787. 液化天然气槽车进行超压排放时，对于刚停下的运行槽车，排放会是液体，这属于正常现象。

答案：×

正确答案：液化天然气槽车进行超压排放时，对于刚停下的运行槽车，排放会是气液混合相。

788. 槽车超压时，应及时打开超压排放阀将槽车内超压气体尽快泄放，直到安全阀正常回座。在向空气排放 LNG 气体时，应在事先确定附近确实无明火、易燃物以及无行人通过，并在离车附近进行警戒。

答案：√

789. 在 LNG 充装的期间，要随时注意槽车罐内的压力和液位，并与中控始终保持联系。

答案：√

790. LNG 槽罐车充装完毕必须复核充装质量，如有超装必须妥善处理。

答案：√

791. 控制系统上的装车预设量计算错误不会导致液化天然气槽车超装，但会导致充装量不足。

答案：×

正确答案：控制系统上的装车预设量计算结果超过槽罐车核载量时，会导致液化天然气槽车超装。

792. 如无法立即处理泄漏之处，则马上组织足够的人力、物力设置安全警戒线，在保证其不足以造成危险的条件下，让其泄漏挥发。

答案：√

793. 槽车发生槽罐泄漏情况，应使用消防水带连接消防栓，将水枪对准泄漏点进行喷射，防止槽罐爆炸。

答案：×

正确答案：槽车发生槽罐泄漏情况，不可将水枪对准泄漏点进行喷射，水仅可起到隔离降温的作用。

794. 槽车泄漏后，应立即设法堵塞泄漏之处，防止液化天然气大量流散。条件允许的话，可有计划地将罐车驶离站区至空旷地带进行处理。

答案：√

795. 符号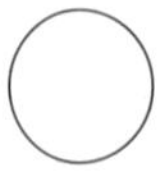表示就地安装仪表。

答案：√

796. 符号 ———— 表示 DCS 内部连接线。

答案：×

正确答案：符号 ———— 表示仪表引线。

797. 英文缩写 LCV 表示液位控制阀。

答案：√

798. P&ID 的设计过程是从无到有、从不完善到完善的过程。P&ID 的设计可以与工艺流程的确定同步进行，边确定工艺流程边进行设计。

答案：×

正确答案：P&ID 的设计过程是从无到有、从不完善到完善的过程。P&ID 的设计，必须待工艺流程完全确定后(但不是工艺流程设计完全结束后)才能开始，否则容易造成大返工。

799. 两相流管道由于容易产生“塞流”而造成管道振动，但是不用在 P&ID 图上注明“两相流”。

答案：×

正确答案：两相流管道由于容易产生“塞流”而造成管道振动，因此应在 P&ID 图上注明“两相流”。

800. PFD 图中标注的设备规格和参数是设计数据。

答案：×

正确答案：PFD 图中标注的设备规格和参数是操作数据。

801. 工艺阀组

DIAG 0B–06 UUUU VV WW
XXXX-PG-XXXX

一般设置在二期预留的管线或设备上。

答案：√

802. 工程上常采用的投影法是中心投影法和平行投影法，其中平行投影法按投射线与投影面是否垂直又分为正投影法和斜投影法。

答案：√

803. 主视图所在的投影面称为水平投影面。

答案：×

正确答案：主视图所在的投影面称为正立面投影面。

804. 左视图所在的投影面称为侧立投影面，简称侧立面。

答案：√

805. 与正面垂直的直线，与其他两个投影面不一定平行。

答案：×

正确答案：与正面垂直的直线，与其他两个投影面一定平行，这样的直线称正垂线。

806. 直线按其对三个投影面的相对位置关系不同，可分为投影面垂直线、投影面平行线和一般位置直线。

答案：√

807. 三视图的投影规律是：主视图与俯视图“长对正”；主视图与左视图“宽相等”；俯视图与左视图“高平齐”。

答案：×

正确答案：三视图的投影规律是：主视图与俯视图“长对正”；主视图与左视图“高平齐”；俯视图与左视图“宽相等”。

808. 一种 LNG 在汽化前后组分摩尔比数值是不同的。

答案：×

正确答案：同一种 LNG 在汽化前后组分摩尔比值是相同的，各体积比在汽化前后是不同的。

809. 对于组成相同的 LNG，其组分摩尔比与质量比数值相等。

答案：×

正确答案：LNG 组分摩尔比和质量比都是用来描述 LNG 组成的表达方式，但是两者在数值上是不同的。

810. LNG 的摩尔比不受温压条件的影响。

答案：√

811. 离心泵在运行中，当流量增大时，扬程增加，反之扬程则降低。

答案：×

正确答案：离心泵流量与扬程不是单纯的正相关。

812. 离心泵既可用于输送液体，也可用于输送气体。

答案：×

正确答案：离心泵只能用于输送液体。

813. 离心泵流量与扬程的变化曲线叫作泵的特性曲线。

答案：√

814. 离心泵发生汽蚀时，只对叶轮有损害。

答案：×

正确答案：离心泵汽蚀不仅伤害叶轮，对机械密封等也有损害。

815. 要保证泵不汽蚀，有效汽蚀余量 *NPSHa* 必须大于必须汽蚀余量 *NPSHr*。

答案：√

816. 允许吸入真空度越大，则说明泵的抗汽蚀性能越好。

答案：√

817. 离心泵的效率与自身结构有关，与输送介质流量无关。

答案：×

正确答案：从离心泵的流量与效率特性曲线可以看出离心泵流量与效率的变化关系。

818. 离心泵的效率由水力效率、容积效率和机械效率三个部分组成。

答案：√

819. 实际工艺流程中，通过对各项参数进行精细调节，离心泵的效率可以达到 100%。

答案：×

正确答案：实际工艺流程中离心泵的效率无法达到 100%。

820. 压缩机的压缩比是指排气与进气的绝对压力之比。

答案：√

821. 在余隙体积和入口气体压强一定时，往复式压缩机的压缩比越大，其吸、排气量越大。

答案：×

正确答案：在余隙体积和入口气体压力一定时，往复式压缩机的压缩比越大，其吸、排气量越小。

822. 往复式压缩机排气终了时的压力(绝压)为2.4MPa，吸气终了时的压力(绝压)为1.2MPa，则压缩机的压缩比为2。

答案：√

823. 单位时间内压缩机排出的气体体积量，称为压缩机的排气量。

答案：×

正确答案：单位时间内压缩机排出的气体，换算到最初吸入状态下的气体体积量，称为压缩机的排气量，也称为压缩机的生产能力。

824. 往复式压缩机的单位排气量体积、质量、占地面积以及排气脉动比螺杆式压缩机大。

答案：√

825. 往复式压缩机的气阀行程变小后，其排气量减小。

答案：√

826. LNG的密度取决于其组分，通常为415~470kg/m^3，甲烷含量越高，密度越大。

答案：×

正确答案：LNG中主要成分是甲烷，是分子质量最小的组分，所以甲烷含量越高，密度越小。

827. 不同的天然气液化工厂生产的LNG组分、密度都是相同的。

答案：×

正确答案：LNG是一类混合物的总称，组分、密度等参数各有不同。

828. LNG的组分、温度、压力等参数对LNG的密度均有影响。

答案：√

829. 饱和蒸汽压是指在一定温度下，与同种物质的液态(或固态)处于平衡状态的蒸汽所产生的压强。

答案：√

830. 水变为冰是从无到有的过程，刚生成的小冰粒很小，其饱和蒸汽压大于正常冰的蒸汽压。

答案：√

831. 低压总管的LNG与再冷凝器出口LNG混合后进入高压泵增压，两种物料混合状态下，液体实际压力与该温度下液体饱和蒸汽压差值越大，泵越容易产生汽蚀。

答案：×

正确答案：差值越大，泵越不容易产生汽蚀。

四、技能操作鉴定要素细目表

鉴定范围				鉴定点	重要程度	备注
一级	二级	三级	鉴定比重			
A 操作技能 100%	A 工艺操作 66%	A 开车准备	4%	001 投用热膨胀安全阀(TSV)阀组	X	实操
				002 工艺放空阀组进行放空、注氮等操作	X	实操
		B 开车操作	4%	001 使用地面爆燃点火系统点燃火炬长明灯	X	实操
				002 地面火炬自动点火操作	X	实操
		C 公用工程与辅助设施	20%	001 螺杆压缩机启、停操作	X	实操
				002 往复式空气压缩机启、停操作	X	实操
				003 微热再生干燥装置启、停操作	X	实操
				004 PSA 制氮装置启、停操作	X	实操
				005 电解制氯装置启、停操作	X	实操
				006 海水泵启、停操作	X	实操
				007 旋转滤网启、停操作	Y	实操
				008 柴油海水消防泵启、停操作	X	实操
				009 热水锅炉启、停操作	Y	实操
				010 电动海水消防泵启、停操作	X	实操
		D 卸料、储存与槽车充装	14%	001 操作登船梯到指定位置	Y	实操
				002 操作卸料臂完成船岸管口对接	X	实操
				003 启、停罐内泵	X	实操
				004 LNG 槽车充装操作	X	实操
				005 操作 TMS 装车管理系统	X	实操
				006 装车区凝液罐排凝作业	X	实操
				007 冷态 ESD 测试(岸方触发)操作	X	实操
		E 高压气化外输	12%	001 ORV 投用、停用操作	X	实操
				002 高压外输泵启、停操作	X	实操
				003 SCV 启、停操作(进口)	X	实操
				004 计量撬投用、停用操作	X	实操
				005 识读高压外输泵因果联锁表	Y	实操
				006 IFV 启、停操作	X	实操

续表

鉴定范围				鉴定点	重要程度	备注
一级	二级	三级	鉴定比重			
A 操作技能 100%	A 工艺操作 66%	F BOG 处理	6%	001 BOG 压缩机启、停操作(进口)	X	实操
				002 BOG 压缩机入口过滤器吹扫操作	X	实操
				003 投用和切换燃料气加热器	X	实操
		G 轻烃回收	6%	001 闪蒸罐的倒空、置换操作	Z	实操
				002 蒸汽流程隔离、倒空操作	Z	实操
				003 产品高压泵出口外送总管由保冷循环切换至正常流程	Y	实操
	B 设备维护与保养 8%	A 设备维护与保养	8%	001 控制阀校对的操作	Y	实操
				002 机泵入口 Y 型过滤器清洗、更换	X	实操
				003 更换就地压力表	X	实操
				004 机泵更换润滑油	Z	实操
	C 事故判断与处理 20%	A 事故判断	8%	001 判断罐内泵无法启动的原因	X	实操
				002 判断高压泵无法启动的原因	X	实操
				003 判断制氯系统停车原因	X	实操
				004 LNG 槽车装车过程中槽车阀门泄漏处理措施及原因分析	X	实操
		B 事故处理	12%	001 处理 BOG 管网进液事件	X	实操
				002 处理卸料臂旋转接头泄漏事故	X	实操
				003 操作雨淋阀	Y	实操
				004 LNG 槽车超装情况工艺处置操作	X	实操
				005 拆臂时法兰处 LNG 泄漏处置操作	X	实操
				006 LNG 槽车装车过程中压力急速上升的处置操作	X	实操
	D 绘图与计算 6%	A 绘图	6%	001 绘制气化外输系统工艺流程图	X	实操
				002 绘制再冷凝系统工艺流程图	X	实操

五、技能操作考试试题及评分记录表

技能操作考试试题 1

试题名称：投用热膨胀安全阀(TSV)阀组

一、准备要求

1. 设备准备

序号	名称	规格	数量	备注
1	热膨胀安全阀(TSV)阀组		1 套	

2. 材料准备

序号	名称	规格	数量	备注
1	记录笔		1 支	
2	记录本		1 本	

3. 工具、量具、刃具准备

名称	规格	精度	数量	名称	规格	精度	数量
F 扳手			1 把	验漏液			1 瓶
防爆对讲机			1 台	可燃气体检测仪	CH_4		1 台

二、操作程序规定及说明

(1)工具材料准备；
(2)投用前准备；
(3)安全阀投用；
(4)投用后检查；
(5)汇报、记录。

三、考核要求

(1)准备工作：3min。

(2)正式操作时间：15min；
(3)计时从正式操作开始，至操作完毕；
(4)规定时间内全部完成，每超 1min，从总分中扣 5 分；总超时 4min，停止作业。
(5)具体考核要求：
①必须穿戴劳动保护用品；
②工、量、用具准备齐全，正确使用；
③操作规程符合安全文明操作；
④按规定完成操作项目，质量达到技术要求；
⑤操作完毕，做到工完、料净、场地清。

四、配分与评分标准

见技能考核评分记录表 1。

技能考核评分记录表 1

试题名称：投用热膨胀安全阀(TSV)阀组　　　　考核时间：15min

序号	考试内容	评分要素	配分	评分标准	最大扣分	步长	扣分	得分	备注
1	准备工作	准备工具、量具	8	每少一样扣2分	8	2			
2	投用前准备	检查确认安全阀上下游、旁路及倒淋阀门为关闭状态	16	少检查一个阀门扣2分	6	2			
		检查安全阀上下游法兰螺栓紧固是否合格		未检查安全阀螺栓连接扣5分	5	5			
		检查确认安全阀定压值是否正确		未确认安全阀定压值扣5分	5	5			
3	投用步骤	缓慢打开压力表根部阀，投用安全阀旁路压力表	35	未投用压力表扣5分	5	5			
		检查压力表示数是否正常		未检查压力表扣5分	5	5			
		缓慢打开下游阀门，缓慢打开上游阀门		未打开下游手阀扣10分	10	10			
				未打开上游手阀扣10分	10	10			
				打开上、下游阀门速度过快扣5分	5	5			
4	投用后检查	安全阀投用后，检查安全阀是否起跳	26	未检查安全阀是否起跳扣5分	5	5			
		是否有介质流过的声音或结霜情况		未检查有无介质流过或结霜的扣5分	5	5			
		用验漏液检查安全阀上下游法兰连接是否泄漏		少验漏一个法兰扣5分	10	5			
		无泄漏后锁定安全阀上、下游阀门		少锁定一个阀门扣3分	6	3			
5	汇报记录	汇报中控室安全阀投用完成	15	未汇报安全阀投用情况扣5分	5	5			
		记录操作中出现的问题		未记录安全阀验漏情况扣5分	5	5			
		整理工具		未整理工具扣3分	3	3			
		清理现场		未清理现场扣2分	2	2			
6	安全生产及其他	劳保用品穿戴齐全、正确	从总分中扣除	劳保穿戴不齐整不得进入现场	100	100			
		严格按操作规程操作		每违反一项操作规定扣5分，严重的停止操作	100	5			
		在规定时间内完成操作		每超时1min扣5分，超过4min停止操作	20	5			
合计			100						

考评员：　　　　年　月　日

技能操作考试试题 2

试题名称：工艺放空阀组进行放空、注氮等操作

一、准备要求

1. 材料准备

序号	名称	规格	数量	备注
1	记录笔		1 支	
2	记录本		1 本	
3	放空阀组流程图			OB－02

2. 工具、量具、刃具准备

名称	规格	精度	数量	名称	规格	精度	数量
F 扳手			1 把	验漏液			1 瓶
防爆对讲机			1 台	可燃气体检测仪	CH_4		1 台
警戒带			1 卷				

二、操作程序规定及说明

(1)工具材料准备；
(2)操作前准备；
(3)放空操作；
(4)注氮操作；
(5)汇报、记录。

三、考核要求

(1)准备工作：5min；
(2)正式操作时间：15min。
(3)计时从正式操作开始，至操作完毕；
(4)规定时间内全部完成，每超 1min，从总分中扣 5 分；总超时 4min，停止作业。

四、配分与评分标准

见技能考核评分记录表 2。

技能考核评分记录表 2

试题名称：工艺放空阀组进行放空、注氮等操作　　　　考核时间：15min

序号	考试内容	评分要素	配分	评分标准	最大扣分	步长	扣分	得分	备注
1	准备工作	准备工器具、量具	10	每少准备一样扣 2 分	10	2			
2	操作前准备	确认氮气管网压力正常	15	未确认氮气管网压力扣 5 分	5	5			
		确认 BOG 管网压力正常		未确认 BOG 管网压力扣 5 分	5	5			
		确认压力表已正常投用		未确认压力表投用扣 3 分	3	3			
		操作区域设置警戒带		未设警戒带扣 2 分	2	2			
3	放空操作	依次打开需泄压管段工艺放空阀组切断阀，缓慢打开放空截止阀，导通放空流程	10	每漏开一台切断阀扣 3 分	6	3			
				未打开放空截止阀扣 4 分	4	4			
		观察需泄压管段压力下降情况	5	未观察压力下降情况扣 5 分	5	5			
		用可燃气体检测仪检测法兰处有无泄漏	10	未对法兰处验漏扣 10 分	10	10			
				验漏时每漏一个法兰扣 2 分	10	2			
		泄压管段压力降至 BOG 总管压力后关闭阀组切断阀及放空截止阀	10	提前关闭阀组切断阀扣 4 分	4	4			
				泄压后少关闭一个阀门扣 3 分	6	3			
4	注氮操作	缓慢打开工艺放空阀组氮气管线截止阀、切断阀，导通注氮流程	34	漏开一个阀门扣 4 分	8	4			
				未缓慢打开注氮阀扣 2 分	2	2			
		打开放空切断阀、截止阀放空至 BOG 总管		少打开一个阀门扣 5 分	10	5			
		拆除放空管线导淋口盲法兰，利用可燃气体检测仪检测甲烷含量		未检测甲烷含量扣 4 分	4	4			
				检测口选择错误扣 4 分	4	4			
		检测合格后关闭注氮及放空相关阀门		检测合格后未关闭注氮阀门扣 3 分	3	3			
				未关闭放空阀门扣 3 分	3	3			
5	汇报记录	汇报中控室安全阀投用完成	6	未汇报安全阀投用情况扣 2 分	2	2			
		记录操作中出现的问题		未记录阀组验漏情况及锁定情况扣 2 分	2	2			
		整理工具，清理现场		未整理工具、清理现场扣 2 分	2	2			
6	安全生产及其他	劳保用品穿戴齐全、正确	从总分中扣除	劳保穿戴不齐整不得进入现场	100	100			
		严格按操作规程操作		每违反一项操作规定扣 5 分，严重的停止操作	100	5			
		在规定时间内完成操作		每超时 1min 扣 5 分，超过 4min 停止操作	20	5			
合计			100						

考评员：　　　　　　　　　　　　年　　月　　日

技能操作考试试题3

试题名称：使用地面爆燃点火系统点燃火炬长明灯

一、准备要求

1. 设备准备

序号	名称	规格	数量	备注
1	火炬		1台	

2. 材料准备

序号	名称	规格	数量	备注
1	记录纸		1张	
2	记录笔		1支	

3. 工具、量具、刃具准备

名称	规格	精度	数量	名称	规格	精度	数量
F扳手			1把	防爆对讲机			1台
验漏液			1瓶				

二、操作程序规定及说明

(1)工具准备；
(2)操作前准备；
(3)地面爆燃点火；
(4)汇报、记录。

三、考核要求

(1)准备时间：3min；
(2)正式操作时间：15min；
(3)计时从正式操作开始，至操作完毕；
(4)规定时间内全部完成，每超1min，从总分中扣5分；总超时4min，停止作业。

四、配分与评分标准

见技能考核评分记录表3。

技能考核评分记录表 3

试题名称：使用地面爆燃点火系统点燃火炬长明灯　　　　考核时间：15min

序号	考试内容	评分要素	配分	评分标准	最大扣分	步长	扣分	得分	备注
1	工具准备	准备工器具、量具	4	每少一样扣 1 分	4	1			
2	操作前准备	确认燃料气、仪表风、氮气管线界区根阀打开	26	少确认一个阀门扣 2 分	6	2			
		确认燃料气系统压力正常		未确认燃料气系统压力正常扣 5 分	5	5			
		确认仪表风管网压力正常		未确认仪表风管网压力正常扣 5 分	5	5			
		确认氮气管网压力正常		未确认氮气管网压力正常扣 5 分	5	5			
		确认火炬筒氮气吹扫流量正常		未确认火炬筒氮气吹扫流量正常扣 5 分	5	5			
3	地面爆燃点火	将控制面板上的电源开关打到“ON”位置，长明灯点火失败报警将被激活，控制面板上相应的“PILOT FAILURE”指示灯亮起	10	未打开电源开关扣 5 分	5	5			
				不知道报警指示灯含义扣 5 分	5	5			
		缓慢打开 1#长明灯燃料气管上的阀门，使用验漏瓶检测法兰处有无泄漏	10	未打开 1#长明灯燃料气管上的阀门扣 5 分	5	5			
				未验漏扣 5 分	5	5			
		调节火炬成套包内自力式调节阀，使进入混合器的燃料气压力表的读数为 15psi	10	不会调节自力式调节阀压力的扣 5 分	5	5			
				燃料气压力调节错误的扣 5 分	5	5			
		调节火炬成套包内自力式调节阀，使进入混合器的仪表风压力表的读数为 15psi	5	仪表风压力调节错误的扣 5 分	5	5			
		打开 1#长明灯传火管上的阀门，10 ~ 20s 后混合气体充满管道	5	未打开 1#长明灯传火管上的控制阀的扣 5 分	5	5			

续表

序号	考试内容	评分要素	配分	评分标准	最大扣分	步长	扣分	得分	备注
3	地面爆燃点火	按压地面内传焰点火控制盘上的点火按钮“MANUAL FFG IGNITION”(不要一直按压点火按钮)，观察混合器窗口中的火花和点火情况，调节燃料气混合比直至看到稳定的蓝色火焰	15	未按压点火按钮的扣3分	3	3			
				持续按压点火按钮的扣2分	2	2			
				未通过窗口观察火焰情况的扣5分	5	5			
				无稳定火焰未调整燃料气、仪表风压力的扣5分	5	5			
		当1#长明灯点燃，相应的“PILOT 1 FAILURE”灯熄灭	5	不知道如何判断是否点燃的扣5分	5	5			
		按相同方法点燃其余两个长明灯	5	未按操作步骤点燃另外两个长明灯的扣5分	5	5			
4	汇报记录	汇报中控室火炬点火情况	5	未汇报火炬点火情况扣2分	2	2			
		记录操作中出现的问题		未记录火炬点火情况扣1分	1	1			
		整理工具，清理现场		未整理工具、清理现场扣2分	2	2			
5	安全生产及其他	劳保用品穿戴齐全、正确	从总分中扣除	劳保穿戴不齐整不得进入现场	100	100			
		严格按操作规程操作		每违反一项操作规定扣5分，严重的停止操作	100	5			
		在规定时间内完成操作		每超时1min扣5分，超过4min停止操作	20	5			
合计			100						

考评员： 年 月 日

技能操作考试试题4

试题名称：地面火炬自动点火操作

一、准备要求

1. 设备准备

序号	名称	规格	数量	备注
1	地面火炬		1套	

2. 材料准备

序号	名称	规格	数量	备注
1	记录笔	个	1	
2	记录表	张	1	

3. 工具、量具、刃具准备

名称	规格	精度	数量	名称	规格	精度	数量
可燃气体检测仪	CH_4		1台	验漏液			1瓶
防爆对讲机			1台	F扳手			1把

二、操作程序规定及说明

(1)准备工作；
(2)工艺检查；
(3)投用操作及投用后检查；
(4)操作结束。

三、考核要求

(1)准备时间：3min；
(2)正式操作时间：15min；
(3)计时从正式操作开始，至操作完毕；
(4)规定时间内全部完成，每超1min，从总分中扣5分；总超时4min，停止作业。

四、配分与评分标准

见技能考核评分记录表4。

技能考核评分记录表 4

试题名称：地面火炬自动点火操作　　　　考核时间：20min

序号	考试内容	评分要素	配分	评分标准	最大扣分	步长	扣分	得分	备注
1	准备工作	准备工具、量具	10	每少一样扣 2 分	8	2			
		汇报		未汇报中控室扣 2 分	2	2			
2	工艺检查	确认仪表风、氮气、燃料气运行正常	15	未确认仪表风运行正常扣 5 分	5	5			
				未确认氮气可正常投用扣 5 分	5	5			
				未确认燃料气运行正常扣 5 分	5	5			
3	投用操作及投用后检查	地面火炬自动点火：正确投用氮气、燃料气、仪表风流程，确认点火控制盘没问题，并正确点火	70	未打开手动闸阀扣 5 分	5	5			
				未确认启用氮气并调节到规定压力扣 5 分	5	5			
				未调节氮气吹扫阀及旁路手阀扣 5 分	5	5			
				未调节仪表风压力扣 5 分	5	5			
				未调节点火装置仪表风压扣 5 分	5	5			
				未调节燃料气压力扣 5 分	5	5			
				未打开长明灯燃料气手阀扣 5 分	5	5			
				未打开控制柜电源扣 5 分	5	5			
				未进行指示灯测试扣 5 分	5	5			
				未正确使用控制盘自动点火扣 5 分	5	5			
				未确认点火是否成功扣 5 分	5	5			
				未投用四级放空自动控制扣 5 分	5	5			
				未启用自动巡检扣 5 分	5	5			
		投用后检查工艺参数等正常		投用后未确认工艺参数是否正常扣 5 分	5	5			
4	操作结束	工具回收、清理现场	5	未清理现场扣 5 分	5	5			
5	安全生产及其他	劳保用品穿戴齐全、正确	从总分中扣除	劳保穿戴不齐整不得进入现场，扣 100 分	100	100			
		严格按操作规程操作		每违反一项操作规定扣 5 分，严重的停止操作	100	5			
		在规定时间内完成操作		每超时 1min 扣 5 分，超过 4min 停止操作	20	5			
	合　计		100						

考评员：　　　　年　　月　　日

技能操作考试试题 5

试题名称：螺杆压缩机启、停操作

一、准备要求

1. 设备准备

序号	名称	规格	数量	备注
1	螺杆压缩机		1 台	

2. 工具、量具、刃具准备

名称	规格	精度	数量	名称	规格	精度	数量
纸、笔			各 1	防爆对讲机			1 台
常用工具一套			1 套				

二、操作程序规定及说明

(1)按要求做好设备运行前各项检查；
(2)按设备操作规程进行螺杆压缩机启、停操作；
(3)按要求进行关键参数监控及现场巡检；
(4)各项检查问题及设备运行参数做好记录；
(5)发现问题及时上报。

三、考核要求

(1)准备时间：5min；
(2)正式操作时间：15min；
(3)计时从正式操作开始，至操作完毕；
(4)规定时间内全部完成，每超 1min，从总分中扣 5 分；总超时 3min，停止作业。

四、配分与评分标准

见技能考核评分记录表 5。

技能考核评分记录表5

试题名称：螺杆压缩机启、停操作　　　　考核时间：15min

序号	考试内容	评分要素	配分	评分标准	最大扣分	步长	扣分	得分	备注
1	准备工作	工具、用具准备	5	未准备工具及材料或少准备一件扣1分	5	1			
2	启动前检查	确认各部件无松动、脱落现象，接地完好	30	未确认扣5分	5	5			
		确认报警、联锁已投用		未确认扣5分	5	5			
		确认泵润滑油油位至少达到窥油孔中间、油质合格		未确认扣5分	5	5			
		确认电气、仪表、阀门完好，具备了投用条件		未确认扣5分	5	5			
		确认螺杆压缩机出口阀关闭		未确认扣5分	5	5			
		确认螺杆压缩机已送电		未确认送电扣5分	5	5			
3	启动步骤	打开主电气隔离开关、控制面板将点亮	40	未打开主电气隔离开关扣5分	5	5			
		在控制面板上按绿色启动按钮，观察泵电机电流变化，并注意有无异常振动和噪声；一切正常后，逐步开启螺杆压缩机出口阀直至全开		未在控制面板上按绿色启动按钮扣5分	5	5			
				未观察电流是否正常扣5分	5	5			
				未观察振动是否正常扣5分	5	5			
				未观察噪声是否正常扣5分	5	5			
				未逐步开启螺杆压缩机出口阀直至全开扣10分	10	10			
4	停机步骤	在操作面板上点击停车按钮	20	未在操作面板上点击停车按钮扣10分	10	10			
		关闭螺杆压缩机出口阀门		未关闭螺杆压缩机出口阀门扣10分	10	10			
5	记录	记录启停过程中发现的问题	5	未进行记录扣5分	5	5			
6	安全生产及其他	劳保用品穿戴齐全、正确	从总分中扣除	劳保穿戴不齐整不得进入现场	100	100			
		严格按操作规程操作		每违反一项操作规定扣5分，严重的停止操作	100	5			
		在规定时间内完成操作		每超时1min的扣5分，超过3min停止操作	15	5			
合计			100						

考评员：　　　　年　　月　　日

技能操作考试试题 6

试题名称：往复式空气压缩机启、停操作

一、准备要求

1. 设备准备

序号	名称	规格	数量	备注
1	往复式空气压缩机		1 台	

2. 工具、量具、刃具准备

名称	规格	精度	数量	名称	规格	精度	数量
纸、笔			各 1	防爆对讲机			1 台
常用工具一套			1 套				

二、操作程序规定及说明

(1)按要求做好设备运行前各项检查；
(2)按设备操作规程进行往复式空气压缩机启、停操作；
(3)按要求进行关键参数监控及现场巡检；
(4)各项检查问题及设备运行参数做好记录；
(5)发现问题及时上报。

三、考核要求

(1)准备时间：5min；
(2)正式操作时间：15min；
(3)计时从正式操作开始，至操作完毕；
(4)规定时间内全部完成，每超 1min，从总分中扣 5 分；总超时 3min，停止作业。

四、配分与评分标准

见技能考核评分记录表 6。

技能考核评分记录表 6

试题名称：往复式空气压缩机启、停操作　　　　　　　　　　　　考核时间：15min

序号	考试内容	评分要素	配分	评分标准	最大扣分	步长	扣分	得分	备注
1	准备工作	工具、用具准备	5	未准备工具及材料或少准备一件扣 1 分	5	1			
2	启动前检查	确认各部件无松动、脱落现象，接地完好	30	未确认扣 3 分	3	3			
		确认报警、联锁已投用		未确认扣 3 分	3	3			
		检查往复式空气压缩机冷却水的进出口阀处于打开状态，并检查冷却水系统流量压力是否正常		未检查往复式空气压缩机冷却水的进出口阀处于打开状态扣 3 分	3	3			
				未检查冷却水系统流量压力是否正常扣 3 分	3	3			
		检查曲轴箱内润滑油液位，正常液位保持在 1/2～2/3 之间		未检查扣 3 分	3	3			
		确认电气、仪表、阀门完好，具备了投用条件		未确认扣 4 分	4	4			
		对往复式空气压缩机进行盘车，检查电机轴转动是否灵活，是否有异响		未盘车扣 4 分	4	4			
		确认往复式空气压缩机进出口阀关闭		未确认扣 4 分	4	4			
		确认往复式空气压缩机已送电		未确认送电扣 3 分	3	3			
3	启动步骤	启动润滑油泵，观察润滑油压力达到规定值	45	未启动润滑油泵扣 5 分	5	5			
		打开往复式空气压缩机入口阀		未打开入口阀门扣 5 分	5	5			
		闭合主开关，电源指示灯亮，接着“UNLOAD”（卸载）指示灯亮，显示屏显示“READY TO START”（准备启动）		未在控制面板上按绿色启动按钮扣 5 分	5	5			
				未观察电流是否正常扣 4 分	4	4			
				未观察振动是否正常扣 3 分	3	3			

续表

序号	考试内容	评分要素	配分	评分标准	最大扣分	步长	扣分	得分	备注
3	启动步骤	闭合主开关，电源指示灯亮，接着“UNLOAD”(卸载)指示灯亮，显示屏显示“READY TO START”(准备启动)	45	未观察噪声是否正常扣3分	3	3			
				未逐步开启往复式空气压缩机出口阀直至全开扣5分	5	5			
		按“START”(启动)按钮，往复式空气压缩机启动		未按“START”(启动)按钮扣5分	5	5			
		将空压机“正常/空载”旋钮置于“正常”位置，往复式空气压缩机加载运行		未加载运行扣5分	5	5			
		逐渐打开出口阀门，直至全开		未逐渐打开出口阀门，直至全开扣5分	5	5			
4	停机步骤	将“正常/卸载”旋钮置于“卸载”位置，卸去往复式空气压缩机负荷，使机器投入空负荷运行	15	未卸载扣5分	5	5			
		将旋钮旋至停止位置，使往复式空气压缩机停车		未将旋钮旋至停止位置扣5分	5	5			
		关闭往复式空气压缩机进出口阀门		未关闭往复式空气压缩机进出口阀门扣5分	5	5			
5	记录	记录启停过程中发现的问题	5	未进行记录扣5分	5	5			
6	安全生产及其他	劳保用品穿戴齐全、正确	从总分中扣除	劳保穿戴不齐整不得进入现场	100	100			
		严格按操作规程操作		每违反一项操作规定扣5分，严重的停止操作	100	5			
		在规定时间内完成操作		每超时1min的扣5分，超过3min停止操作	15	5			
合计			100						

考评员：　　　　　　　　　　　　　　　　　　　　　年　　月　　日

技能操作考试试题 7

试题名称：微热再生干燥装置启、停操作

一、准备要求

1. 设备准备

序号	名称	规格	数量	备注
1	微热再生干燥装置		1 台	

2. 工具、量具、刃具准备

名称	规格	精度	数量	名称	规格	精度	数量
纸、笔			各 1	防爆对讲机			1 台
常用工具一套			1 套				

二、操作程序规定及说明

(1)按要求做好设备运行前各项检查；
(2)按设备操作规程进行微热再生干燥装置启、停操作；
(3)按要求进行关键参数监控及现场巡检；
(4)各项检查问题及设备运行参数做好记录；
(5)发现问题及时上报。

三、考核要求

(1)准备时间：5min；
(2)正式操作时间：15min；
(3)计时从正式操作开始，至操作完毕；
(4)规定时间内全部完成，每超 1min，从总分中扣 5 分；总超时 3min，停止作业。

四、配分与评分标准

见技能考核评分记录表 7。

技能考核评分记录表 7

试题名称：微热再生干燥装置启、停操作　　　　考核时间：15min

序号	考试内容	评分要素	配分	评分标准	最大扣分	步长	扣分	得分	备注
1	准备工作	工具、用具准备	5	未准备工具及材料或少准备一件扣 1 分	5	1			
2	启动前检查	确认各部件无松动、脱落现象，接地完好	25	未确认扣 5 分	5	5			
		确认报警、联锁已投用		未确认扣 5 分	5	5			
		确认电气、仪表、阀门完好，具备了投用条件		未确认扣 5 分	5	5			
		确认微热再生干燥装置进出口阀关闭		未确认扣 5 分	5	5			
		确认螺杆压缩机已投用		未确认扣 3 分	3	3			
		确认微热再生干燥装置已送电		未确认送电扣 2 分	2	2			
3	启动步骤	启动微热再生装置的电加热器	50	未启动电加热器扣 10 分	10	10			
		微开出口截止阀		未微开出口阀扣 5 分	5	5			
		缓慢打开微热再生干燥器进气阀		未开进口阀扣 5 分	5	5			
		当入口压力表升至规定值时，通知中控启动微热再生装置		未观察压力扣 5 分	5	5			
				未通知中控启动扣 10 分	10	10			
		待微热再生干燥器整个系统压力上升至设定工作压力后，再完全开启微热再生干燥器出口排气阀		未全开出口阀扣 5 分	5	5			
		启动后检查温度、压力、露点等运行参数		未检查温度、压力、露点等运行参数，少一项扣 2 分	10	2			
4	停机步骤	在中控 DCS 对微热再生装置操作界面上点击停止	15	未停止扣 5 分	5	5			
		停电加热器		未停电加热器扣 5 分	5	5			
		关闭微热再生装置进出口阀门		未关闭微热再生装置进出口阀门扣 5 分	5	5			
5	记录	记录启停过程中发现的问题	5	未进行记录扣 5 分	5	5			
6	安全生产及其他	劳保用品穿戴齐全、正确	从总分中扣除	劳保穿戴不齐整不得进入现场	100	100			
		严格按操作规程操作		每违反一项操作规定扣 5 分，严重的停止操作	100	5			
		在规定时间内完成操作		每超时 1min 的扣 5 分，超过 3min 停止操作	15	5			
	合计		100						

考评员：　　　　年　　月　　日

技能操作考试试题 8

试题名称：PSA 制氮装置启、停操作

一、准备要求

1. 设备准备

序号	名称	规格	数量	备注
1	PSA 制氮装置		1 台	

2. 工具、量具、刃具准备

名称	规格	精度	数量	名称	规格	精度	数量
纸、笔			各 1	防爆对讲机			1 台
常用工具一套			1 套				

二、操作程序规定及说明

(1)按要求做好设备运行前各项检查；
(2)按设备操作规程进行 PSA 制氮装置启、停操作；
(3)按要求进行关键参数监控及现场巡检；
(4)各项检查问题及设备运行参数做好记录；
(5)发现问题及时上报。

三、考核要求

(1)准备时间：5min；
(2)正式操作时间：15min；
(3)计时从正式操作开始，至操作完毕；
(4)规定时间内全部完成，每超 1min，从总分中扣 5 分；总超时 3min，停止作业。

四、配分与评分标准

见技能考核评分记录表 8。

技能考核评分记录表 8

试题名称：PSA 制氮装置启、停操作　　　　考核时间：15min

序号	考试内容	评分要素	配分	评分标准	最大扣分	步长	扣分	得分	备注
1	准备工作	工具、用具准备	5	未准备工具及材料或少准备一件扣 1 分	5	1			
2	启动前检查	确认各部件无松动、脱落现象，接地完好	25	未确认扣 4 分	4	4			
		确认报警、联锁已投用		未确认扣 4 分	4	4			
		确认电气、仪表、阀门完好，具备了投用条件		未确认扣 4 分	4	4			
		确认 PSA 制氮装置进出口阀关闭		未确认扣 4 分	4	4			
		确认所有的进气管道、产品气体输送管道、放空管道、疏水管道等都已接通		未检查扣 5 分	5	5			
		确认设备已送电		未确认送电扣 4 分	4	4			
3	启动步骤	开冷干机：当冷干机露点温度低于设定值后，才能向装置系统供应原料空气	45	未启动冷干机扣 4 分	4	4			
		缓慢打开 PSA 制氮装置进口阀		未打开进口阀扣 3 分	3	3			
		当空气缓冲罐的压力表示值达到规定值时，在中控启动 PSA 制氮装置		未观察压力扣 4 分	4	4			
				未启动 PSA 制氮装置扣 4 分	4	4			
		“启动”绿灯不再闪动，转为常亮，各程控阀开始切换动作		未观察绿灯扣 3 分	3	3			
		检查各阀门的动作顺序是否符合要求		未检查阀门动作顺序扣 4 分	4	4			
		缓慢打开空气缓冲罐至 PSA 装置之间的空气截止阀，使吸附塔内的压力缓慢上升		未缓慢打开阀门扣 4 分	4	4			

续表

序号	考试内容	评分要素	配分	评分标准	最大扣分	步长	扣分	得分	备注
3	启动步骤	打开吸附塔出口手动调节阀，产品氮气进入氮气缓冲罐，使缓冲罐内压力逐渐上升，当压力上升至规定值时，将氮气缓冲罐内氮气排尽、置换	45	未打开阀门扣4分	4	4			
				未观察压力扣3分	3	3			
		调节氮气取样阀，使样品气压力稳定在规定值，进入氧气分析仪，并调整进入氧分析仪的样品气流量为规定值		未调节压力扣4分	4	4			
				未调节流量扣4分	4	4			
		观察氧含量分析仪读数，大于2%时排大气阀门打开、去氮气管网阀门关闭，小于2%时排大气阀门关闭、去氮气管网阀门打开		未观察氧含量分析仪读数，排大气阀门及去氮气管网阀门状态扣4分	4	4			
		缓慢打开PSA制氮装置出口调节阀，使出口流量达到规定值		未调节出口流量扣4分	4	4			
		启动后检查温度、压力、露点流量等运行参数		未检查温度、压力、露点等运行参数	4	1			
4	停机步骤	在中控按“停止”按钮，所有程控阀回到初始位置	20	未按“停止”按钮扣10分	10	10			
		关闭进气阀和出口阀		未关闭进出气阀扣5分	5	5			
		停冷干机		未停冷干机扣5分	5	5			
5	记录	记录启停过程中发现的问题	5	未进行记录扣5分	5	5			
6	安全生产及其他	劳保用品穿戴齐全、正确	从总分中扣除	劳保穿戴不齐整不得进入现场	100	100			
		严格按操作规程操作		每违反一项操作规定扣5分，严重的停止操作	100	5			
		在规定时间内完成操作		每超时1min的扣5分，超过3min停止操作	15	5			
合计			100						

考评员：　　　　　　　　　　　　　　　　　　　　年　　月　　日

技能操作考试试题 9

试题名称：电解制氯装置启、停操作

一、准备要求

1. 设备准备

序号	名称	规格	数量	备注
1	电解制氯装置		1 套	

2. 工具、量具、刃具准备

名称	规格	精度	数量	名称	规格	精度	数量
纸、笔			各 1	防爆对讲机			1 台
常用工具一套			1 套	便携式氯气检测仪			1 台

二、操作程序规定及说明

(1)按要求做好设备运行前各项检查；
(2)按设备操作规程进行电解制氯装置启、停操作；
(3)按要求进行关键参数监控及现场巡检；
(4)各项检查问题及设备运行参数做好记录；
(5)发现问题及时上报。

三、考核要求

(1)准备时间：5min；
(2)正式操作时间：20min；
(3)计时从正式操作开始，至操作完毕；
(4)规定时间内全部完成，每超 1min，从总分中扣 5 分；总超时 5min，停止作业。

四、配分与评分标准

见技能考核评分记录表 9。

技能考核评分记录表 9

试题名称：电解制氯装置启、停操作　　考核时间：20min

序号	考试内容	评分要素	配分	评分标准	最大扣分	步长	扣分	得分	备注
1	准备工作	工具、用具准备	5	未准备工具及材料或少准备一件扣 1 分	5	1			
2	启动前检查	确认各部件无松动、脱落现象，接地完好	15	未确认扣 2 分	2	2			
		确认报警、联锁已投用		未确认扣 2 分	2	2			
		确认就地、在线仪表准确		未确认扣 2 分	2	2			
		确认相关阀门设置正确		未确认扣 2 分	2	2			
		确认设备已送电		未确认送电扣 2 分	2	2			
		确认电解制氯装置流程已导通		未确认扣 2 分	2	2			
		将电解槽整流器控制开关打到远程模式		未将电解槽整流器控制开关打到远程模式扣 3 分	3	3			
3	启动风机	在控制面板上启动风机 1 或 2。在控制面板上点击风机 1，在弹出窗口上点击“启动”，则风机 1 启动	10	未正确启动风机扣 10 分	10	10			
4	投用反冲洗过滤器	进入控制器界面，将过滤器设置为压差自动状态，按要求设置反冲洗时间及压差设定值。将过滤器旋转开关旋至“ON”	10	未进行设置扣 5 分	5	5			
				未将过滤器旋转开关旋至“ON”扣 5 分	5	5			
5	启动海水升压泵	在控制面板上点击海水升压泵，在弹出窗口上点击“启动”，海水升压泵启动	5	未启动海水升压泵扣 5 分	5	5			
6	启动整流器	在控制面板上开启整流器，缓慢增大电流值至规定值	5	未开启整流器扣 5 分	5	5			
				未缓慢增大电流值至规定值扣 5 分	5	5			
7	启动连续加药泵	将连续加药泵设定为自动模式，当次氯酸钠储罐液位达到低报值时自动启动，若第 1 台连续加药泵出现故障，则自动切换至第二台运行，否则持续运行第一台泵	10	未将连续加药泵设为自动模式扣 10 分	10	10			

续表

序号	考试内容	评分要素	配分	评分标准	最大扣分	步长	扣分	得分	备注
8	启动冲击加药泵	将冲击加药泵设定为自动模式，当次氯酸钠储罐液位达到高报值时自动启动，液位达到高高报时自动停止	10	未将冲击加药泵设为自动模式扣10分	10	10			
9	检查	启动后检查温度、压力、液位、流量、电流等运行参数	5	未检查温度、压力、液位、流量、电流等运行参数，少一项扣1分	5	1			
10	系统停车	缓慢降低整流器电流至0，停整流器	20	未逐步降低整流器电流至0扣3分	3	3			
				未停整流器扣3分	3	3			
		停海水升压泵并关闭进出口阀		未停海水升压泵扣3分	3	3			
				未关闭进出口阀扣3分	3	3			
		停风机		未停风机扣3分	3	3			
		根据次氯酸钠储罐液位情况停连续加药泵和冲击加药泵		未停冲击加药泵扣3分	3	3			
				未停冲击加药泵扣2分	2	2			
11	记录	记录启停过程中发现的问题	5	未进行记录扣5分	5	5			
12	安全生产及其他	劳保用品穿戴齐全、正确	从总分中扣除	劳保穿戴不齐整不得进入现场	100	100			
		严格按操作规程操作		每违反一项操作规定扣5分，严重的停止操作	100	5			
		在规定时间内完成操作		每超时1min的扣5分，超过5min停止操作	25	5			
合计			100						

考评员：　　　　　　　　　　　　　　　　　　　　年　　月　　日

技能操作考试试题 10

试题名称：海水泵启、停操作

一、准备要求

1. 设备准备

序号	名称	规格	数量	备注
1	海水泵		1台	

2. 工具、量具、刃具准备

名称	规格	精度	数量	名称	规格	精度	数量
纸、笔			各1	防爆对讲机			1台
常用工具一套			1套				

二、操作程序规定及说明

(1)按要求做好设备运行前各项检查；
(2)按设备操作规程进行生活给水泵启、停操作；
(3)按要求进行关键参数监控及现场巡检；
(4)各项检查问题及设备运行参数做好记录；
(5)发现问题及时上报。

三、考核要求

(1)准备时间：5min；
(2)正式操作时间：15min；
(3)计时从正式操作开始，至操作完毕；
(4)规定时间内全部完成，每超1min，从总分中扣5分；总超时3min，停止作业。

四、配分与评分标准

见技能考核评分记录表10。

技能考核评分记录表 10

试题名称：海水泵启、停操作　　　　考核时间：15min

序号	考试内容	评分要素	配分	评分标准	最大扣分	步长	扣分	得分	备注
1	准备工作	工具、用具准备	5	未准备工具及材料或少准备一件扣 1 分	5	1			
2	启动前检查	确认各部件无松动、脱落现象，接地完好	30	未确认扣 3 分	3	3			
		检查润滑油情况，油位应在 1/2 至 2/3 处，油质应无乳化、无变色		未检查扣 3 分	3	3			
		检查海水池液位，液位处于正常操作液位范围之内		未检查液位扣 4 分	4	4			
		确认报警、联锁已投用		未确认扣 3 分	3	3			
		确认电气、仪表、阀门完好，具备了投用条件		未确认扣 3 分	3	3			
		手动盘车 2～3 圈，确保盘车灵活		未盘车扣 3 分	3	3			
		确认海水泵出口液控微阻缓闭止回阀关闭，电动蝶阀全开		未确认扣 4 分	4	4			
		确认海水泵已送电		未确认送电扣 3 分	3	3			
		确认 ORV/IFV 具备投用条件		未确认扣 4 分	4	4			
3	启动步骤	将海水泵电加热器旋钮打到“分”位置	35	未关闭电加热器扣 5 分	5	5			
		将海水泵操作柱上旋钮打到“启动”位置		未将海水泵操作柱上旋钮打到“启动”位置扣 5 分	5	5			
		观察海水泵出口液控微阻缓闭止回阀缓慢打开，阀门全开后观察海水泵电机电流、流量、压力等运行参数，有无异常振动及噪声		未观察海水泵出口液控微阻缓闭止回阀缓慢打开扣 10 分	10	10			
				未观察电流、流量、压力等运行参数是否正常，少一项扣 1 分	5	1			
				未观察有无异常振动扣 5 分	5	5			
				未观察有无异常噪声扣 5 分	5	5			

续表

序号	考试内容	评分要素	配分	评分标准	最大扣分	步长	扣分	得分	备注
4	停机步骤	将海水泵操作柱上旋钮打到“停止”位置	25	未将海水泵操作柱上旋钮打到“停止”位置扣10分	10	10			
		观察海水泵出口液控微阻缓闭止回阀缓慢关闭		未观察液控微阻缓闭止回阀缓慢关闭扣10分	10	10			
		将海水泵电加热器旋钮打到“合”位置		未将海水泵电加热器旋钮打到“合”位置扣5分	5	5			
5	记录	记录启停过程中发现的问题	5	未进行记录扣5分	5	5			
6	安全生产及其他	劳保用品穿戴齐全、正确	从总分中扣除	劳保穿戴不齐整不得进入现场	100	100			
		严格按操作规程操作		每违反一项操作规定扣5分，严重的停止操作	100	5			
		在规定时间内完成操作		每超时1min的扣5分，超过3min停止操作	15	5			
合计			100						

考评员：　　　　　　　　　　　　　　　　　　　　　　　　年　　月　　日

技能操作考试试题 11

试题名称：旋转滤网启、停操作

一、准备要求

1. 设备准备

序号	名称	规格	数量	备注
1	旋转滤网		1 台	

2. 工具、量具、刃具准备

名称	规格	精度	数量	名称	规格	精度	数量
纸、笔			各 1	防爆对讲机			1 台
常用工具一套			1 套				

二、操作程序规定及说明

(1)按要求做好设备运行前各项检查；
(2)按设备操作规程进行旋转滤网启、停操作；
(3)按要求进行关键参数监控及现场巡检；
(4)各项检查问题及设备运行参数做好记录；
(5)发现问题及时上报。

三、考核要求

(1)准备时间：5min；
(2)正式操作时间：15min；
(3)计时从正式操作开始，至操作完毕；
(4)规定时间内全部完成，每超 1min，从总分中扣 5 分；总超时 3min，停止作业。

四、配分与评分标准

见技能考核评分记录表 11。

技能考核评分记录表 11

试题名称：旋转滤网启、停操作　　　　考核时间：15min

序号	考试内容	评分要素	配分	评分标准	最大扣分	步长	扣分	得分	备注
1	准备工作	工具、用具准备	5	未准备工具及材料或少准备一件扣 1 分	5	1			
2	启动前检查	确认各部件无松动、脱落现象，接地完好	25	未确认扣 4 分	4	4			
		确认报警、联锁已投用		未确认扣 4 分	4	4			
		确认电气、仪表、阀门完好，具备了投用条件		未确认扣 4 分	4	4			
		确认海水闸已打开		未确认扣 4 分	4	4			
		确认移动式清污机处于正常状态		未确认扣 3 分	3	3			
		确认旋转滤网电机已送电		未确认送电扣 3 分	3	3			
		确认海水泵已启动		未确认扣 3 分	3	3			
3	启动步骤	在就地操作盘上将旋钮调至“手动”	35	未在就地操作盘上将旋钮调至“手动”扣 5 分	5	5			
		揌下“1#阀开启动”按钮，旋转滤网开始喷淋		未揌下“1#阀开启动”按钮扣 10 分	10	10			
		揌下“1#旋转滤网低速启动”按钮，滤网开始低速旋转		未揌下“1#旋转滤网低速启动”按钮扣 10 分	10	10			
		揌下“1#旋转滤网高速启动”按钮，滤网开始高速旋转		未揌下“1#旋转滤网高速启动”按钮扣 10 分	10	10			
4	自动运行	在就地操作盘上将旋钮调至“自动”，当水位差计检测到网前后水位差达到规定值时，由水位差计发出信号，打开冲洗阀门后再启动旋转滤网	15	未在就地操作盘上将旋钮调至“自动”扣 5 分	5	5			
				未说明自动启动条件扣 10 分	10	10			
5	停机步骤	在就地操作盘上将旋钮调至“手动”	15	未在就地操作盘上将旋钮调至“手动”扣 5 分	5	5			
		揌下“1#阀关启动”按钮，旋转滤网停止喷淋		未揌下“1#阀关启动”按钮扣 5 分	5	5			
		揌下“1#旋转滤网停止”按钮，滤网停止旋转		未揌下“1#旋转滤网停止”按钮扣 5 分	5	5			
6	记录	记录启停过程中发现的问题	5	未进行记录扣 5 分	5	5			
7	安全生产及其他	劳保用品穿戴齐全、正确	从总分中扣除	劳保穿戴不齐整不得进入现场	100	100			
		严格按操作规程操作		每违反一项操作规定扣 5 分，严重的停止操作	100	5			
		在规定时间内完成操作		每超时 1min 的扣 5 分，超过 3min 停止操作	15	5			
合计			100						

考评员：　　　　　　　　年　　月　　日

技能操作考试试题 12

试题名称：柴油海水消防泵启、停操作

一、准备要求

1. 设备准备

序号	名称	规格	数量	备注
1	柴油海水消防泵		1台	

2. 工具、量具、刃具准备

名称	规格	精度	数量	名称	规格	精度	数量
纸、笔			各1	防爆对讲机			1台
常用工具一套			1套				

二、操作程序规定及说明

(1)按要求做好设备运行前各项检查；
(2)按设备操作规程进行柴油海水消防泵启、停操作；
(3)按要求进行关键参数监控及现场巡检；
(4)各项检查问题及设备运行参数做好记录；
(5)发现问题及时上报。

三、考核要求

(1)准备时间：5min；
(2)正式操作时间：15min；
(3)计时从正式操作开始，至操作完毕；
(4)规定时间内全部完成，每超1min，从总分中扣5分；总超时3min，停止作业。

四、配分与评分标准

见技能考核评分记录表12。

技能考核评分记录表 12

试题名称：柴油海水消防泵启、停操作　　　　考核时间：15min

序号	考试内容	评分要素	配分	评分标准	最大扣分	步长	扣分	得分	备注
1	准备工作	工具、用具准备	5	未准备工具及材料或少准备一件扣 1 分	5	1			
2	启动前检查	确认各部件无松动、脱落现象，接地完好	25	未确认扣 3 分	3	3			
		检查海水池液位，液位处于正常操作液位范围之内		未检查海水池液位扣 3 分	3	3			
		检查柴油机进气管道连接是否密封可靠		未检查扣 2 分	2	2			
		检查排气管是否清洁无异物，并避免外部水源从排气管进入柴油机		未检查扣 3 分	3	3			
		检查冷却系统管路连接是否可靠无渗漏		未检查扣 2 分	2	2			
		检查润滑油液位在规定范围内		未检查扣 2 分	2	2			
		检查柴油罐液位在规定值以上，供油管路已导通		未检查扣 2 分	2	2			
		检查蓄电池电压充足		未检查扣 2 分	2	2			
		确认报警、联锁已投用		未确认扣 3 分	3	3			
		电气、仪表、阀门完好，具备了投用条件		未检查扣 3 分	3	3			
3	电加热器启动	泵管电加热器在海水温度低于设定值时启动，将泵管手动加热旋钮打至“启动”位置；将泵管加热器旋钮打至“自动”位置；将泵管加热旋钮打至“主加热”或者“备加热”	20	未将泵管手动加热旋钮打至“启动”位置扣 5 分	5	5			
				未将泵管加热器旋钮打至“自动”位置扣 5 分	5	5			
				未将泵管加热旋钮打至“主加热”或者“备加热”扣 5 分	5	5			
		柴油机冷却水加热器在空气温度低于设定值时启动；将柴油机冷却水加热旋钮打至“启动”位置		未将柴油机冷却水加热旋钮打至“启动”位置扣 5 分	5	5			

续表

序号	考试内容	评分要素	配分	评分标准	最大扣分	步长	扣分	得分	备注
4	柴油海水消防泵启动	将主控柜内启动旋钮打至“手动”位置	25	未将主控柜内启动旋钮打至“手动”位置扣3分	3	3			
		将辅控柜上启动按钮打至“手动”位置		未将辅控柜上启动按钮打至“手动”位置扣3分	3	3			
		长按辅控柜上“电瓶1启动”按钮5~10s，若没有启动，则相隔10s后长按辅控柜上“电瓶2启动”按钮5~10s，若仍没有启动，依次长按“电瓶1启动”“电瓶2启动”按钮5~10s。6次后没有启动需停止启动该设备		未长按辅控柜上“电瓶1启动”按钮5~10s扣3分	3	3			
				若没有启动，未相隔10s后长按辅控柜上“电瓶2启动”按钮5~10s扣3分	3	3			
				未依次长按“电瓶1启动”“电瓶2启动”按钮5~10s扣3分	3	3			
		通过调节泵出口阀将出口压力调节至规定值		未通过调节泵出口阀将出口压力调节至规定值扣3分	3	3			
		观察泵出口流量在规定值		未观察泵出口流量扣3分	3	3			
		启动后检查异常情况		未检查异常情况扣4分	4	4			
5	停机步骤	在主控柜面板上按红色停止按钮5~10s	20	未按红色停止按钮5~10s扣10分	10	10			
		若不能停机，则打开主控柜门，将里面黑色按钮由“Manual”旋至“Off“状态		未将里面黑色按钮由“Manual”旋至“Off“状态扣10分	10	10			
6	记录	记录启停过程中发现的问题	5	未进行记录扣5分	5	5			
7	安全生产及其他	劳保用品穿戴齐全、正确	从总分中扣除	劳保穿戴不齐整不得进入现场	100	100			
		严格按操作规程操作		每违反一项操作规定扣5分，严重的停止操作	100	5			
		在规定时间内完成操作		每超时1min的扣5分，超过3min停止操作	15	5			
合计			100						

考评员：　　　　　　　　　　　　　　　　　　　　　　年　　月　　日

技能操作考试试题 13

试题名称：热水锅炉启、停操作

一、准备要求

1. 设备准备

序号	名称	规格	数量	备注
1	热水锅炉		1 台	

2. 工具、量具、刃具准备

名称	规格	精度	数量	名称	规格	精度	数量
纸、笔			各 1	防爆对讲机			1 台
常用工具			1 套				

二、操作程序规定及说明

(1)按要求做好设备运行前各项检查；
(2)按设备操作规程进行热水锅炉启、停操作；
(3)按要求进行关键参数监控及现场巡检；
(4)各项检查问题及设备运行参数做好记录；
(5)发现问题及时上报。

三、考核要求

(1)准备时间：5min；
(2)正式操作时间：15min；
(3)计时从正式操作开始，至操作完毕；
(4)规定时间内全部完成，每超 1min，从总分中扣 5 分；总超时 3min，停止作业。

四、配分与评分标准

见技能考核评分记录表 13。

技能考核评分记录表 13

试题名称：热水锅炉启、停操作　　　　考核时间：15min

序号	考试内容	评分要素	配分	评分标准	最大扣分	步长	扣分	得分	备注
1	准备工作	工具、用具准备	5	未准备工具及材料或少准备一件扣1分	5	1			
2	启动前检查	确认各部件无松动、脱落现象，接地完好	20	未确认扣2分	2	2			
		确认水位表、压力表、安全阀、排污阀等都应符合要求		未确认扣3分	3	3			
		确认燃料气系统已投用		未检查扣2分	2	2			
		确认电气、仪表、阀门完好，具备了投用条件		未确认扣3分	3	3			
		确认采暖水水质合格		未确认扣2分	2	2			
		确认采暖水系统已投用，锅炉水箱内充满水		未确认扣3分	3	3			
		确认锅炉进出口阀门已打开		未确认进出口阀门已打开扣3分	3	3			
		确认锅炉已送电		未确认送电扣2分	2	2			
3	启动步骤	启动采暖水循环水泵，检查锅炉内采暖水压力达到规定值	50	未启动采暖水循环水泵扣5分	5	5			
				未检查锅炉内采暖水压力达到规定值扣5分	5	5			
		打开燃料气管线上手阀		未打开阀门扣5分	5	5			
		中控打开燃料气管线上阀门仪控阀门		未打开仪控阀门扣5分	5	5			
		观察燃料气进气压力经减压阀调节后降至规定值		未观察燃料气压力降至规定值扣5分	5	5			
		在锅炉的现场控制柜上按下启动按钮		未在控制面板上按启动按钮扣5分	10	10			
		炉点火成功时，控制柜运行画面会显示火焰画面		未观察画面显示火焰扣10分	10	10			
		启动后检查压力、温度等参数是否正常		未检查压力、温度等参数是否正常，少一项扣1分	5	1			

续表

序号	考试内容	评分要素	配分	评分标准	最大扣分	步长	扣分	得分	备注
4	停机步骤	在现场锅炉操作柜上按停止按钮	20	未在现场锅炉操作柜上按停止按钮扣10分	10	10			
		关闭燃料气管线上阀门		未关闭燃料气管线上阀门扣10分	10	10			
5	记录	记录启停过程中发现的问题	5	未进行记录扣5分	5	5			
6	安全生产及其他	劳保用品穿戴齐全、正确	从总分中扣除	劳保穿戴不齐整不得进入现场	100	100			
		严格按操作规程操作		每违反一项操作规定扣5分，严重的停止操作	100	5			
		在规定时间内完成操作		每超时1min的扣5分，超过3min停止操作	15	5			
合计			100						

考评员：　　　　　　　　　　　　　　　　　　　　　　　　年　　月　　日

技能操作考试试题 14

试题名称：电动海水消防泵启、停操作

一、准备要求

1. 设备准备

序号	名称	规格	数量	备注
1	电动海水消防泵		1 台	

2. 工具、量具、刃具准备

名称	规格	精度	数量	名称	规格	精度	数量
纸、笔			各 1	防爆对讲机			1 台
常用工具			1 套				

二、操作程序规定及说明

(1)按要求做好设备运行前各项检查；
(2)按设备操作规程进行电动海水消防泵启、停操作；
(3)按要求进行关键参数监控及现场巡检；
(4)各项检查问题及设备运行参数做好记录；
(5)发现问题及时上报。

三、考核要求

(1)准备时间：5min；
(2)正式操作时间：15min；
(3)计时从正式操作开始，至操作完毕；
(4)规定时间内全部完成，每超 1min，从总分中扣 5 分；总超时 3min，停止作业。

四、配分与评分标准

见技能考核评分记录表 14。

技能考核评分记录表 14

试题名称：电动海水消防泵启、停操作　　　　考核时间：15min

序号	考试内容	评分要素	配分	评分标准	最大扣分	步长	扣分	得分	备注
1	准备工作	工具、用具准备	5	未准备工具及材料或少准备一件扣 1 分	5	1			
2	启动前检查	确认各部件无松动、脱落现象，接地完好	20	未确认扣 3 分	3	3			
		确认电机加热器工作正常，绕组温度和轴承温度正常		未确认扣 4 分	4	4			
		确认电气、仪表、阀门完好，具备了投用条件		未确认扣 3 分	3	3			
		手动盘车 2～3 圈，确保盘车灵活		未盘车扣 3 分	3	3			
		检查海水池液位，液位处于正常操作液位范围之内		未检查扣 4 分	4	4			
		确认电动海水消防泵已送电		未确认送电扣 3 分	3	3			
3	电加热器启动	泵的电加热器在海水温度低于设定值时启动：将泵管手动加热旋钮打至“启动”位置	15	未检查温度并启动电加热器扣 15 分	15	15			
4	电动消防泵启动	在控制盘上选择“就地”模式，按下“就地启动”按钮，多功能水力控制阀自动缓慢开启	30	未启动扣 15 分	15	15			
		调节出口阀门的开度，观察出口压力值，使泵处在规定的操作压力下		未调节出口阀扣 6 分	6	6			
		检查电流、压力、流量等运行参数是否正常		未检查压力、流量等运行参数是否正常，少一项扣 3 分	9	3			
5	电动消防泵停泵	在操作柱上将旋钮打到停止状态	25	未停止扣 15 分	15	15			
		缓慢关闭泵的出口阀门		未关阀扣 10 分	10	10			
6	记录	记录巡检发现的问题	5	未进行巡检记录扣 5 分	5	5			
7	安全生产及其他	收拾工具，清洁场地	从总分中扣除	未清理现场从总分中扣 5 分	5	5			
		严格按操作规程操作		每违反 1 项操作规程扣 5 分，严重的停止操作	100	100			
		在规定时间内完成		每超时 1min 扣 5 分。超过 3min 停止操作	15	5			
合计			100						

考评员：　　　　年　　月　　日

技能操作考试试题 15

试题名称：操作登船梯到船上指定位置

一、准备要求

1. 材料准备

序号	名称	规格	数量	备注
1	记录纸		1 张	
2	记录笔		1 支	

2. 设备准备

序号	名称	规格	数量	备注
1	登船梯		1 台	

二、操作程序规定及说明

(1)操作前检查；
(2)登船梯操作。

三、考核要求

(1)准备时间：3min；
(2)正式操作时间：15min；
(3)计时从正式操作开始，至操作完毕；
(4)规定时间内全部完成，每超 1min，从总分中扣 5 分；总超时 4min，停止作业。

四、配分与评分标准

见技能考核评分记录表 15。

技能考核评分记录表 15

试题名称：操作登船梯到船上指定位置　　　　考核时间：15min

序号	考试内容	评分要素	配分	评分标准	最大扣分	步长	扣分	得分	备注
1	操作前检查	检查油箱油位、油质	10	未检查油箱油位扣 5 分	5	5			
				未检查油质扣 5 分	5	5			
		确认设备附近无妨碍运行和操作的杂物	5	未确认设备附近无妨碍物扣 5 分	5	5			
2	登船梯操作	打开总电源开关和控制电源开关	5	未打开总电源开关和控制电源开关扣 5 分	5	5			
		按下“油泵开”按钮，检查有无异响	10	未按下“油泵开”按钮扣 5 分	5	5			
				未检查有无异响扣 5 分	5	5			
		按下“主梯升”按钮	5	按下“主梯升”按钮扣 5 分	5	5			
		根据船高度按下“X 层”按钮	10	选错楼层(X 层)扣 10 分	10	10			
		点动“回转右”按钮，控制悬梯向右回转约 90°	10	碰撞船上护栏或其他物体扣 10 分	10	10			
		按下“保险脱钩”按钮，主梯脱钩	10	未使主梯脱钩扣 10 分	10	10			
		点动“前梯伸”按钮，调整到合适长度	10	未调整到合适长度扣 5 分	5	5			
				未观察有无障碍物扣 5 分	5	5			
		点动“主梯降”按钮，将三角梯停放在甲板上	15	未将主梯调至约水平位置扣 5 分	5	5			
				三角梯碰撞船上物体扣 5 分	5	5			
				三角梯放置位置不当扣 5 分	5	5			
		按下“油泵关”按钮，停油泵	5	未停油泵扣 5 分	5	5			
		设置悬梯自由浮动状态	5	悬梯未设自由浮动状态扣 5 分	5	5			
3	安全生产及其他	劳保用品穿戴齐全、正确	从总分中扣除	劳保穿戴不齐整不得进入现场	100	100			
		遵守相关安全操作规程		每违反一项操作规定扣 5 分，严重的停止操作	100	5			
		在规定时限内完成		每超 1min 从总分中扣 5 分，超时 4min 终止操作	20	5			
合计			100						

考评员：　　　　年　月　日

技能操作考试试题 16

试题名称：操作卸料臂完成船岸管口对接

一、准备要求

1. 设备准备

序号	名称	规格	数量	备注
1	卸料臂		1 台	

2. 材料准备

序号	名称	规格	数量	备注
1	记录纸		1 张	
2	记录笔		1 支	

3. 工具、用具、量具准备

名称	规格	精度	数量	名称	规格	精度	数量
卸料臂遥控器			1 台				

二、操作程序规定及说明

(1)准备工作；
(2)控制盘指示及报警检查；
(3)操作卸料臂动作；
(4)与目标法兰连接；
(5)设为浮动模式；
(6)遥控器关闭。

三、考核要求

(1)准备时间：3min；
(2)正式操作时间：20min；
(3)计时从正式操作开始，至操作完毕；
(4)规定时间内全部完成，每超 1min，从总分中扣 5 分；总超时 5min，停止作业。

四、配分与评分标准

见技能考核评分记录表 16。

技能考核评分记录表 16

试题名称：操作卸料臂完成船岸管口对接　　　　考核时间：20min

序号	考试内容	评分要素	配分	评分标准	最大扣分	步长	扣分	得分	备注
1	工器具准备	准备工器具	5	未准备工器具扣 5 分	5	5			
2	就地控制盘电源打开	在就地控制盘上的电源钥匙开关打到“Control On”位置	5	未打开电源开关扣 5 分	5	5			
3	测试指示灯及报警灯	按下按钮“Lamp test”检查 LCP 上的所有指示灯、喇叭、报警灯是否正常	10	未检查指示灯扣 5 分	5	5			
				未检查报警灯、喇叭扣 5 分	5	5			
4	操作卸料臂动作	通过液压油泵选择开关选择所需液压油泵	5	未选择液压油泵扣 5 分	5	5			
		选择开关“Selection Panel/Radio”置于“Radio”	5	未选择遥控模式扣 5 分	5	5			
		打开遥控器电源开关	5	遥控器电源及启动按钮未打开扣 5 分	5	5			
		在遥控器上选择所需操作的卸料臂	5	未选择或选错卸料臂扣 5 分	5	5			
		手动解除风浪锁解锁内臂	5	未解除风浪锁扣 5 分	5	5			
		打开液压阀柜球阀解锁外臂	5	未打开液压阀柜球阀扣 5 分	5	5			
		通过速度选择开关选择所需驱动速度	5	未选择合适速度的扣 5 分	5	5			
		通过上、下、左、右、前、后按钮操作卸料臂 QC/DC 至目标法兰附件	10	操作卸料臂移动不平稳扣 5 分	5	5			
				与障碍物距离过近或刮碰扣 5 分	5	5			
5	与目标法兰连接	拆除 QC/DC 前导淋盲法兰泄压、QC/DC 连接至目标法兰	10	未通过导淋阀泄压打开盲法兰扣 5 分	5	5			
				QC/DC 与法兰连接后卡爪抓不紧扣 5 分	5	5			
6	设为浮动模式	放置千斤顶，将卸料臂设置为浮动状态	10	未放置千斤顶扣 5 分	5	5			
				未设置为浮动状态扣 5 分	5	5			

续表

序号	考试内容	评分要素	配分	评分标准	最大扣分	步长	扣分	得分	备注
7	关闭遥控器	卸料臂选择按钮打到“0”位；控制模式选为就地控制盘；关闭遥控器电源	15	卸料臂选择按钮未打到“0”位扣5分	5	5			
				控制模式未选为就地控制盘扣5分	5	5			
				遥控器电源未关扣5分	5	5			
8	安全生产及其他	清点工具，清理现场	从总分中扣除	未清理工具、现场扣5分	5	5			
		劳保用品穿戴齐全、正确		劳保穿戴不齐整不得进入现场	100	100			
		遵守相关安全操作规程		每违反一项操作规定扣5分，严重的停止操作	100	5			
		在规定时限内完成		每超1min从总分中扣5分，超时5min终止操作	25	5			
合计			100						

考评员：　　　　　　　　　　　　　　　　年　　月　　日

技能操作考试试题 17

试题名称：启、停罐内泵

一、准备要求

1. 设备准备

序号	名称	规格	数量	备注
1	罐内泵		1 台	

2. 材料准备

序号	名称	规格	数量	备注
1	记录纸		1 张	
2	记录笔		1 支	

3. 工具、量具、刃具准备

名称	规格	精度	数量	名称	规格	精度	数量
防爆对讲机			1 台				

二、操作程序规定及说明

(1)启泵前检查；
(2)阀位设置；
(3)启动泵；
(4)停泵。

三、考核要求

(1)准备时间：3min；
(2)正式操作时间：15min；
(3)计时从正式操作开始，至操作完毕；
(4)规定时间内全部完成，每超 1min，从总分中扣 5 分；总超时 4min，停止作业。

四、配分与评分标准

见技能考核评分记录表 17。

技能考核评分记录表 17

试题名称：启、停罐内泵　　　　考核时间：15min

序号	考试内容	评分要素	配分	评分标准	最大扣分	步长	扣分	得分	备注
1	准备工作	DCS 页面切换至罐内泵	5	DCS 页面未切换至罐内泵扣 5 分	5	5			
2	启泵前检查	储罐液位大于低报值	15	未确认储罐液位扣 3 分	3	3			
		氮封压力在规定范围内		未确认氮封压力扣 3 分	3	3			
		确认罐内泵出口、回流、放空管线上手阀均已打开		现场手阀状态确认每漏一个扣 1 分	3	1			
		确认泵已送电		未确认泵送电扣 3 分	3	3			
		确认仪表示数正常		未确认仪表正常扣 3 分	3	3			
3	阀位设置	确认泵出口汇管阀门打开；确认泵出口阀全关	10	未确认泵出口汇管阀门打开扣 5 分	5	5			
				未确认泵出口阀全关扣 5 分	5	5			
		最小流量调节阀手动打开至规定值以上	5	未打开至规定值以上扣 5 分	5	5			
		放空线阀门手动关闭	5	放空线阀门未关闭扣 5 分	5	5			
4	启动泵	在低压泵页面按下“启动”按钮启泵	5	未按启动按钮扣 5 分	5	5			
		当出口流量达到设定值以上且稳定后缓慢打开出口阀	5	出口流量未达到设定值且流量不稳定开出口阀扣 5 分	5	5			
		出口阀缓慢打开过程中慢慢关回流阀	5	未关回流阀扣 5 分	5	5			
		泵放空线阀门投自动	5	放空线阀门未投自动扣 5 分	5	5			
		泵最小流量调节阀投自动，流量设为设定值以上	10	最小流量调节阀未投自动扣 5 分	5	5			
				流量设置范围不当扣 5 分	5	5			

续表

序号	考试内容	评分要素	配分	评分标准	最大扣分	步长	扣分	得分	备注
5	停泵	慢慢关闭泵出口阀，同时最小流量调节阀改为手动模式缓慢打开；保持低压总管压力稳定，直至泵出口阀全关	15	未关注低压总管压力扣5分	5	5			
				最小流量调节阀改为手动模式扣5分	5	5			
				阀门开关配合不当，引起流量较大波动扣5分	5	5			
		按下泵停车按钮，停泵；确认放空阀自动打开，手动关闭回流阀	15	未对需停车泵按下停车按钮扣5分	5	5			
				未确认排气阀自动打开扣5分	5	5			
				未手动关闭回流阀扣5分	5	5			
6	安全生产及其他	劳保用品穿戴齐全、正确	从总分中扣除	劳保穿戴不齐整不得进入现场	100	100			
		遵守相关安全操作规程		每违反一项操作规定扣5分，严重的停止操作	100	5			
		在规定时限内完成		每超1min从总分中扣5分，超时4min终止操作	20	5			
合计			100						

考评员： 年 月 日

技能操作考试试题 18

试题名称：LNG 槽车充装操作

一、准备要求

1. 设备准备

序号	名称	规格	数量	备注
1	装车撬		1 台	

2. 材料准备

序号	名称	规格	数量	备注
1	记录笔		1 支	
2	记录本		1 本	
3	图纸		1 套	

3. 工具、量具、刃具准备

名称	规格	精度	数量	名称	规格	精度	数量
便携式可燃气体检测仪			1 台				
对讲机			1 台				
警戒带			1 卷				

二、操作程序规定及说明

(1) 准备工作；
(2) 充装前操作；
(3) 充装中操作；
(4) 充装结束；
(5) 填记录；
(6) 收工具。

三、考核要求

(1) 准备时间：5min；
(2) 正式操作时间：20min；
(3) 计时从正式操作开始，至操作完毕；
(4) 规定时间内全部完成，每超 1min，从总分中扣 3 分；总超时 5min，停止作业。

四、配分与评分标准

见技能考核评分记录表 18。

技能考核评分记录表 18

试题名称：LNG 槽车充装操作　　　　考核时间：20min

序号	考试内容	评分要素	配分	评分标准	最大扣分	步长	扣分	得分	备注
1	准备工作	引导车辆准备	10	未引导车辆入岛扣 5 分	5	5			
				未确认槽车熄火、拉手刹扣 5 分	5	5			
2	充装前操作	按照充装流程确认槽车、装车撬、司押人员状态是否满足充装条件	20	并未收起充装 IC 卡及钥匙扣 2 分	2	2			
				未确认撬内仪表阀门流程扣 4 分	4	4			
				未放枕木扣 2 分	2	2			
				未连接静电接地扣 2 分	2	2			
				未放置防冻手套扣 2 分	2	2			
				未触摸静电释放柱扣 4 分	4	4			
				连臂后未正确验漏扣 4 分	4	4			
3	充装中操作	连接气、液相臂；气、液相臂连接完成后进行验漏、吹扫工作，之后开始充装	30	未正确连接气液相臂扣 10 分	10	10			
				未进行验漏扣 10 分	10	10			
				未正确吹扫扣 10 分	10	10			
		充装结束，气、液相臂吹扫	10	液相臂未正确吹扫扣 5 分	5	5			
				气相臂未正确吹扫扣 5 分	5	5			
4	充装结束	拆臂，将静电接地夹与枕木归位，取回 IC 卡片及槽车钥匙，槽车离场过磅	20	未正确拆臂扣 8 分	8	8			
				未将静电接地夹与枕木归位扣 8 分	8	4			
				未取回 IC 卡片及槽车钥匙，少一项扣 2 分	4	2			
		操作完成后，向控制室（调控中心）进行汇报	10	操作完成后，3min 内仍未向控制室（调控中心）进行汇报，扣 10 分	10	10			
5	安全生产及其他	劳保用品穿戴齐全、正确	从总分中扣除	劳保穿戴不齐整不得进入现场	100	100			
		严格按操作规程操作		每违反一项操作规定扣 5 分，严重的停止操作	100	5			
		在规定时间内完成操作		每超时 1min 的中 3 分，超过 5min 停止操作	15	5			
合　计			100						

考评员：　　　　年　　月　　日

技能操作考试试题 19

试题名称：操作 TMS 装车管理系统

一、准备要求

1. 设备准备

序号	名称	规格	数量	备注
1	TMS 装车管理系统		1 套	

2. 材料准备

序号	名称	规格	数量	备注
1	记录笔		1 支	
2	记录本		1 本	

3. 工具、量具、刃具准备

名称	规格	精度	数量	名称	规格	精度	数量
电脑			1 台				

二、操作程序规定及说明

(1)登录系统；
(2)基础画面；
(3)登记车辆信息；
(4)制单操作；
(5)错误磅单的处理流程；
(6)装车统计报表操作。

三、考核要求

(1)准备时间：5min；
(2)正式操作时间：30min；
(3)计时从正式操作开始，至操作完毕；
(4)规定时间内全部完成，每超 1min，从总分中扣 3 分；总超时 8min，停止作业。

四、配分与评分标准

见技能考核评分记录表 19。

技能考核评分记录表 19

试题名称：操作 TMS 装车管理系统　　　　考核时间：30min

序号	考试内容	评分要素	配分	评分标准	最大扣分	步长	扣分	得分	备注
1	准备工作	工具、用具准备	10	未准备工具及材料或少准备一件扣 2 分	10	2			
2	基础画面	能熟练指出基础界面内基础内容及使用要点	10	未说明主菜单区内容，包括制单、单据管理、系统预览、鹤位汇总、报警、趋势、报表、事件记录，每项各 1 分	8	1			
				未指出数据区扣 1 分	1	1			
				未指出现场仪表数据一览扣 1 分	1	1			
3	登记车辆信息	首次到场车辆要进行车辆信息登记，内容包括：车牌号、限载量、空车质量、司机姓名、押运员姓名、证件号码、证件有效期、采购单位为必填选项，其余可选填	20	未输入车牌号(牵引车与挂车)扣 2 分	2	2			
				未输入最大毛重(牵引车行驶证中准牵引总质量 + 整备质量)扣 2 分	2	2			
				未输入最大装车量(挂车行驶证中核定载质量)扣 2 分	2	2			
				未输入空车质量	2	2			
				未输入司机、押运员姓名各扣 2 分	4	2			
				未输入证件号码扣 2 分	2	2			
				未输入证件有效期扣 2 分	2	2			
				未输入采购单位扣 2 分	2	2			
				未保存登记车辆信息扣 2 分	2	2			
4	制单操作	在制卡前，用户需要填写预制量、鹤位、车号采购单位等数据，用户填写数据完成后，将 IC 卡放置于 IC 卡写卡器上，点击读卡按钮，系统判断各数据无误后，出现授权号，再点击保存单据按钮，此时制单成功	20	各项数据填写不完整(主要包括：提单号、预制量、读取地磅数值、鹤位、货物名称、车号、司机姓名、采购单位)每项扣 2 分	16	2			
				未确认现场设备通信状态为 GOOD 扣 1 分	1	1			

续表

序号	考试内容	评分要素	配分	评分标准	最大扣分	步长	扣分	得分	备注
4	制单操作	在制卡前，用户需要填写预制量、鹤位、车号采购单位等数据，用户填写数据完成后，将IC卡放置于IC卡写卡器上，点击读卡按钮，系统判断各数据无误后，出现授权号，再点击保存单据按钮，此时制单成功	20	批控器状态未处于远控模式下扣1分	1	1			
				开关阀、调节阀未切换到自动扣1分	1	1			
				IC卡未写入成功扣1分	1	1			
5	错误磅单的处理流程	若需修改磅单，须向班长和有工程师权限的相关人员申请，获得允许后方可修改，并保留修改前后内容照片，同时将修改信息录入磅单修改台账，待班长和有工程师权限的相关人员审核签字，才可打印正确磅单	20	对于丢失单据，未向班长和有工程师权限的相关人员申请并获得允许扣5分	5	5			
				未在手动制单一项里正确填写丢失单据信息并保存扣5分	5	5			
				未将情况详细记录到内操记录本上，待班长和有工程师权限的人员审核签字扣5分	5	5			
				审核完毕，未打印正确磅单扣5分	5	5			
6	报表及装车统计报表操作	正确导出、打印、查询日报表、月报表、年报表；正确填写装车统计报表；正确提交报表	20	未能正确导出、打印当日报表扣5分	5	5			
				未能正确操作查询日报表、月报表、年报表，少一项扣5分	10	5			
				未能正确填写装车统计报表扣5分	5	5			
7	安全生产及其他	严格按操作规程操作	从总分中扣除	每违反一项操作规定扣5分，严重的停止操作	100	5			
		在规定时间内完成操作		每超时1min的扣3分，超过8min停止操作	24	3			
合　计			100						

考评员：　　　　　　　　　　　　　　　　　　年　　月　　日

技能操作考试试题 20

试题名称：装车区凝液罐排凝作业

一、准备要求

1. 设备准备

序号	名称	规格	数量	备注
1	凝液罐		2 台	

2. 材料准备

序号	名称	规格	数量	备注
1	记录笔		1 支	
2	记录本		1 本	
3	图纸		1 套	

3. 工具、量具、刃具准备

名称	规格	精度	数量	名称	规格	精度	数量
便携式可燃气体检测仪			1 台				
对讲机			1 台				
警戒带			1 卷				
F 形扳手			1 个				

二、操作程序规定及说明

(1)准备工作；
(2)流程确认；
(3)排凝操作；
(4)完成操作；
(5)安全生产及其他。

三、考核要求

(1)准备时间：5min；
(2)正式操作时间：20min；
(3)计时从正式操作开始，至操作完毕；
(4)规定时间内全部完成，每超 1min，从总分中扣 3 分；总超时 5min，停止作业。

四、配分与评分标准

见技能考核评分记录表20。

附图：

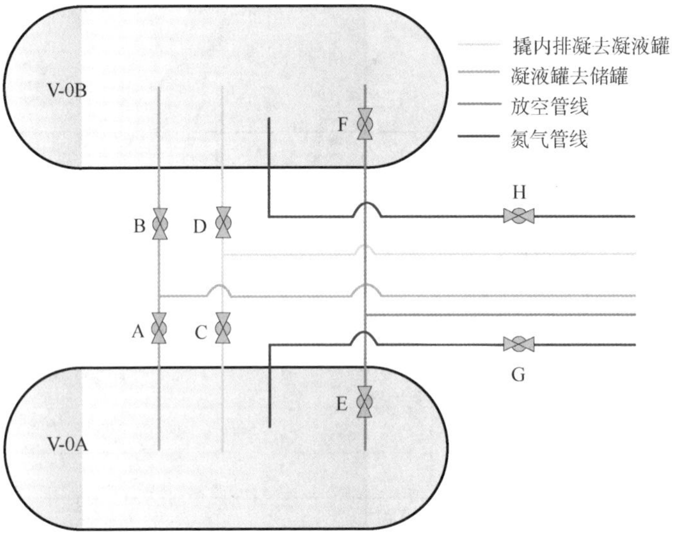

技能考核评分记录表20

试题名称：装车区凝液罐排凝作业　　　　考核时间：20min

序号	考试内容	评分要素	配分	评分标准	最大扣分	步长	扣分	得分	备注
1	准备工作	工具准备	10	工器具选错扣10分	10	5			
2	流程确认	对凝液罐工艺流程进行检查，向控制室汇报确认现场具备条件	20	未申请作业扣5分	5	5			
				未对凝液罐阀门状态进行检查扣5分	5	5			
				未对凝液罐氮气吹扫及排凝系统进行检查扣5分	5	5			
				未告知控制室现场具备排排凝条件扣5分	5	5			
3	排凝操作	具体操作步骤；操作前确认阀门状态：C、E、F阀门为开，其余均为关闭状态。打开D阀，导通撬内排凝去B罐的流程；关闭C阀，切断撬内排凝去A罐的流程；打开A阀，打开A罐去储罐流程；关闭E阀，关闭放空阀；打开G阀，开始注入氮气排凝。监护凝液罐液位情况及压力情况。A罐排空后，恢复A罐流程：关闭G阀；打开E阀；关闭A阀	50	操作前未汇报阀门状态（C、E、F阀门为开，其余均为关闭状态），错一处扣5分	10	5			
				未打开D阀，导通撬内排凝去B罐的流程扣5分	5	5			
				未关闭C阀，切断撬内排凝去A罐的流程扣5分	5	5			
				未打开A阀，打开A罐去储罐流程扣5分	5	5			
				未关闭E阀放空阀扣5分	5	5			
				未监护凝液罐液位情况及压力情况扣10分	10	10			
				A罐排空后，未恢复A罐流程(即未关闭G阀；打开E阀；关闭A阀)错一处扣5分	10	5			
4	完成操作	检查凝液罐运行情况并核对各阀门状态，汇报控制室	20	未进行阀门确认扣10分	10	10			
				未向控制室汇报扣5分	5	5			
				未汇报凝液罐液位扣5分	5	5			
5	安全生产及其他	劳保用品穿戴齐全、正确	从总分中扣除	劳保穿戴不齐整不得进入现场	100	100			
		严格按操作规程操作		每违反一项操作规定扣5分，严重的停止操作	100	5			
		在规定时间内完成操作		每超时1min的中3分，超过5min停止操作	15	5			
合　计			100						

考评员：　　　　年　　月　　日

技能操作考试试题 21

试题名称：冷态 ESD 测试(岸方触发)操作

一、准备要求

1. 设备准备

序号	名称	规格	数量	备注
1	卸料臂		1 台	

2. 材料准备

序号	名称	规格	数量	备注
1	记录纸		1 张	
2	记录笔		1 支	

3. 工具、量具、刃具准备

名称	规格	精度	数量	名称	规格	精度	数量
防爆对讲机			1 台				

二、操作程序规定及说明

(1)准备工作；
(2)触发 ESD；
(3)ESD 复位。

三、考核要求

(1)准备时间：3min；
(2)正式操作时间：15min；
(3)计时从正式操作开始，至操作完毕；
(4)规定时间内全部完成，每超 1min，从总分中扣 5 分；总超时 4min，停止作业。

四、配分与评分标准

见技能考核评分记录表 21。

技能考核评分记录表 21

试题名称：冷态 ESD 测试(岸方触发)操作　　　　考核时间：15min

序号	考试内容	评分要素	配分	评分标准	最大扣分	步长	扣分	得分	备注
1	测试准备工作	卸料臂预冷至设定范围时逐渐减小码头保冷循环，预冷完成前切断	10	提前或推迟开始切断码头保冷循环扣 5 分	5	5			
				预冷结束时未切断扣 5 分	5	5			
		预冷完成接卸料主管通知进行冷态 ESD 后，通知检维修人员取消对船上信号的屏蔽	5	未通知相关人员取消对船上信号的屏蔽扣 5 分	5	5			
		打开卸料管线切断阀	5	未打开卸料管线切断阀扣 5 分	5	5			
		确认阀门准备完毕后，报告卸料主管	10	未确认阀门准备情况扣 5 分	5	5			
				未报告卸料主管扣 5 分	5	5			
2	触发 ESD	接到卸料主管 ESD 测试指令后，在卸料臂就地控制盘倒数 5s 后按下触发	10	不知道如何触发 ESD 扣 5 分	5	5			
				未接到卸料主管指令按 ESD 按钮扣 5 分	5	5			
		确认卸料总管、码头保冷循环、气相返回线、卸料臂切断阀(3 台)及卸料臂上球阀(4 台)关闭	20	需确认的阀门漏确认一个扣 2 分	20	2			
		用秒表记录卸料管线切断阀关闭时间，并报告卸料主管	10	未用秒表记录阀门关断时间扣 5 分	5	5			
				未报告卸料主管扣 5 分	5	5			
3	复位	复位卸料臂就地控制盘 ESD 按钮	5	未复位 ESD 按钮扣 5 分	5	5			
		复位、打开 ESD 测试关闭的阀门，完成复位后报告卸料主管	25	需复位的阀门漏一个扣 2 分	20	2			
				未报告卸料主管扣 5 分	5	5			
4	安全生产及其他	清点工具，清理现场	从总分中扣除	未清理工具、现场扣 5 分	5	5			
		劳保用品穿戴齐全、正确		劳保穿戴不齐整不得进入现场	100	100			
		遵守相关安全操作规程		违反操作规程终止操作	100	20			
		在规定时限内完成		每超 1min 从总分中扣 5 分，超时 4min 终止操作	20	5			
合计			100						

考评员：　　　　　　　　年　　月　　日

技能操作考试试题 22

试题名称：ORV 投用、停用操作

一、准备要求

1. 设备准备

序号	名称	规格	数量	备注
1	ORV		1 台	

2. 材料准备

序号	名称	规格	数量	备注
1	记录笔	个	1	
2	记录表	张	1	

3. 工具、量具、刃具准备

名称	规格	精度	数量	名称	规格	精度	数量
可燃气体检测仪	CH_4		1 台	验漏液			1 瓶
防爆对讲机			1 台	F 扳手	小号、中号		各 1 把

二、操作程序规定及说明

(1)准备工作；
(2)工艺检查；
(3)投用操作；
(4)停用操作；
(5)操作后检查；
(6)操作结束。

三、考核要求

(1)准备时间：5min；
(2)正式操作时间：20min；
(3)计时从正式操作开始，至操作完毕；
(4)规定时间内全部完成，每超 1min，从总分中扣 3 分；总超时 5min，停止作业。

四、配分与评分标准

见技能考核评分记录表 22。

技能考核评分记录表 22

试题名称：ORV 投用、停用操作　　　　考核时间：20min

序号	考试内容	评分要素	配分	评分标准	最大扣分	步长	扣分	得分	备注
1	准备工作	准备工具	10	未正确准备工具及材料每少一样扣 2 分	10	2			
2	工艺检查	确认高压泵、计量撬、海水泵运行正常	15	未确认高压泵运行正常扣 5 分	5	5			
				未确认计量撬可正常投用扣 5 分	5	5			
				未确认海水泵运行正常扣 5 分	5	5			
		工艺流程检查：确认海水分布正常、确认仪表投用正常、确认相关阀门开关正常	25	未跟现场确认海水流量并且 ORV 海水分布正常扣 5 分	5	5			
				未确认现场及远传仪表正常投用扣 5 分	5	5			
				未跟现场确认 ORV 入口及出口球阀打开扣 5 分	5	5			
				未确认 ORV 入口 XV 关闭扣 5 分	5	5			
				未确认 ORV 入口 FV 关闭扣 5 分	5	5			
3	投用操作及投用后检查	对 ORV 入口管线预冷、均压作业，打开入口切断阀门，调节 ORV 入口流量在额定流量以内，并且高压泵和外输计量运行正常	30	未打开 ORV 入口 XV 阀旁路缓慢预冷、均压扣 5 分	5	5			
				预冷、均压后未打开入口 XV 阀扣 5 分	5	5			
				ORV 入口流量最终未控制在额定流量以内扣 5 分	5	5			
				未确认高压泵运行正常扣 5 分	5	5			
				未确认外输计量正常扣 5 分	5	5			
		投用后检查设备运行正常		投用后未检查设备运行正常扣 5 分	5	5			

续表

序号	考试内容	评分要素	配分	评分标准	最大扣分	步长	扣分	得分	备注
4	停用操作及停用后检查	正确降低 ORV 负荷直至为 0，30min 后停止海水	15	未正确降低 ORV 负荷并调节高压泵扣 5 分	5	5			
				未正确至少 30min 后停海水扣 5 分	5	5			
		检查停机后工艺参数正常		停机后未检查工艺参数正常扣 5 分	5	5			
5	操作结束	工具回收、清理现场	5	未清理现场扣 5 分	5	5			
6	安全生产及其他	劳保用品穿戴齐全、正确	从总分中扣除	劳保穿戴不齐整不得进入现场	100	100			
		严格按操作规程操作		每违反一项操作规定扣 5 分，严重的停止操作	100	5			
		在规定时间内完成操作		每超时 1min 扣 3 分，超过 5min 停止操作	15	3			
		合　计	100						

考评员：　　　　　　　　　　　　　　　　　　年　　月　　日

技能操作考试试题 23

试题名称：高压外输泵启、停操作

一、准备要求

1. 设备准备

序号	名称	规格	数量	备注
1	高压外输泵		1 台	

2. 材料准备

序号	名称	规格	数量	备注
1	记录笔	个	1	
2	记录表	张	1	

3. 工具、量具、刃具准备

名称	规格	精度	数量	名称	规格	精度	数量
可燃气体检测仪	CH_4		1 台	验漏液			1 瓶
防爆对讲机			1 台	F 扳手	小号、中号		各 1 把

二、操作程序规定及说明

(1) 准备工作；
(2) 工艺检查；
(3) 投用操作；
(4) 停用操作；
(5) 操作后检查；
(6) 操作结束。

三、考核要求

(1) 准备时间：5min；
(2) 正式操作时间：30min；
(3) 计时从正式操作开始，至操作完毕；
(4) 规定时间内全部完成，每超 1min，从总分中扣 3 分；总超时 5min，停止作业。

四、配分与评分标准

见技能考核评分记录表 23。

技能考核评分记录表 23

试题名称：高压外输泵启、停操作　　考核时间：30min

序号	考试内容	评分要素	配分	评分标准	最大扣分	步长	扣分	得分	备注
1	准备工作	准备工具	5	未正确准备工具及材料每少一样扣1分	5	1			
2	工艺检查	确认以下内容：罐内泵正常投用，确认汽化外输系统允许启动高压泵，现场及中控确认高压泵可正常启动	9	未确认汽化外输系统允许启动高压泵扣3分	3	3			
				未确认罐内泵正常投用扣3分	3	3			
				现场及中控未确认高压泵可正常启动扣3分	3	3			
		工艺流程检查：确认入口阀打开，确认放空流程导通；确认出口手动阀门打开、仪控阀门关闭，确认回流手动阀门和仪控阀门打开、回流流量调节阀关闭；确认泵筒液位正常，确认电仪电缆密封氮气压力正常；现场及远传仪表正常投用	27	未确认入口阀打开扣3分	3	3			
				未检查放空流程导通扣3分	3	3			
				未确认出口手动阀门打开、仪控阀门关闭扣3分	3	3			
				未确认回流流量调节阀手动关闭扣3分	3	3			
				未确认回流手动阀门打开扣3分	3	3			
				未确认回流仪控阀门打开扣3分	3	3			
				未确认现场及远传仪表正常投用扣3分	3	3			
				未确认泵筒液位正常扣3分	3	3			
				未确认电仪电缆密封氮气压力正常扣3分	3	3			
3	投用操作及投用后检查	打开回流阀开度至要求开度并启动高压泵，关闭保冷切断阀，出口压力和流量稳定就打开出口仪控阀门，控制高压泵出口流量在额定流量，回流调节阀正确投自动	30	未打开回流阀开度至要求开度就启动泵扣4分	4	4			
				启动泵后未关闭保冷切断阀扣4分	4	4			
				未待出口压力和流量稳定就打开出口仪控阀门扣4分	4	4			

续表

序号	考试内容	评分要素	配分	评分标准	最大扣分	步长	扣分	得分	备注
3	投用操作及投用后检查	打开回流阀开度至要求开度并启动高压泵，关闭保冷切断阀，出口压力和流量稳定就打开出口仪控阀门，控制高压泵出口流量在额定流量，回流调节阀正确投自动	30	未正确调节气化器的流量扣4分	4	4			
				未正确控制高压泵出口流量在额定流量扣4分	4	4			
				高压泵启动稳定后未将回流调节阀正确投自动扣4分	4	4			
		投用后检查工艺参数正常并验漏		投用后未检查工艺参数正常扣3分	3	3			
				未验漏扣3分	3	3			
4	停用操作及停用后检查	手动模式下先降低气化器及高压泵流量到一定值，关闭泵出口仪控阀门，确认各项参数无异常后停泵，关闭回流调节阀，打开保冷切断阀	24	未正确调节气化器及高压泵流量扣4分	4	4			
				未正确关闭出口阀门扣4分	4	4			
				未正确停泵扣4分	4	4			
				未正确关闭回流调节阀扣4分	4	4			
				未打开保冷切断阀扣4分	4	4			
		检查工艺参数正常		未检查工艺参数正常扣4分	4	4			
5	操作结束	工具回收、清理现场	5	未清理现场扣5分	5	5			
6	安全生产及其他	劳保用品穿戴齐全、正确	从总分中扣除	劳保穿戴不齐整不得进入现场	100	100			
		严格按操作规程操作		每违反一项操作规定扣5分，严重的停止操作	100	5			
		在规定时间内完成操作		每超时1min扣3分，超过5min停止操作	15	3			
		合 计	100						

考评员：　　　　　　　　　　年　　月　　日

技能操作考试试题 24

试题名称：SCV 启、停操作(进口)

一、准备要求

1. 设备准备

序号	名称	规格	数量	备注
1	SCV		1 台	

2. 材料准备

序号	名称	规格	数量	备注
1	记录笔	个	1	
2	记录表	张	1	

3. 工具、量具、刃具准备

名称	规格	精度	数量	名称	规格	精度	数量
可燃气体检测仪	CH_4		1 台	验漏液			1 瓶
防爆对讲机			1 台	F 扳手	小号、中号		各 1 把

二、操作程序规定及说明

(1)准备工作；
(2)工艺检查；
(3)投用操作；
(4)停用操作；
(5)操作后检查；
(6)操作结束。

三、考核要求

(1)准备时间：5min；
(2)正式操作时间：20min；
(3)计时从正式操作开始，至操作完毕；
(4)规定时间内全部完成，每超 1min，从总分中扣 3 分；总超时 5min，停止作业。

四、配分与评分标准

见技能考核评分记录表 24。

技能考核评分记录表 24

试题名称：SCV 启、停操作（进口）　　　　考核时间：20min

序号	考试内容	评分要素	配分	评分标准	最大扣分	步长	扣分	得分	备注
1	准备工作	准备工具	5	未正确准备工具及材料每少一样扣 1 分	5	1			
2	工艺检查	确认高压泵、计量撬、燃料气系统运行正常，现场及中控确认 SCV 可正常启动，确认烟气分析系统正常投用	15	未确认高压泵运行正常扣 3 分	3	3			
				未确认计量撬可正常投用扣 3 分	3	3			
				未确认燃料气系统运行正常扣 3 分	3	3			
				现场及中控未确认 SCV 可正常启动扣 3 分	3	3			
				未确认烟气分析系统正常投用扣 3 分	3	3			
		工艺流程检查：确认仪表投用正常，确认 SCV 水浴正常，确认 SCV 水浴正常，确认相关流程正常	27	未跟现场确认 SCV 水浴池正常扣 3 分	3	3			
				未确认现场及远传仪表正常投用扣 3 分	3	3			
				未确认 SCV 燃料气流程正常扣 3 分	3	3			
				未确认加碱流程正常扣 3 分	3	3			
				未确认循环水流程正常扣 3 分	3	3			
				未确认风机出口流程正常扣 3 分	3	3			
				未跟现场确认 SCV 入口及出口手动球阀打开扣 3 分	3	3			
				未确认 SCV 入口 XV 关闭扣 3 分	3	3			
				未确认 SCV 入口 FV 关闭扣 3 分	3	3			

续表

序号	考试内容	评分要素	配分	评分标准	最大扣分	步长	扣分	得分	备注
3	投用操作及投用后检查	正确点 SCV 启动按钮对 SCV 进行点火，打开 SCV 入口切断阀旁路缓慢预冷、均压后打开入口切断阀，缓慢增加 LNG 流量且最终控制在额定流量以内并同时调节高压泵运行正常，确认外输计量运行正常	36	未正确 SCV 燃烧器点火操作扣 5 分	5	5			
				未打开 SCV 入口 XV 阀旁路缓慢预冷、均压扣 5 分	5	5			
				预冷、均压后未打开入口 XV 阀扣 5 分	5	5			
				未缓慢增加 LNG 流量且最终未控制在额定流量以内扣 5 分	5	5			
				未确认高压泵运行正常扣 5 分	5	5			
				未确认外输计量正常扣 5 分	5	5			
		投用后检查工艺参数正常并验漏		投用后未检查工艺参数正常扣 3 分	3	3			
				未验漏扣 3 分	3	3			
4	停用操作及停用后检查	正确降低 SCV 负荷直至为 0，等一段时间后停燃烧器	12	未正确降低负荷并调节高压泵扣 4 分	4	4			
				停 LNG 后未等一段时间后停燃烧器扣 4 分	4	4			
		检查工艺参数正常		未检查工艺参数正常扣 4 分	4	4			
5	操作结束	工具回收、清理现场	5	未清理现场扣 5 分	5	5			
6	安全生产及其他	劳保用品穿戴齐全、正确	从总分中扣除	劳保穿戴不齐整不得进入现场	100	100			
		严格按操作规程操作		每违反一项操作规定扣 5 分，严重的停止操作	100	5			
		在规定时间内完成操作		每超时 1min 扣 3 分，超过 5min 停止操作	15	3			
		合　计	100						

考评员：　　　　　　　　　　　　年　　月　　日

技能操作考试试题 25

试题名称：计量撬投用、停用操作

一、准备要求

1. 设备准备

序号	名称	规格	数量	备注
1	外输计量撬		1 套	

2. 材料准备

序号	名称	规格	数量	备注
1	记录笔	个	1	
2	记录表	张	1	

3. 工具、量具、刃具准备

名称	规格	精度	数量	名称	规格	精度	数量
可燃气体检测仪	CH_4		1 台	验漏液			1 瓶
防爆对讲机			1 台	F 扳手	小号、中号		各 1 把

二、操作程序规定及说明

(1)准备工作；
(2)工艺检查；
(3)投用操作；
(4)停用操作；
(5)操作后检查；
(6)操作结束。

三、考核要求

(1)准备时间：5min；
(2)正式操作时间：20min；
(3)计时从正式操作开始，至操作完毕；
(4)规定时间内全部完成，每超 1min，从总分中扣 3 分；总超时 5min，停止作业。

四、配分与评分标准

见技能考核评分记录表 25。

技能考核评分记录表 25

试题名称：计量撬投用、停用操作　　　　考核时间：20min

序号	考试内容	评分要素	配分	评分标准	最大扣分	步长	扣分	得分	备注
1	准备工作	准备工具	5	未正确准备工具及材料每少一样扣1分	5	1			
2	工艺检查	现场检查，并向中控室确认以下内容：汽化外输系统运行正常，确认外输计量撬流量计算机及分析小屋正常投用、外输下游用客户具备接气条件	20	未确认汽化外输系统运行正常扣5分	5	5			
				未确认外输计量撬流量计算机正常投用扣5分	5	5			
				未确认分析小屋正常投用扣5分	5	5			
				未确认外输下游用客户具备接气条件扣5分	5	5			
		工艺流程检查：确认仪表投用正常，确认计量撬每一路上下游手动阀门均打开，确认计量撬远程操作阀门关闭	15	未确认仪表投用正常扣5分	5	5			
				未检查计量撬远控阀门关闭扣5分	5	5			
				未确认计量撬上下游手动阀门均打开扣5分	5	5			
3	投用操作及投用后检查	现场复位计量撬支路远控阀门，中控室打开远控阀门	30	未确认计量撬投用台数扣5分	5	5			
				未确认计量撬投用支路扣5分	5	5			
				现场未复位计量撬支路远控阀门扣5分	5	5			
				未确认中控室是否打开远控阀门扣5分	5	5			
		投用后检查工艺参数正常并验漏		投用后未检查工艺参数正常扣5分	5	5			
				未验漏扣5分	5	5			
4	停用操作及停用后检查	中控室关闭远控阀门	15	未确认中控室关闭远控阀门扣10分	10	10			
		检查工艺参数正常		未检查工艺参数正常扣5分	5	5			

续表

序号	考试内容	评分要素	配分	评分标准	最大扣分	步长	扣分	得分	备注
5	计量撬切换	先投用备用计量撬再停在用计量撬支路	10	未先投用备用计量撬支路扣10分	10	10			
6	操作结束	工具回收、清理现场	5	未清理现场扣5分	5	5			
7	安全生产及其他	劳保用品穿戴齐全、正确	从总分中扣除	劳保穿戴不齐整不得进入现场	100	100			
		严格按操作规程操作		每违反一项操作规定扣5分，严重的停止操作	100	5			
		在规定时间内完成操作		每超时1min扣3分，超过5min停止操作	15	3			
合计			100						

考评员：　　　　　　　　　　　　　　　　　　　　年　月　日

技能操作考试试题 26

试题名称：识读高压外输泵因果联锁表

一、准备要求

1. 材料准备

序号	名称	规格	数量	备注
1	记录笔	个	1	
2	记录表	张	1	
3	因果联锁表	套	1	

2. 工具、量具、刃具准备

名称	规格	精度	数量	名称	规格	精度	数量
纸、笔			各 1	秒表			1 只

二、操作程序规定及说明

(1)准备工作：考场照明良好，光线充足；考场要清洁规范，无干扰；
(2)识图过程；
(3)材料回收放置。

三、考核要求

(1)准备时间：5min；
(2)正式操作时间：20min；
(3)计时从正式操作开始，至操作完毕；
(4)规定时间内全部完成，每超 1min，从总分中扣 3 分；总超时 5min，停止作业。

四、配分与评分标准

见技能考核评分记录表 26。

技能考核评分记录表 26

试题名称：识读高压外输泵因果联锁表　　　　考核时间：20min

序号	考试内容	评分要素	配分	评分标准	最大扣分	步长	扣分	得分	备注
1	准备工作	找到高压泵因果联锁表	从总分中扣除	未正确找到高压泵因果联锁表，结束考试	100	100			
2	识读标题栏	识读因果联锁表名称、编号	10	未识读出因果联锁表名称扣5分	5	5			
				未识读出因果联锁表编号扣5分	5	5			
3	识读图例	识读出联锁表中的图例	5	未识读出图例扣5分	5	5			
4	识读联锁原因栏	识读出造成高压泵联锁停车的原因（区域停车、ESD按钮停车、DCS停车、工艺参数联锁信号等）	45	未识读出或识读错误区域停车联锁信号造成高压泵联锁停车的原因扣10分	10	10			
				未识读出或识读错误ESD按钮停车联锁信号造成高压泵联锁停车的原因扣10分	10	10			
				未识读出或识读错误DCS停车联锁信号造成高压泵联锁停车的原因扣10分	10	10			
				未识读出或识读错误工艺参数联锁信号造成高压泵联锁停车的原因扣15分	15	15			
5	识读联锁结果信息	识读出高压泵联锁信号能导致哪些结果（包括设备停车、阀门动作等信息）	30	未识读或识读错误高压泵联锁信号能导致设备停车扣15分	15	15			
				未识读或识读错误高压泵联锁信号能导致阀门动作扣15分	15	15			
6	操作结束	工具回收、清理现场	10	未清理现场扣10分	10	10			
7	安全生产及其他	劳保用品穿戴齐全、正确	从总分中扣除	劳保穿戴不齐整不得进入现场	100	100			
		严格按操作规程操作		每违反一项操作规定扣5分，严重的停止操作	100	5			
		在规定时间内完成操作		每超时1min扣3分，超过5min停止操作	15	3			
	合　计		100						

考评员：　　　　　　　　　　年　　月　　日

技能操作考试试题 27

试题名称：IFV 启、停操作

一、准备要求

1. 设备准备

序号	名称	规格	数量	备注
1	IFV		1 台	

2. 材料准备

序号	名称	规格	数量	备注
1	记录笔	个	1	
2	记录表	张	1	

3. 工具、量具、刃具准备

名称	规格	精度	数量	名称	规格	精度	数量
可燃气体检测仪	CH_4		1 台	验漏液			1 瓶
防爆对讲机			1 台	F 扳手	小号、中号		各 1 把

二、操作程序规定及说明

(1)准备工作；
(2)工艺检查；
(3)投用操作；
(4)停用操作；
(5)操作后检查；
(6)操作结束。

三、考核要求

(1)准备时间：5min；
(2)正式操作时间：30min；
(3)计时从正式操作开始，至操作完毕；
(4)规定时间内全部完成，每超 1min，从总分中扣 3 分；总超时 5min，停止作业。

四、配分与评分标准

见技能考核评分记录表 27。

技能考核评分记录表 27

试题名称：IFV 启、停操作　　　　考核时间：30min

序号	考试内容	评分要素	配分	评分标准	最大扣分	步长	扣分	得分	备注
1	准备工作	准备工具	5	未正确准备工具及材料，每少一样扣1分	5	1			
2	工艺检查	确认外输泵、计量撬、海水泵运行正常	15	未确认高压泵运行正常扣5分	5	5			
				未确认计量撬可正常投用扣5分	5	5			
				未确认海水泵运行正常扣5分	5	5			
		工艺流程检查：确认丙烷系统正常、确认仪表投用正常、确认相关阀门开关正常	25	未跟现场确认海水流量并且丙烷系统正常扣5分	5	5			
				未确认现场及远传仪表正常投用扣5分	5	5			
				未跟现场确认 IFV 入口及出口球阀打开扣5分	5	5			
				未确认 IFV 入口 XV 关闭扣5分	5	5			
				未确认 IFV 入口 FV 关闭扣5分	5	5			
3	投用操作及投用后检查	对 IFV 入口管线预冷、均压作业，打开入口切断阀门，调节 IFV 入口流量在额定流量以内，并且高压外输泵和外输计量运行正常	35	未打开 IFV 入口 XV 阀旁路缓慢预冷、均压扣5分	5	5			
				预冷、均压后未打开入口 XV 阀扣5分	5	5			
				IFV 出口流量最终未控制在额定流量以内扣5分	5	5			
				未确认外输泵运行正常扣5分	5	5			
				未确认外输计量正常扣5分	5	5			
		投用后检查工艺参数正常并验漏		投用后未检查工艺参数正常扣5分	5	5			
				未验漏扣5分	5	5			

续表

序号	考试内容	评分要素	配分	评分标准	最大扣分	步长	扣分	得分	备注
4	停用操作及停用后检查	正确降低 IFV 负荷直至为 0，正确将海水调整到备用流量	15	未正确降低负荷并调节高压泵扣 5 分	5	5			
				未正确将海水调整到备用流量扣 5 分	5	5			
		检查工艺参数正常		未检查工艺参数正常扣 5 分	5	5			
5	操作结束	工具回收、清理现场	5	未清理现场扣 5 分	5	5			
6	安全生产及其他	劳保用品穿戴齐全、正确	从总分中扣除	劳保穿戴不齐整不得进入现场	100	100			
		严格按操作规程操作		每违反一项操作规定扣 5 分，严重的停止操作	100	5			
		在规定时间内完成操作		每超时 1min 扣 3 分，超过 5min 停止操作	15	3			
		合　计	100						

考评员：　　　　　　　　　　　　　　　　　　　　　　　　　　年　　月　　日

技能操作考试试题 28

试题名称：BOG 压缩机启、停操作(立式)

一、准备要求

1. 设备准备

序号	名称	规格	数量	备注
1	BOG 压缩机(立式)		1 台	

2. 材料准备

序号	名称	规格	数量	备注
1	记录笔	个	1	
2	记录表	张	1	

3. 工具、量具、刃具准备

名称	规格	精度	数量	名称	规格	精度	数量
可燃气体检测仪	CH_4		1 台	验漏液			1 瓶
防爆对讲机			1 台	F 扳手	小号、中号		各 1 把

二、操作程序规定及说明

(1)准备工作；
(2)工艺检查；
(3)投用操作；
(4)停用操作；
(5)操作后检查；
(6)操作结束。

三、考核要求

(1)准备时间：5min；
(2)正式操作时间：20min；
(3)计时从正式操作开始，至操作完毕；
(4)规定时间内全部完成，每超 1min，从总分中扣 3 分；总超时 5min，停止作业。

四、配分与评分标准

见技能考核评分记录表 28。

技能考核评分记录表 28

试题名称：BOG 压缩机启、停操作(立式)　　　　考核时间：20min

序号	考试内容	评分要素	配分	评分标准	最大扣分	步长	扣分	得分	备注
1	准备工作	准备工具	10	未正确准备工具及材料每少一样扣 2 分	10	2			
2	工艺检查	现场确认以下内容：BOG 再冷凝器可正常投用，确认汽化外输系统运行正常，确认 BOG 压缩机已送电	10	未确认汽化外输系统运行正常扣 4 分	4	4			
				未确认 BOG 再冷凝器可正常投用扣 4 分	4	4			
				未确认 BOG 压缩机已送电扣 2 分	2	2			
		工艺流程检查：确认减温器正常投用，确认 BOG 压缩机入口分液罐正常；确认 BOG 压缩机入口阀门、出口阀门、回流手阀打开；确认冷却水系统正常投用	15	未检查确认减温器扣 2 分	2	2			
				未检查 BOG 压缩机入口分液罐扣 2 分	2	2			
				BOG 压缩机入口阀门未打开扣 2 分	2	2			
				BOG 压缩机出口阀门未打开扣 2 分	2	2			
				BOG 压缩机回流手阀未打开扣 2 分	2	2			
				未确认冷却水系统扣 5 分	5	5			
3	投用操作及投用后检查	按要求正常启动：正确选择操作模式，正确启动辅油泵，正确盘车，正确启动 BOG 压缩机，正确投用再冷凝器	40	未选择就地模式扣 3 分	3	3			
				未选择自动模式扣 3 分	3	3			
				未启动辅油泵扣 4 分	4	4			
				未盘车(至少一圈)扣 5 分	5	5			
				未确认报警扣 5 分	5	5			
				未正确启动 BOG 压缩机并调节负荷扣 5 分	5	5			
				未确认同时正确投用再冷凝器扣 5 分	5	5			
				未将压缩机切为远程模式扣 4 分	4	4			
		投用后检查压力、温度等工艺参数正常并验漏		投用后未检查工艺参数正常扣 3 分	3	3			
				投用后未验漏扣 3 分	3	3			

续表

序号	考试内容	评分要素	配分	评分标准	最大扣分	步长	扣分	得分	备注
4	停用操作及停用后检查	按要求正常停机：正确降低压缩机的负荷并停机，同时调节再冷凝器	20	未正确降低负荷扣5分	5	5			
				未正确停止压缩机扣5分	5	5			
				未正确调节再冷凝器扣5分	5	5			
		检查工艺参数正常		未检查工艺参数正常扣5分	5	5			
5	操作结束	工具回收、清理现场	5	未清理现场扣5分	5	5			
6	安全生产及其他	劳保用品穿戴齐全、正确	从总分中扣除	劳保穿戴不齐整不得进入现场，扣100分	100	100			
		严格按操作规程操作		每违反一项操作规定扣5分，严重的停止操作	100	5			
		在规定时间内完成操作		每超时1min扣3分，超过5min停止操作。	15	3			
合　计			100						

考评员：　　　　　　　　　　　　　　　　　　　　　　年　　月　　日

技能操作考试试题 29

试题名称：BOG 压缩机入口过滤器吹扫操作

一、准备要求

1. 设备准备

序号	名称	规格	数量	备注
1	BOG 压缩机		1 台	

2. 材料准备

序号	名称	规格	数量	备注
1	记录笔	个	1	
2	记录表	张	1	

3. 工具、量具、刃具准备

名称	规格	精度	数量	名称	规格	精度	数量
可燃气体检测仪	CH_4		1 台	验漏液			1 瓶
防爆对讲机			1 台	F 扳手	小号、中号		各 1 把
氮气临时软管	10m		1 条	活口扳手	中号		2 把

二、操作程序规定及说明

(1)准备工作；
(2)工艺设定；
(3)吹扫操作；
(4)流程恢复；
(5)操作结束。

三、考核要求

(1)准备时间：5min；
(2)正式操作时间：25min；
(3)计时从正式操作开始，至操作完毕；
(4)规定时间内全部完成，每超 1min，从总分中扣 3 分；总超时 5min，停止作业。

四、配分与评分标准

见技能考核评分记录表 29。

技能考核评分记录表 29

试题名称：BOG 压缩机入口过滤器吹扫操作　　　　考核时间：25min

序号	考试内容	评分要素	配分	评分标准	最大扣分	步长	扣分	得分	备注
1	准备工作	准备工具并汇报中控室	10	未正确准备工具及材料每少一样扣 1 分	5	1			
				未汇报中控室扣 5 分	5	5			
2	工艺设定	确认停止 BOG 压缩机，关闭以下阀门：入口手阀、出口手阀、回流手阀；关闭入口压力表根部阀	25	未关闭入口手阀扣 5 分	5	5			
				未关闭出口手阀扣 5 分	5	5			
				未关闭回流手阀扣 5 分	5	5			
				未关闭入口压力表根部阀扣 5 分	5	5			
		连接氮气吹扫临时软管		未正确连接吹扫软管扣 5 分	5	5			
3	吹扫操作	往 BOG 管线吹扫(可连续吹扫和升压降压吹扫)	30	未正确打开入口注氮流程扣 5 分	5	5			
				未正确打开出口排 BOG 流程扣 5 分	5	5			
		反向吹扫过滤器(可连续吹扫和升压降压吹扫)		未关闭出口排 BOG 流程扣 5 分	5	5			
				未打开反吹过滤器专用排放口扣 5 分	5	5			
		操作中监控压力 吹扫时间一般不低于 2h(口述)		吹扫过程机体内压力未保持在 0.2MPa 以下扣 5 分	5	5			
				反吹时测得 CH_4 含量不高于 10% LEL 扣 5 分	5	5			
4	流程恢复	正常恢复 BOG 压缩机的备用	30	未正确拆除吹扫软管扣 3 分	3	3			
				未正确恢复原流程扣 3 分	3	3			
				未正确打开出口阀门扣 5 分	5	5			
				未正确打开入口阀门扣 5 分	5	5			
				未正确打开回流手阀扣 5 分	5	5			
				未正确投用入口压力表扣 5 分	5	5			
		检查无异常情况		未进行测漏等扣 4 分	4	4			
5	操作结束	工具回收、清理现场	5	未清理现场扣 5 分	5	5			
6	安全生产及其他	劳保用品穿戴齐全、正确	从总分中扣除	劳保穿戴不齐整不得进入现场，扣 100 分	100	100			
		严格按操作规程操作		每违反一项操作规定扣 5 分，严重的停止操作	100	5			
		在规定时间内完成操作		每超时 1min 扣 3 分，超过 5min 停止操作	15	3			
		合　计	100						

考评员：　　　　　　　　　　　　　年　　月　　日

技能操作考试试题30

试题名称：投用和切换燃料气加热器

一、准备要求

1. 设备准备

序号	名称	规格	数量	备注
1	燃料气加热器		1套	

2. 材料准备

序号	名称	规格	数量	备注
1	记录笔	个	1	
2	记录表	张	1	

3. 工具、量具、刃具准备

名称	规格	精度	数量	名称	规格	精度	数量
可燃气体检测仪	CH_4		1台	验漏液			1瓶
防爆对讲机			1台	F扳手	小号、中号		各1把

二、操作程序规定及说明

(1)准备工作；
(2)工艺检查；
(3)投用操作；
(4)切换操作；
(5)操作后检查；
(6)操作结束。

三、考核要求

(1)准备时间：5min；
(2)正式操作时间：25min；
(3)计时从正式操作开始，至操作完毕；
(4)规定时间内全部完成，每超1min，从总分中扣3分；总超时5min，停止作业。

四、配分与评分标准

见技能考核评分记录表30。

技能考核评分记录表 30

试题名称：投用和切换燃料气加热器　　　　考核时间：25min

序号	考试内容	评分要素	配分	评分标准	最大扣分	步长	扣分	得分	备注
1	准备工作	准备工具材料	10	未正确准备工具及材料每少一样扣2分	10	2			
2	工艺检查	现场确认并向中控室确认以下内容：汽化外输系统运行正常，确认BOG压缩机正常运行，燃料气加热器已送电、燃料气系统下游具备接气条件等	16	未确认汽化外输系统运行正常扣4分	4	4			
				未确认BOG压缩机正常运行扣4分	4	4			
				未确认燃料气加热器已送电扣4分	4	4			
				未确认燃料气系统下游具备接气条件扣4分	4	4			
		工艺流程检查：确认仪表投用正常、确认BOG支路供气流程、确认高压NG支路供气流程、确认每台加热器上下游手动阀门均打开、确认每台加热器仪控切断阀门关闭	24	未确认仪表投用正常扣4分	4	4			
				未确认每台加热器仪控切断阀门关闭扣4分	4	4			
				未确认每台加热器上下游手动阀门均打开扣4分	4	4			
				未确认BOG支路压力调节阀手动关闭扣2分	2	2			
				未确认BOG支路其余阀门打开扣2分	2	2			
				未确认高压NG支路压力调节阀手动关闭扣2分	2	2			
				未确认高压NG支路其余阀门打开扣2分	2	2			
				未检查加热器出口温度手动控制扣4分	4	4			
3	投用操作及投用后检查	启动其中一台电加热器A	24	未打开加热器A出口仪控切断阀扣4分	4	4			
				未将电加热器A出口温度设为自动调节（15℃）扣4分	4	4			

续表

序号	考试内容	评分要素	配分	评分标准	最大扣分	步长	扣分	得分	备注
3	投用操作及投用后检查	启动其中一台电加热器 A	24	未启动电加热器 A 扣 4 分	4	4			
				未正确调节 BOG 支路压力调节阀为燃料气系统升压扣 4 分	4	4			
				未将两供气支路调节阀设为自动扣 4 分	4	4			
		投用后检查工艺参数正常并验漏		投用后未检查工艺参数正常扣 2 分	2	2			
				投用后未验漏扣 2 分	2	2			
4	切换操作及检查	中控室打开电加热器 B 仪控切断阀，并启动电加热器 B	21	未打开电加热器 B 远控阀门扣 4 分	4	4			
				未将电加热器 B 出口温度设为自动调节(15℃)扣 4 分	4	4			
				未启动电加热器 B 扣 4 分	4	4			
		停用电加热器 A		未停止电加热器 A 扣 3 分	3	3			
				未关闭电加热器 A 仪控切断阀扣 3 分	3	3			
		检查工艺参数正常		未检查工艺参数正常扣 3 分	3	3			
5	操作结束	工具回收、清理现场	5	未清理现场扣 5 分	5	5			
6	安全生产及其他	劳保用品穿戴齐全、正确	从总分中扣除	劳保穿戴不齐整不得进入现场，扣 100 分	100	100			
		严格按操作规程操作		每违反一项操作规定扣 5 分，严重的停止操作	100	5			
		在规定时间内完成操作		每超时 1min 扣 3 分，超过 5min 停止操作	15	3			
		合　计	100						

考评员：　　　　　　　　　　　　　　　　　　　　年　　月　　日

技能操作考试试题 31

试题名称：闪蒸罐的倒空、置换操作

一、准备要求

1. 设备准备

序号	名称	规格	数量	备注
1	闪蒸罐		1 台	

2. 材料准备

序号	名称	规格	数量	备注
1	手套		1 副	

3. 工具、量具、刃具准备

名称	规格	精度	数量	名称	规格	精度	数量
F 扳手			1 把	对讲机			1 台

二、操作程序规定及说明

(1)准备工作；
(2)条件确认；
(3)倒空操作；
(4)作业检查、记录；
(5)收工具。

三、考核要求

(1)准备时间：5min；
(2)正式操作时间：15min；
(3)计时从正式操作开始，至操作完毕；
(4)规定时间内全部完成，每超 1min，从总分中扣 5 分；总超时 3min，停止作业。

四、配分与评分标准

见技能考核评分记录表 31。

技能考核评分记录表 31

试题名称：闪蒸罐的倒空、置换操作　　　　考核时间：15min

序号	考试内容	评分要素	配分	评分标准	最大扣分	步长	扣分	得分	备注
1	准备工作	工具、用具准备	5	工具选择不正确扣5分	5	5			
2	条件确认	检查、确认闪蒸罐已正确隔离	20	未检查、确认闪蒸罐进料线阀门关闭，扣5分	5	5			
				未检查、确认闪蒸罐出料线阀门关闭，扣5分	5	5			
				未检查、确认闪蒸罐气相线阀门关闭，扣5分	5	5			
		检查、确认闪蒸罐至回收排凝罐流程投用		未检查、确认闪蒸罐至回收排凝罐流程投用扣5分	5	5			
3	闪蒸罐倒空置换	缓慢、稍开闪蒸罐出料管线隔离阀上游排凝线阀门	70	未开闪蒸罐排凝线阀扣10分	10	10			
				开阀速度过快扣5分	5	5			
		关闭闪蒸罐排凝线阀门		未关闭闪蒸罐排凝线阀扣10分	10	10			
		检查闪蒸罐压力，低于氮气管网压力		未检查闪蒸罐压力扣5分	5	5			
		稍开闪蒸罐中部注氮线氮气注入阀，闪蒸罐缓慢充压		闪蒸罐未正确注入氮气扣10分	10	10			
		缓慢、稍开闪蒸罐排凝线阀		未开闪蒸罐排凝线阀扣10分	10	10			
				开阀速度过快或开度过大扣5分	5	5			
		关闭闪蒸罐排凝线阀		未关闭闪蒸罐排凝线阀扣10分	10	10			
		关闭闪蒸罐注氮线氮气注入阀		未关闭闪蒸罐注氮线氮气注入阀扣5分	5	5			
4	作业确认汇报	作业检查、确认	5	作业完成后未检查、确认扣2分	2	2			
		作业汇报		作业完成情况未向关联岗位汇报扣3分	3	3			
5	安全生产及其他	劳保用品穿戴齐全、正确	从总分中扣除	劳保穿戴不齐整不得进入现场	100	100			
		严格按操作规程操作		每违反一项操作规定扣5分，严重的停止操作	100	5			
		在规定时间内完成操作		每超时1min扣5分，超时3min停止操作	15	5			
	合计		100						

考评员：　　　　　　年　　月　　日

技能操作考试试题 32

试题名称：蒸汽流程隔离、倒空操作

一、准备要求

1. 设备准备

序号	名称	规格	数量	备注
1	蒸汽流程		1	

2. 材料准备

序号	名称	规格	数 量	备注
1	防烫伤手套		1 副	

3. 工具、量具、刃具准备

名称	规格	精度	数量	名称	规格	精度	数量
管钳			1 把	对讲机			1 台

二、操作程序规定及说明

(1)准备工作；
(2)蒸汽流程隔离；
(3)蒸汽流程倒空；
(4)作业检查、记录；
(5)收工具。

三、考核要求

(1)准备时间：5min；
(2)正式操作时间：15min；
(3)计时从正式操作开始，至操作完毕；
(4)规定时间内全部完成，每超 1min，从总分中扣 5 分；总超时 3min，停止作业。

四、配分与评分标准

见技能考核评分记录表 32。

技能考核评分记录表 32

试题名称：蒸汽流程隔离、倒空操作　　　　考核时间：15min

序号	考试内容	评分要素	配分	评分标准	最大扣分	步长	扣分	得分	备注
1	准备工作	工具、用具准备	5	工具选择不正确扣5分	5	5			
2	蒸汽流程隔离	关闭脱甲烷塔重沸器及脱乙烷塔重沸器入口蒸汽阀	35	未关闭脱甲烷塔重沸器入口蒸汽阀扣10分	10	10			
				未关闭脱乙烷塔重沸器入口蒸汽阀扣10分	10	10			
		全关进装置蒸汽阀		未全关进装置蒸汽阀扣15分	15	15			
3	蒸汽流程倒空	稍开脱甲烷塔重沸器蒸汽入口阀前就地导淋	55	未开脱甲烷塔重沸器蒸汽入口阀前就地导淋扣10分	15	15			
		稍开脱乙烷塔重沸器蒸汽入口阀前就地导淋		未开脱乙烷塔重沸器蒸汽入口阀前就地导淋扣10分	15	15			
		所有疏水器导淋阀全开		疏水器导淋阀未开扣20分	15	15			
		无凝液排出后，关闭以上各导淋阀		倒空完成，未关闭以上各导淋阀扣15分	10	10			
4	作业确认汇报	作业检查、确认	5	作业完成后未检查、确认扣2分	2	2			
		作业汇报		作业完成情况未向关联岗位汇报扣3分	3	3			
5	安全生产及其他	劳保用品穿戴齐全、正确	从总分中扣除	劳保穿戴不齐整不得进入现场	100	100			
		严格按操作规程操作		每违反一项操作规定扣5分，严重的停止操作	100	5			
		在规定时间内完成操作		每超时1min扣5分，超时3min停止操作	15	5			
合计			100						

考评员：　　　　　　　　　　年　　月　　日

技能操作考试试题 33

试题名称：产品高压泵出口外送总管由保冷循环切换至正常流程

一、准备要求

1. 设备准备

序号	名称	规格	数量	备注
1	高压泵外送总管		1	

2. 材料准备

序号	名称	规格	数量	备注
1	手套		1 副	

3. 工具、量具、刃具准备

名称	规格	精度	数量	名称	规格	精度	数量
F 扳手			1 把	对讲机			1 台

二、操作程序规定及说明

(1)准备工作；
(2)流程准备；
(3)切换至正常流程；
(4)作业检查、记录；
(5)收工具。

三、考核要求

(1)准备时间：5min；
(2)正式操作时间：15min；
(3)计时从正式操作开始，至操作完毕；
(4)规定时间内全部完成，每超 1min，从总分中扣 5 分；总超时 3min，停止作业。

四、配分与评分标准

见技能考核评分记录表 33。

技能考核评分记录表33

试题名称：产品高压泵出口外送总管由保冷循环切换至正常流程　　　　考核时间：15min

序号	考试内容	评分要素	配分	评分标准	最大扣分	步长	扣分	得分	备注
1	准备工作	工具、用具准备	5	工具选择不正确扣5分	5	5			
2	流程准备	缓慢关闭产品高压泵出口外送总管保冷循环管线上去LNG储罐阀门	40	未关闭产品高压泵出口外送总管保冷循环管线上去LNG储罐阀门扣10分	10	10			
				关阀速度过快或导致下游波动每项扣5分	10	5			
		缓慢关闭产品高压泵出口外送总管保冷循环冷源引入阀门		未关闭产品高压泵出口外送总管保冷循环冷源引入阀门扣10分	10	10			
				关阀速度过快或导致上游波动每项扣5分	10	5			
3	切换至正常流程操作	缓慢、稍开产品高压泵出口外送总管去气化器入口阀	50	未打开产品高压泵出口外送总管去气化器入口阀扣15分	15	15			
				开阀速度过快扣5分	5	5			
		检查、关注产品高压泵出口外送总管就地压力指示，达到规定值后全开产品高压泵出口外送总管去气化器入口阀		未检查、关注产品高压泵出口外送总管就地压力指示或指示压力升高过快每项扣5分	10	10			
				导致相连流程波动扣10分	10	10			
		缓慢打开产品高压泵出口就地阀		未打开产品高压泵出口就地阀或开阀速度过快每项扣5分	10	5			
4	作业确认汇报	作业检查、确认	5	作业完成后未检查、确认扣2分	2	2			
		作业汇报		作业完成情况未向关联岗位汇报扣3分	3	3			
5	安全生产及其他	劳保用品穿戴齐全、正确	从总分中扣除	劳保穿戴不齐整不得进入现场	100	100			
		严格按操作规程操作		每违反一项操作规定扣5分，严重的停止操作	100	5			
		在规定时间内完成操作		每超时1min扣5分，超时3min停止操作	15	5			
合计			100						

考评员：　　　　　　　　　　　　　　　　年　　月　　日

技能操作考试试题 34

试题名称：控制阀校对的操作

一、准备要求

1. 设备准备

序号	名称	规格	数量	备注
1	调节阀		1台	

2. 工具、量具、刃具准备

名称	规格	精度	数量	名称	规格	精度	数量
纸、笔			各1	防爆对讲机			1台
常用工具一套			1套				

二、操作程序规定及说明

(1)按要求对控制阀校对；
(2)各项操作问题做好记录；
(3)发现问题及时上报。

三、考核要求

(1)准备时间：5min；
(2)正式操作时间：15min；
(3)计时从正式操作开始，至操作完毕；
(4)规定时间内全部完成，每超1min，从总分中扣5分；总超时3min，停止作业。

四、配分与评分标准

见技能考核评分记录表34。

技能考核评分记录表34

试题名称：控制阀校对的操作　　　　考核时间：15min

序号	考试内容	评分要素	配分	评分标准	最大扣分	步长	扣分	得分	备注
1	准备工作	工具、用具准备	5	未准备工具及材料或少准备一件扣1分	5	1			
2	操作程序	将控制阀改为手动，同时关闭控制阀上下游手阀	90	未将控制阀改为手动扣10分	10	10			
				未关闭控制阀上下游手阀扣10分	10	10			
		给调节阀分别加0，25%，50%，75%。100%的信号，观察调节阀的开度，并测量输出的电流信号应对应4mA，8mA，12mA，16mA，20mA。如不对应，则调整阀位回讯器将控制阀副线调节到合适开度		未观察不同信号调节阀的开度扣10分	10	10			
				未测量不同信号调节阀的电流信号扣10分	10	10			
				未调整阀位回讯器将控制阀副线调节到合适开度扣10分	10	10			
		阀位回讯器输入有位移无输出，检查阀位回讯器的好坏，若损坏则更换		未检查阀位回讯器输入有位移无输出扣10分	10	10			
				未检查阀位回讯器好坏扣10分	10	10			
		检查阀位回讯器合法的连接，保证连接牢固无松动		未检查阀位回讯器是否合法连接扣10分	10	10			
		校对完毕，将控制阀恢复正常		未将控制阀恢复正常扣10分	10	10			
3	记录	记录操作中发现的问题	5	未记录操作中发现的问题扣5分	5	5			
4	安全生产及其他	劳保用品穿戴齐全、正确	从总分中扣除	劳保穿戴不齐整不得进入现场	100	5			
		严格按操作规程操作		每违反一项操作规定扣5分，严重的停止操作	100	5			
		在规定时间内完成操作		每超时1min扣5分，超过3min停止操作	15	5			
合计			100						

考评员：　　　　年　月　日

技能操作考试试题 35

试题名称：机泵入口 Y 型过滤器清洗、更换

一、准备要求

1. 设备准备

序号	名称	规格	数量	备注
1	Y 型过滤器		1 台	

2. 工具、量具、刃具准备

名称	规格	精度	数量	名称	规格	精度	数量
纸、笔			各 1	防爆对讲机			1 台
常用工具			1 套				

二、操作程序规定及说明

(1)按要求对机泵入口 Y 型过滤器清洗、更换；
(2)各项操作问题做好记录；
(3)发现问题及时上报。

三、考核要求

(1)准备时间：5min；
(2)正式操作时间：15min；
(3)计时从正式操作开始，至操作完毕；
(4)规定时间内全部完成，每超 1min，从总分中扣 5 分；总超时 3min，停止作业。

四、配分与评分标准

见技能考核评分记录表 35。

技能考核评分记录表 35

试题名称：机泵入口 Y 型过滤器清洗、更换　　　　考核时间：15min

序号	考试内容	评分要素	配分	评分标准	最大扣分	步长	扣分	得分	备注
1	准备工作	工具、用具准备	5	未准备工具及材料或少准备一件扣 1 分	5	1			
2	拆卸滤芯	切断流程	40	关错流程扣 5 分	5	5			
				未切断完全扣 5 分	5	5			
				切断流程不到位扣 5 分	5	5			
		系统卸压		未卸压扣 5 分	5	5			
				卸压不规范扣 5 分	5	5			
				人员正对卸压口扣 5 分	5	5			
		选择工具		选择工具不当扣 5 分	5	5			
		拆下滤芯		未正确拆卸扣 5 分	5	5			
3	滤芯清洗	正确清洗	15	未正确选择清洗剂扣 5 分	5	5			
				清洗不干净扣 5 分	5	5			
		检查滤网		未检查滤网扣 5 分	5	5			
4	回装滤芯	回装滤芯	35	未正确安装扣 5 分	5	5			
		回装法兰		未更换垫片扣 5 分	5	5			
				法兰安装不正扣 5 分	5	5			
				未装丝堵扣 5 分	5	5			
				丝堵未加生料带扣 5 分	5	5			
		气密性检查		未检查气密性扣 5 分	5	5			
				密封泄漏扣 5 分	5	5			
5	记录	记录操作中发现的问题	5	未记录操作中发现的问题扣 5 分	5	5			
6	安全生产及其他	劳保用品穿戴齐全、正确	从总分中扣除	劳保穿戴不齐整不得进入现场	100	100			
		严格按操作规程操作		每违反一项操作规定扣 5 分，严重的停止操作	100	5			
		在规定时间内完成操作		每超时 1min 扣 5 分，超过 3min 停止操作	15	5			
合计			100						

考评员：　　　　　　　　年　　月　　日

技能操作考试试题 36

试题名称：更换就地压力表

一、准备要求

1. 设备准备

序号	名称	规格	数量	备注
1	压力表		1 台	

2. 工具、量具、刃具准备

名称	规格	精度	数量	名称	规格	精度	数量
纸、笔			各 1	防爆对讲机			1 台
常用工具			1 套				

二、操作程序规定及说明

(1)按要求更换压力表；
(2)各项操作问题做好记录；
(3)发现问题及时上报。

三、考核要求

(1)准备时间：5min；
(2)正式操作时间：15min；
(3)计时从正式操作开始，至操作完毕；
(4)规定时间内全部完成，每超 1min，从总分中扣 5 分；总超时 3min，停止作业。

四、配分与评分标准

见技能考核评分记录表 36。

技能考核评分记录表 36

试题名称：更换就地压力表　　　　　　　　　　　　　　　　　　考核时间：15min

序号	考试内容	评分要素	配分	评分标准	最大扣分	步长	扣分	得分	备注
1	准备工作	工具、用具准备	5	未准备工具及材料或少准备一件扣1分	5	1			
2	操作程序	选择合适的压力表、铜垫片	90	未选择合适压力表扣10分	10	10			
				未选择合适铜垫片扣10分	10	10			
		关闭压力表的引出阀		未关闭压力表的引出阀扣10分	10	10			
		打开放空口泄压，检查引出阀是否关严		未打开放空口泄压扣10分	10	10			
				未检查引出阀是否关严扣10分	10	10			
		拆下旧压力表		未拆下旧压力表扣10分	10	10			
		清洁密封面		未清洁密封面扣10分	10	10			
		放上铜垫片，装上新压力表		未放上铜垫片，装上新压力表扣10分	10	10			
		打开压力表根阀		未打开压力表引出阀扣5分	5	5			
		利用验漏液进行验漏		未验漏扣5分	5	5			
3	记录	记录操作中发现的问题	5	未记录操作中发现的问题扣5分	5	5			
4	安全生产及其他	劳保用品穿戴齐全、正确	从总分中扣除	劳保穿戴不齐整不得进入现场	100	100			
		严格按操作规程操作		每违反一项操作规定扣5分，严重的停止操作	100	5			
		在规定时间内完成操作		每超时1min扣5分，超过3min停止操作	15	5			
合计			100						

考评员：　　　　　　　　　　　　　　　　　　　　　　年　　月　　日

技能操作考试试题 37

试题名称：机泵更换润滑油

一、准备要求

1. 设备准备

序号	名称	规格	数量	备注
1	生活给水泵		1 台	

2. 工具、量具、刃具准备

名称	规格	精度	数量	名称	规格	精度	数量
纸、笔			各 1	防爆对讲机			1 台
常用工具			1 套				

二、操作程序规定及说明

(1) 按要求对机泵更换润滑油；
(2) 各项操作问题做好记录；
(3) 发现问题及时上报。

三、考核要求

(1) 准备时间：5min；
(2) 正式操作时间：15min；
(3) 计时从正式操作开始，至操作完毕；
(4) 规定时间内全部完成，每超 1min，从总分中扣 5 分；总超时 3min，停止作业。

四、配分与评分标准

见技能考核评分记录表 37。

技能考核评分记录表 37

试题名称：机泵更换润滑油　　考核时间：15min

序号	考试内容	评分要素	配分	评分标准	最大扣分	步长	扣分	得分	备注
1	准备工作	工具、用具准备	5	未准备工具及材料或少准备一件扣 1 分	5	1			
2	操作程序	按要求准备好润滑油	90	未按要求准备扣 15 分	15	15			
		拆开加油孔及放油孔堵头，放净油箱存油		未按要求操作扣 15 分	15	15			
		加入经“三级过滤”的合适的润滑油		未按要求操作扣 20 分	20	20			
		冲洗油箱，检查流出的润滑油无杂质、无水分		未冲洗油箱扣 10 分	10	10			
				未检查流出的润滑油无杂质扣 10 分	10	10			
				未检查流出的润滑油无水分扣 10 分	10	10			
		安装放油孔堵头，加入润滑油至油镜的两红线之间，拧紧加油孔堵头		未按要求操作扣 10 分	10	10			
3	记录	记录操作中发现的问题	5	未记录操作中发现的问题扣 5 分	5	5			
4	安全生产及其他	劳保用品穿戴齐全、正确	从总分中扣除	劳保穿戴不齐整不得进入现场	100	100			
		严格按操作规程操作		每违反一项操作规定扣 5 分，严重的停止操作	100	5			
		在规定时间内完成操作		每超时 1min 的扣 5 分，超过 3min 停止操作	15	5			
合计			100						

考评员：　　　　年　　月　　日

技能操作考试试题38

试题名称：判断罐内泵无法启动的原因

一、准备要求

1. 设备准备

序号	名称	规格	数量	备注
1	罐内泵		1	
2	DCS		1	

2. 材料准备

序号	名称	规格	数量	备注
1	记录笔	个	1	
2	记录表	张	1	

3. 工具、量具、刃具准备

名称	规格	精度	数量	名称	规格	精度	数量
可燃气体检测仪	CH_4		1台				
防爆对讲机			1台				

二、操作程序规定及说明

(1)准备工作；
(2)原因分析；
(3)分析结果；
(4)操作结束。

三、考核要求

(1)准备时间：5min；
(2)正式操作时间：20min；
(3)计时从正式操作开始，至操作完毕；
(4)规定时间内全部完成，每超1min，从总分中扣3分；总超时5min，停止作业。

四、配分与评分标准

见技能考核评分记录表38。

技能考核评分记录表38

试题名称：判断罐内泵无法启动的原因　　　　考核时间：20min

序号	考试内容	评分要素	配分	评分标准	最大扣分	步长	扣分	得分	备注
1	准备工作	准备工具并汇报	10	未正确准备工具及材料每少一样扣1分	5	1			
				发现异常后未汇报中控扣5分	5	5			
2	原因分析	自控联锁分析，检查是否有联锁信号或仪表故障	70	未检查储罐是否有区域停车信号扣6分	6	6			
				未检查储罐是否液位低联锁信号扣6分	6	6			
				未检查储罐压力低联锁信号扣6分	6	6			
				未检查氮封压力低报警信号扣6分	6	6			
		检查DCS中启机条件是否具备		回流阀开度未达到70%以上扣6分	6	6			
				ESDV阀未复位打开扣6分	6	6			
				单台储罐罐内泵出口总管XV阀未复位打开扣6分	6	6			
				出口HV阀未全关扣6分	6	6			
				回流线HV阀未全开扣6分	6	6			
				放空线XV阀未全关扣6分	6	6			
		检查电气是否送电		未确认正常送电扣6分	10	10			
3	分析结果	分析结论	10	未正确分析出结论扣10分	10	10			
4	操作结束	工具回收、清理现场	10	未清理现场扣10分	10	10			
5	安全生产及其他	劳保用品穿戴齐全、正确	从总分中扣除	劳保穿戴不齐整不得进入现场，扣100分	100	100			
		严格按操作规程操作		每违反一项操作规定扣5分，严重的停止操作	100	5			
		在规定时间内完成操作		每超时1min扣3分，超过5min停止操作	15	3			
		合　计	100						

考评员：　　　　　　　　　　　　年　　月　　日

技能操作考试试题 39

试题名称：判断高压泵无法启动的原因

一、准备要求

1. 设备准备

序号	名称	规格	数量	备注
1	罐内泵		1	
2	DCS		1	

2. 材料准备

序号	名称	规格	数量	备注
1	记录笔	个	1	
2	记录表	张	1	

3. 工具、量具、刃具准备

名称	规格	精度	数量	名称	规格	精度	数量
可燃气体检测仪	CH_4		1 台				
防爆对讲机			1 台				

二、操作程序规定及说明

(1)准备工作；
(2)原因分析；
(3)分析结果；
(4)操作结束。

三、考核要求

(1)准备时间：5min；
(2)正式操作时间：20min；
(3)计时从正式操作开始，至操作完毕；
(4)规定时间内全部完成，每超 1min，从总分中扣 3 分；总超时 5min，停止作业。

四、配分与评分标准

见技能考核评分记录表 39。

技能考核评分记录表39

试题名称：判断高压泵无法启动的原因　　　　考核时间：20min

序号	考试内容	评分要素	配分	评分标准	最大扣分	步长	扣分	得分	备注
1	准备工作	准备工具并汇报	10	未正确准备工具及材料每少一样扣1分	5	1			
				发现异常后未汇报中控扣5分	5	5			
2	原因分析	自控联锁分析，检查是否有联锁信号或仪表故障	70	未检查工艺区是否有区域停车信号扣5分	5	5			
				未检查泵筒是否液位低联锁信号扣5分	5	5			
				未检查入口压力低联锁信号扣5分	5	5			
				未检查ESD按钮是否复位扣5分	5	5			
				未确认泵入口饱和蒸汽压差正常扣5分	5	5			
				未检查氮封压力高联锁信号扣5分	5	5			
				未检查氮封压力低联锁信号扣5分	5	5			
		检查DCS中启机条件是否具备		回流阀开度未达到50%以上扣5分	5	5			
				出口切断阀阀未复位打开扣5分	5	5			
				回流管线切断阀未复位打开扣5分	5	5			
				未全开泵入口阀门扣5分	5	5			
				未全开保冷线切断阀扣5分	5	5			
		检查电气是否送电		未确认正常送电扣10分	10	10			
3	分析结果	分析结论	10	未正确分析出结论扣10分	10	10			
4	操作结束	工具回收、清理现场	10	未清理现场扣10分	10	10			
5	安全生产及其他	劳保用品穿戴齐全、正确	从总分中扣除	劳保穿戴不齐整不得进入现场，扣100分	100	100			
		严格按操作规程操作		每违反一项操作规定扣5分，严重的停止操作	100	5			
		在规定时间内完成操作		每超时1min扣5分，超过4min停止操作	20	5			
		合　计	100						

考评员：　　　　年　　月　　日

技能操作考试试题 40

试题名称：判断制氯系统停车原因

一、准备要求

1. 设备准备

序号	名称	规格	数量	备注
1	制氯系统		1	
2	DCS		1	

2. 材料准备

序号	名称	规格	数量	备注
1	记录笔	个	1	
2	记录表	张	1	

3. 工具、量具、刃具准备

名称	规格	精度	数量	名称	规格	精度	数量
防爆对讲机			1 台				

二、操作程序规定及说明

(1)准备工作；
(2)组织检查；
(3)原因分析；
(4)分析结果；
(5)操作结束。

三、考核要求

(1)准备时间：5min；
(2)正式操作时间：20min；
(3)计时从正式操作开始，至操作完毕；
(4)规定时间内全部完成，每超 1min，从总分中扣 3 分；总超时 5min，停止作业。

四、配分与评分标准

见技能考核评分记录表 40。

技能考核评分记录表 40

试题名称：判断制氯系统停车原因　　　　考核时间：20min

序号	考试内容	评分要素	配分	评分标准	最大扣分	步长	扣分	得分	备注
1	准备工作	准备工具并汇报	10	未正确准备工具及材料每少一样扣1分	5	1			
				发现异常后未汇报中控扣5分	5	5			
2	组织检查	组织工艺、机电仪各专业进行检查	10	未组织工艺、机电仪各专业进行检查扣10分	10	10			
3	原因分析	自控联锁分析，检查报警列表是否有工艺联锁信号或仪表故障	45	未检查装置停车信号扣10分	10	10			
				未检查控制机柜整流器停电扣5分	5	5			
				未检查控制机柜整流器故障扣5分	5	5			
				未检查次氯酸钠储罐液位高高停车联锁信息扣5分	5	5			
				未检查次氯酸钠储罐液位低低停车信号扣5分	5	5			
				未检查电解槽前压力高限联锁扣5分	5	5			
				未检查电解槽前流量低联锁扣5分	5	5			
				未检查电解槽后温度高联锁扣5分	5	5			
		检查操作原因	10	未检查是否误操作停车扣10分	10	10			
		检查电气是否晃电或停电	10	未检查是否晃电扣5分	5	5			
				未检查是否停电扣5分	5	5			
4	分析结果	分析结论	10	未正确分析出结论扣10分	10	10			
5	操作结束	工具回收、清理现场	5	未清理现场扣5分	5	5			
6	安全生产及其他	劳保用品穿戴齐全、正确	从总分中扣除	劳保穿戴不齐整不得进入现场，扣100分	100	100			
		严格按操作规程操作		每违反一项操作规定扣5分，严重的停止操作	100	5			
		在规定时间内完成操作		每超时1min扣3分，超过5min停止操作	15	3			
		合　计	100						

考评员：　　　　年　　月　　日

技能操作考试试题 41

试题名称：LNG 槽车装车过程中槽车阀门泄漏处理措施及原因分析

一、准备要求

1. 设备准备

序号	名称	规格	数量	备注
1	装车撬		1 台	

2. 材料准备

序号	名称	规格	数量	备注
1	记录笔		1 支	
2	记录本		1 本	
3	图纸		1 套	

3. 工具、量具、刃具准备

名称	规格	精度	数量	名称	规格	精度	数量
便携式可燃气体检测仪			1 台				
对讲机			1 台				
警戒带			1 卷				

二、操作程序规定及说明

(1)准备工作；
(2)停止装车；
(3)返气操作；
(4)继续装车；
(5)填记录；
(6)收工具。

三、考核要求

(1)准备时间：5min；
(2)正式操作时间：20min；
(3)计时从正式操作开始，至操作完毕；
(4)规定时间内全部完成，每超 1min，从总分中扣 3 分；总超时 5min，停止作业。

四、配分与评分标准

见技能考核评分记录表 41。

技能考核评分记录表 41

试题名称：LNG 槽车装车过程中槽车阀门泄漏处理措施及原因分析　　考核时间：20min

序号	考试内容	评分要素	配分	评分标准	最大扣分	步长	扣分	得分	备注
1	准备工作	引导车辆准备	10	车辆引导未站在装车岛上扣 10 分	10	10			
2	泄漏处置	应紧急停止装车，打开排凝阀，同时关闭槽车相关阀门，观察槽车压力，若需要及时返气	50	未紧急停止装车扣 10 分	10	10			
				未关闭槽车液相手动隔离阀扣 5 分	5	5			
				未打开排凝阀扣 5 分	5	5			
				未观察槽车压力扣 10 分	10	10			
				超压时(压力大于等于 0.4MPa)未返气扣 10 分	10	10			
				吹扫装车臂后未重新进行紧固，验漏扣 10 分	10	10			
3	分析阀门可能出现泄漏的原因	槽车放空口喷液，主要原因是液相放空阀没有关闭或者内漏，或者槽车安全阀起跳或者故障	20	未分析出槽车液相放空阀未关闭扣 5 分	5	5			
				未分析出槽车液相放空阀内漏扣 5 分	5	5			
				未分析出槽车安全阀起跳扣 5 分	5	5			
				未分析出槽车安全阀故障扣 5 分	5	5			
		槽车阀门阀盖处泄漏，槽车尾端有 3 个安全阀，还有相关手阀及气动阀，阀门阀盖没有压紧，阀门关闭不到位、内漏或者检车后相关螺栓没有紧固，有可能导致漏液	20	未分析阀门阀盖未压紧扣 5 分	5	5			
				未分析出阀门关闭不到位扣 5 分	5	5			
				未分析出阀门内漏扣 5 分	5	5			
				未分析出相关螺栓未紧固扣 5 分	5	5			
4	安全生产及其他	劳保用品穿戴齐全、正确	从总分中扣除	劳保穿戴不齐整不得进入现场	100	100			
		严格按操作规程操作		每违反一项操作规定扣 5 分，严重的停止操作	100	5			
		在规定时间内完成操作		每超时 1min 扣 3 分，超过 5min 停止操作	15	5			
		合　计	100						

考评员：　　　　　　　　　　　　　　　　　　年　　月　　日

技能操作考试试题 42

试题名称：处理 BOG 管网进液事件

一、准备要求

1. 设备准备

序号	名称	规格	数量	备注
1	DCS 系统		1 套	

2. 材料准备

序号	名称	规格	数量	备注
1	记录纸		1 张	
2	记录笔		1 支	

3. 工具、量具、刃具准备

名称	规格	精度	数量	名称	规格	精度	数量
F 扳手			1 把	防爆对讲机			1 台
可燃气体检测仪	CH_4		1 台				

二、操作程序规定及说明

(1) 准备工作；
(2) 确认 BOG 管网进液情况；
(3) 进液点排查、处理；
(4) 处理后确认；
(5) 汇报、记录。

三、考核要求

(1) 准备时间：3min；
(2) 正式操作时间：15min；
(3) 计时从正式操作开始，至操作完毕；
(4) 规定时间内全部完成，每超 1min，从总分中扣 5 分；总超时 4min，停止作业。

四、配分与评分标准

见技能考核评分记录表 42。

技能考核评分记录表 42

试题名称：处理 BOG 管网进液事件　　考核时间：15min

序号	考试内容	评分要素	配分	评分标准	最大扣分	步长	扣分	得分	备注
1	工具准备	工具、量具准备	6	未正确准备工具、量具，每少准备一种扣 2 分	6	2			
2	确认 BOG 管网进液情况	查看 DCS 界面 BOG 管线有温度低报或温度迅速下降，查看该温度测点前后温度计的下降情况，确认进液情况及进液区域	15	未找到 DCS BOG 管线温度界面扣 5 分	5	5			
				未查看温度低报或迅速下降判断是否进液的扣 5 分	5	5			
				不知道如何判断进液区域扣 5 分	5	5			
		查看压缩机入口分液罐液位	5	未查看入口分液罐液位扣 5 分	5	5			
3	进液点排查、处理	现场检查进液区域安全阀有无结霜或过流声音；安全阀旁路阀门有无打开或内漏	15	未检查安全阀有无结霜扣 5 分	5	5			
				未查看安全阀有无过流声音扣 5 分	5	5			
				未查看安全阀旁路状态扣 5 分	5	5			
		现场检查进液区域工艺放空阀组放空线有无过流声音、管线有无结霜情况	10	未检查工艺放空阀组有无结霜或声音扣 5 分	5	5			
				未检查放空管线有无结霜或声音的扣 5 分	5	5			
		发现安全阀过液时确认安全阀所在管道有无超压，确认无超压后关闭安全阀根阀将安全阀切出	15	未确认安全阀所在管道有无超压的扣 5 分	5	5			
				安全阀过液处理不正确的扣 10 分	10	10			
		发现放空阀组放空线阀门打开、有过流声或结霜时，关闭相关阀门	10	放空阀组过液处理不正确的扣 10 分	10	10			
		检测法兰有无泄漏	5	未检查法兰有无泄漏的扣 5 分	5	5			
4	处理后确认	检查确认 BOG 温度开始回升	10	未确认 BOG 温度的扣 5 分	5	5			
		确认压缩机入口分液罐液位不再上升		未确认分液罐液位的扣 5 分	5	5			

续表

序号	考试内容	评分要素	配分	评分标准	最大扣分	步长	扣分	得分	备注
5	汇报、记录	汇报BOG管网进液处理情况并记录	9	未汇报进液检查、处理情况的扣3分	3	3			
				未记录进液检查、处理情况的扣3分	3	3			
		清点工具、清理现场		未清点工具、清理现场，扣3分	3	3			
6	安全生产及其他	劳保用品穿戴齐全、正确	从总分中扣除	劳保穿戴不齐整不得进入现场	100	100			
		严格按操作规程操作		每违反一项操作规定扣5分，严重的停止操作	100	5			
		在规定时间内完成操作		每超时1min扣5分，超过4min停止操作	20	5			
合计			100						

考评员：　　　　　　　　　　　　　　　　　　年　　月　　日

技能操作考试试题 43

试题名称：处理卸料臂旋转接头泄漏事故

一、准备要求

1. 设备准备

序号	名称	规格	数量	备注
1	卸料臂		1 台	

2. 材料准备

序号	名称	规格	数量	备注
1	记录纸		1 张	
2	记录笔		1 支	

3. 工具、量具、刃具准备

名称	规格	精度	数量	名称	规格	精度	数量
F 扳手			1 把	防爆对讲机			1 台
可燃气体检测仪	CH_4		1 台	警戒带			1 卷

二、操作程序规定及说明

(1)泄漏确认及汇报；
(2)疏散及警戒；
(3)工艺应急处置；
(4)汇报、记录。

三、考核要求

(1)准备时间：3min；
(2)正式操作时间：15min；
(3)计时从正式操作开始，至操作完毕；
(4)规定时间内全部完成，每超 1min，从总分中扣 5 分；总超时 4min，停止作业。

四、配分与评分标准

见技能考核评分记录表 43。

技能考核评分记录表43

试题名称：处理卸料臂旋转接头泄漏事故　　考核时间：15min

序号	考试内容	评分要素	配分	评分标准	最大扣分	步长	扣分	得分	备注
1	准备工作	工具准备	8	每少准备一种扣2分	8	2			
2	泄漏确认及汇报	确认泄漏部位及泄漏量，向卸料主管及上级汇报	15	未查清泄漏部位的扣5分	5	5			
				未查清泄漏量的扣5分	5	5			
				未向卸料主管及上级汇报泄漏情况的扣5分	5	5			
3	疏散及警戒	停止泄漏点周围作业	20	未停止泄漏点周围作业的扣5分	5	5			
		疏散泄漏点附近人员，指挥人员向上风向或侧风向撤离		未疏散泄漏点附近人员扣5分	5	5			
				未指挥人员向上风向或侧风向撤离的扣5分	5	5			
		现场拉警戒带警戒		未设置警戒的扣5分	5	5			
4	工艺应急处置	按指令关闭泄漏卸料臂的上球阀及该卸料臂卸料管线切断阀	10	未按指令关闭上球阀的扣5分	5	5			
				未按指令关闭卸料管线切断阀的扣5分	5	5			
		根据指令对卸料臂进行泄压、排凝	10	未打开排凝阀泄压的扣5分	5	5			
				未打开注氮阀及排凝阀对卸料臂排凝的扣5分	5	5			
		如船舱剩余LNG较多，按指令连接备用卸料臂，进行气密、置换、预冷操作，进行卸料	20	未按指令连接并投用备用臂的扣5分	5	5			
				未对备用臂进行气密的扣5分	5	5			
				未对备用臂进行置换的扣5分	5	5			
				未对备用臂进行预冷的扣5分	5	5			
		泄漏卸料臂进行氮气置换	5	未对泄漏臂进行氮气置换的扣5分	5	5			

续表

序号	考试内容	评分要素	配分	评分标准	最大扣分	步长	扣分	得分	备注
5	汇报、记录	汇报泄漏处置情况并记录	12	未汇报泄漏处置情况的扣4分	4	4			
				未记录泄漏处置情况的扣4分	4	4			
		清点工具、清理现场		未清点工具、清理现场,扣4分	4	4			
6	安全生产及其他	劳保用品穿戴齐全、正确	从总分中扣除	劳保穿戴不齐整不得进入现场	100	100			
		严格按操作规程操作		每违反一项操作规定扣5分,严重的停止操作	100	5			
		在规定时间内完成操作		每超时1min扣5分,超过4min停止操作	20	5			
合计			100						

考评员: 年 月 日

技能操作考试试题 44

试题名称：操作雨淋阀

一、准备要求

1. 设备准备

序号	名称	规格	数量	备注
1	雨淋阀		1 台	

2. 材料准备

序号	名称	规格	数量	备注
1	记录纸		1 张	
2	记录笔		1 支	

二、操作程序规定及说明

(1)备用状态检查；
(2)手动启动；
(3)远程启动；
(4)雨淋阀排水；
(5)雨淋阀恢复备用；
(6)水流报警测试。

三、考核要求

(1)准备时间：4min；
(2)正式操作时间：20min；
(3)计时从正式操作开始，至操作完毕；
(4)规定时间内全部完成，每超 1min，从总分中扣 5 分；总超时 5min，停止作业。

四、配分与评分标准

见技能考核评分记录表 44。

技能考核评分记录表44

试题名称：操作雨淋阀　　考核时间：20min

序号	考试内容	评分要素	配分	评分标准	最大扣分	步长	扣分	得分	备注
1	备用状态检查	检查雨淋阀前后压力表示数一致；检查确认主切断阀开启；检查确认补水阀开启；检查确认排水阀全部关闭；检查确认报警测试阀关闭；检查确认回讯信号阀门开启；检查确认手动释放阀关闭	27	未检查雨淋阀前后压力表扣3分	3	3			
				阀位状态，每少检查一项扣4分	24	4			
2	手动启动	现场打开雨淋阀上的手动释放阀，确认隔膜腔压力表示数降为零；确认雨淋阀启动回讯指示灯亮；现场确认雨淋喷头出水	10	未正确开启手动释放阀扣5分	5	5			
				未进行雨淋阀启动后确认扣5分	5	5			
3	手动启动后恢复备用准备	关闭手动释放阀	5	未关闭手动释放阀扣5分	5	5			
4	远程启动	在中控/码控/槽车控制室按下雨淋阀启动按钮，确认隔膜腔压力表示数降为零；确认雨淋阀启动回讯指示灯亮；现场确认雨淋喷头出水	15	未正确进行远程启动扣5分	5	5			
				未确认回讯扣5分	5	5			
				未确认喷头出水扣5分	5	5			
5	远程启动后恢复备用准备	将触发按钮弹起	5	未将触发按钮弹起扣5分	5	5			
6	雨淋阀排水	关闭雨淋阀主切断阀；开启主排水阀、辅助排水阀，排水至干净	10	未关闭主切断阀扣5分	5	5			
				未正确开启排水阀扣5分	5	5			
7	雨淋阀恢复备用	确认手动释放阀已关闭，触发按钮已弹起；关闭主排水阀、辅助排水阀，确认补水阀开启，为隔膜腔补水；确认隔膜腔压力与消防水系统压力相同；缓慢开启雨淋阀前主切断阀，确认雨淋阀前后压力恢复平衡	15	未进行隔膜腔补水扣5分	5	5			
				未确认隔膜腔压力扣5分	5	5			
				未正确开启主切断阀扣5分	5	5			
8	水流报警测试	开启水流报警测试阀；确认压力开关报警且水力警铃发出鸣响；关闭水流报警测试阀	13	未正确开启报警测试阀扣5分	5	5			
				未确认压力开关报警、水力警铃报警扣4分	4	4			
				未关闭报警测试阀扣4分	4	4			
9	安全生产及其他	劳保用品穿戴齐全、正确	从总分中扣除	劳保穿戴不齐整不得进入现场	100	100			
		严格按操作规程操作		每违反一项操作规定扣5分，严重的停止操作	100	5			
		在规定时间内完成操作		每超时1min扣5分，超过5min停止操作	25	5			
	合计		100						

考评员：　　年　月　日

技能操作考试试题 45

试题名称：LNG 槽车超装情况工艺处置操作

一、准备要求

1. 设备准备

序号	名称	规格	数量	备注
1	装车撬		1 台	

2. 材料准备

序号	名称	规格	数量	备注
1	记录笔		1 支	
2	记录本		1 本	
3	图纸		1 套	

3. 工具、量具、刃具准备

名称	规格	精度	数量	名称	规格	精度	数量
便携式可燃气体检测仪			1 台				
对讲机			1 台				
警戒带			1 卷				

二、操作程序规定及说明

(1) 准备工作；
(2) 装车前检查；
(3) 处理超装；
(4) 装车结束；
(5) 填记录；
(6) 收工具。

三、考核要求

(1) 准备时间：5min；
(2) 正式操作时间：20min；
(3) 计时从正式操作开始，至操作完毕；
(4) 规定时间内全部完成，每超 1min，从总分中扣 3 分；总超时 5min，停止作业。

四、配分与评分标准

见技能考核评分记录表 45。

技能考核评分记录表 45

试题名称：LNG 槽车超装情况工艺处置操作　　　　考核时间：20min

序号	考试内容	评分要素	配分	评分标准	最大扣分	步长	扣分	得分	备注
1	准备工作	引导车辆准备	10	引导车辆未站在装车岛上扣 10 分	10	10			
2	装车前检查	装车前检查周边有无明火、撬位装车工艺流程、槽车状况。监护司乘人员放好枕木、路锥、连好静电接地、触摸静电释放器。合格后通知装车控制室，申请作业。接到内操指令后，开始卸车	25	未检查周边环境扣 5 分	5	5			
				未检查撬位工艺流程扣 10 分	10	10			
				未检查槽车状况扣 5 分	5	5			
				未告知控制室现场具备条件，扣 5 分	5	5			
3	处理超装	监护司乘人员连接好装车臂；对装车法兰进行验漏，吹扫置换；检查罐车压力，首先采用注氮升压；通过液相臂注氮管线从槽车顶部进氮气，利用氮气热量同 LNG 交换，使 LNG 汽化，通过 BOG 管线进行排放；当 LNG 汽化，槽车压力升高时，也可以停止注入氮气，同时导通液相臂和下进液管线，打开撬内排凝，直接排放到凝液罐；期间过磅一次，测算卸载时间	40	连接装车臂过程中，要进行监护，如出现司乘人员违规未进行制止扣 5 分	5	5			
				验漏工作不合格扣 5 分	5	5			
				吹扫置换不合格扣 5 分	5	5			
				未检查罐车压力扣 5 分	5	5			
				未注氮升压扣 5 分	5	5			
				未通过 BOG 管线或撬内排凝管线进行卸放每项扣 5 分	10	5			
				中途未进行槽车过磅称重扣 5 分	5	5			
4	装车结束	通知司乘人员关闭下进液气动阀；关闭气液手阀，打开排凝；吹扫气液相臂；合格后，监护司乘人员拆臂；收回枕木、路锥、静电接地；取回钥匙、司机离场	25	未关闭槽车下进液气动阀扣 5 分	5	5			
				未进行排凝及吹扫工作扣 5 分	5	5			
				未监护司乘人员拆臂扣 5 分	5	5			
				未收回枕木、路锥扣 6 分	6	3			
				未回收静电接地扣 4 分	4	4			
5	安全生产及其他	劳保用品穿戴齐全、正确	从总分中扣除	劳保穿戴不齐整不得进入现场	100	100			
		严格按操作规程操作		每违反一项操作规定扣 5 分，严重的停止操作	100	5			
		在规定时间内完成操作		每超时 1min 扣 3 分，超过 5min 停止操作	15	3			
		合　计	100						

考评员：　　　　　　　　　　年　　月　　日

技能操作考试试题 46

试题名称：拆臂时法兰处 LNG 泄漏处置操作

一、准备要求

1. 设备准备

序号	名称	规格	数量	备注
1	装车撬		1 台	

2. 材料准备

序号	名称	规格	数量	备注
1	记录笔		1 支	
2	记录本		1 本	
3	图纸		1 套	

3. 工具、量具、刃具准备

名称	规格	精度	数量	名称	规格	精度	数量
便携式可燃气体检测仪			1 台				
对讲机			1 台				
警戒带			1 卷				

二、操作程序规定及说明

(1)准备工作；
(2)排凝检查；
(3)排凝操作；
(4)操作结束；
(5)填记录；
(6)收工具。

三、考核要求

(1)准备时间：5min；
(2)正式操作时间：20min；
(3)计时从正式操作开始，至操作完毕；
(4)规定时间内全部完成，每超 1min，从总分中扣 3 分；总超时 5min，停止作业。

四、配分与评分标准

见技能考核评分记录表 46。

技能考核评分记录表 46

试题名称：拆臂时法兰处 LNG 泄漏处置操作　　　　考核时间：20min

序号	考试内容	评分要素	配分	评分标准	最大扣分	步长	扣分	得分	备注
1	准备工作	工具准备	10	工具未配备齐全，少一种扣5分	10	5			
2	排凝检查	确认排凝阀已打开	15	未检查周边环境扣5分	5	5			
				未检查撬位工艺流程扣5分	5	5			
				未检查槽车状况扣5分	5	5			
3	排凝操作	停止拆卸，将法兰重新紧固，关闭槽车所有阀门，打开液相注氮阀，同时打开液相臂手动隔离阀，将装车臂残液吹至排凝管线	20	未重新紧固法兰扣5分	5	5			
				未关闭槽车所有阀门扣5分	5	5			
				未打开液相注氮阀、液相手动隔离阀每项扣5分	10	5			
		吹扫一段时间后，关闭液相臂手动隔离阀，打开装车臂放空阀进行吹扫，吹扫多次后打开放空观察，确认没有 LNG 气体则可以进行法兰拆卸	25	未关闭液相臂手动隔离阀扣5分	5	5			
				未打开液相放空阀扣10分	10	10			
				未打开槽车放空阀观察扣10分	10	10			
4	操作结束	吹扫一段时间后，关闭液相臂手动隔离阀，打开装车臂放空阀进行吹扫，吹扫多次后打开放空观察，确认没有 LNG 气体则可以进行法兰拆卸	25	未关闭液相臂手动隔离阀扣5分	5	5			
				未打开液相放空阀扣10分	10	10			
				未打开槽车放空阀观察扣10分	10	10			
		操作完成后，向控制室(调控中心)进行汇报	5	操作完成后，未向控制室(调控中心)进行汇报扣5分	5	5			
5	安全生产及其他	劳保用品穿戴齐全、正确	从总分中扣除	劳保穿戴不齐整不得进入现场	100	100			
		严格按操作规程操作		每违反一项操作规定扣5分，严重的停止操作	100	5			
		在规定时间内完成操作		每超时1min扣3分，超过5min停止操作	15	3			
合　计			100						

考评员：　　　　　　　　年　　月　　日

技能操作考试试题 47

试题名称：LNG 槽车装车过程中压力急速上升的处置操作

一、准备要求

1. 设备准备

序号	名称	规格	数量	备注
1	装车撬		1 台	

2. 材料准备

序号	名称	规格	数量	备注
1	记录笔		1 支	
2	记录本		1 本	
3	图纸		1 套	

3. 工具、量具、刃具准备

名称	规格	精度	数量	名称	规格	精度	数量
便携式可燃气体检测仪			1 台				
对讲机			1 台				
警戒带			1 卷				

二、操作程序规定及说明

(1)准备工作；
(2)停止装车；
(3)返气操作；
(4)继续装车；
(5)填记录；
(6)收工具。

三、考核要求

(1)准备时间：5min；
(2)正式操作时间：20min；
(3)计时从正式操作开始，至操作完毕；
(4)规定时间内全部完成，每超 1min，从总分中扣 3 分；总超时 5min，停止作业。

四、配分与评分标准

见技能考核评分记录表 47。

技能考核评分记录表 47

试题名称：LNG 槽车装车过程中压力急速上升的处置操作　　　　考核时间：20min

序号	考试内容	评分要素	配分	评分标准	最大扣分	步长	扣分	得分	备注
1	准备工作	引导车辆准备	10	车辆引导未站在装车岛上扣 10 分	10	10			
2	停止装车	采用批控器或紧急停车按钮方式，立即停止装车	20	未立即停止装车扣 20 分	20	20			
3	返气操作	导通槽车返气管线与气相臂，打开气相安全阀旁路阀；关闭液相臂手动隔离阀，打开排凝阀	40	未导通槽车返气管线扣 5 分	5	5			
				未导通气相臂返气管线扣 5 分	5	5			
				未打开气相安全阀旁路阀扣 10 分	10	10			
				未关闭液相臂手动隔离阀扣 10 分	10	10			
				未打开排凝阀扣 10 分	10	10			
4	继续装车	待槽车压力下降至 0.3MPa 时，关闭气相安全阀旁路阀，停止返气，打开液相臂手动隔离阀，关闭排凝阀，继续装车，密切监控槽车压力不超过 0.4MPa	30	未等待槽车压力下降至 0.3MPa 扣 5 分	5	5			
				未关闭气相安全阀旁路阀扣 5 分	5	5			
				未打开液相臂手动隔离阀扣 5 分	5	5			
				未关闭排凝阀扣 10 分	10	10			
				未密切监控槽车压力不超过 0.4MPa 扣 5 分	5	5			
5	安全生产及其他	劳保用品穿戴齐全、正确	从总分中扣除	劳保穿戴不齐整不得进入现场	100	100			
		严格按操作规程操作		每违反一项操作规定扣 5 分，严重的停止操作	100	5			
		在规定时间内完成操作		每超时 1min 扣 3 分，超过 5min 停止操作	15	3			
		合　计	100						

考评员：　　　　　　　　　　　　年　　月　　日

技能操作考试试题 48

试题名称：绘制汽化外输系统工艺流程图

一、准备要求

1. 材料准备

序号	名称	规格	数量	备注
1	绘图纸	三号	1	
2	草稿纸		适量	
3	桌、椅		1 套	
4	绘图板		1 个	

2. 工具、量具、刃具准备

序号	名称	规格	数量	备注
1	三角板	个	1 副	
2	直尺	张	1 把	
3	圆规		1 个	
4	橡皮擦		1 个	
5	绘图铅笔	HB	2 支	
6	削笔刀		1 个	

二、操作程序规定及说明

(1)准备工作：考场照明良好，光线充足；考场要清洁规范，无干扰；
(2)绘图过程；
(3)材料回收放置。

三、考核要求

(1)准备时间：5min；
(2)正式操作时间：45min；
(3)计时从正式操作开始，至操作完毕；
(4)规定时间内全部完成，每超 1min，从总分中扣 3 分；总超时 10min，停止作业。

四、配分与评分标准

见技能考核评分记录表 48。

技能考核评分记录表 48

试题名称：绘制汽化外输系统工艺流程图　　　　考核时间：45min

序号	考试内容	评分要素	配分	评分标准	最大扣分	步长	扣分	得分	备注
1	准备工作	工具、用具准备	5	工具、用具少选或错选一件扣1分	5	1			
2	绘制边框及标题栏	识读图纸名称、图号	6	未正确绘制边框扣3分；绘制不规范每处扣1分	3	1			
				未正确绘制标题栏扣3分；绘制不规范每处扣1分	3	1			
3	绘制流程图及设备	绘制汽化外输系统的主要设备：ORV、SCV、外输计量橇、发球筒等	12	未正确绘制出ORV扣3分；绘制不规范每处扣1分	3	1			
				未正确绘制出SCV扣3分；绘制不规范每处扣1分	3	1			
				未正确绘制出外输计量橇扣3分；绘制不规范每处扣1分	3	1			
		绘制汽化外输系统的主要工艺流程：高压LNG流程、零输出循环流程、ORV入口流程、ORV出口流程、ORV海水流程、SCV入口流程、SCV出口流程、SCV燃料气流程、高压NG外输流程、发球筒入口流程、发球筒出口流程等	30	未正确绘制出发球筒扣3分；绘制不规范每处扣1分	3	1			
				未正确绘制出高压LNG流程扣3分	3	3			
				未正确绘制出零输出循环流程扣3分	3	3			
				未正确绘制出ORV入口流程扣3分	3	3			
				未正确绘制出ORV出口流程扣3分	3	3			
				未正确绘制出ORV海水流程扣3分	3	3			
				未正确绘制出SCV入口流程扣3分	3	3			

续表

序号	考试内容	评分要素	配分	评分标准	最大扣分	步长	扣分	得分	备注
3	绘制流程图及设备	绘制汽化外输系统的主要工艺流程：高压LNG流程、零输出循环流程、ORV入口流程、ORV出口流程、ORV海水流程、SCV入口流程、SCV出口流程、SCV燃料气流程、高压NG外输流程、发球筒入口流程、发球筒出口流程等	30	未正确绘制出SCV出口流程扣3分	3	3			
				未正确绘制出SCV燃料气流程扣3分	3	3			
				未正确绘制出高压NG外输流程扣3分	3	3			
				未正确绘制出发球筒工艺流程扣3分	3	3			
		绘制汽化外输系统的主要阀门：ORV入口切断阀门、ORV入口流量调节阀门、ORV出口切断阀门、ORV海水入口阀门、SCV入口切断阀门、SCV入口流量调节阀门、SCV出口切断阀门、SCV燃料气切断阀门、外输切断阀门、发球筒入口阀门、发球筒出口阀门、零输出流量调节阀门等	12	未正确绘制出ORV入口切断阀门扣1分	1	1			
				未正确绘制出ORV入口流量调节阀门扣1分	1	1			
				未正确绘制出ORV出口切断阀门扣1分	1	1			
				未正确绘制出ORV海水入口阀门扣1分	1	1			
				未正确绘制出SCV入口切断阀门扣1分	1	1			
				未正确绘制出SCV入口流量调节阀门扣1分	1	1			
				未正确绘制出SCV出口切断阀门扣1分	1	1			
				未正确绘制出SCV燃料气切断阀门扣1分	1	1			
				未正确绘制出外输切断阀门扣1分	1	1			
				未正确绘制出发球筒入口阀门扣1分	1	1			
				未正确绘制出发球筒出口阀门扣1分	1	1			
				未正确绘制出零输出流量调节阀门扣1分	1	1			
		主要流量控制：汽化外输流量控制、零输出流量控制	6	未正确绘制出汽化外输流量控制扣4分	4	4			
				未正确绘制出零输出流量控制扣2分	2	2			

续表

序号	考试内容	评分要素	配分	评分标准	最大扣分	步长	扣分	得分	备注
3	绘制流程图及设备	绘制汽化外输系统的次要工艺流程：去再冷凝器高压补气流程、去BOG系统高压补气流程(破真空)、去燃料气系统流程、来自高压增压机(冷能利用)流程	8	未正确绘制出去再冷凝器高压补气流程扣2分	2	2			
				未正确绘制出去BOG系统高压补气流程(破真空)扣2分	2	2			
				未正确绘制出去燃料气系统流程扣2分	2	2			
				未正确绘制出来自高压增压机(冷能利用)流程扣2分	2	2			
4	标注设备名称	标注主要的设备名称	8	未标注出ORV扣2分	2	2			
				未标注出SCV扣2分	2	2			
				未标注出计量撬扣2分	2	2			
				未标注出发球筒扣2分	2	2			
5	图纸布局和卷面考核	图样清晰整洁，比例适当，布置合理、美观	8	图纸破损扣2分	2	2			
				图纸不干净扣2分	2	2			
				图比例不适当扣2分	2	2			
				图布置不合理扣2分	2	2			
6	操作结束	工具回收、清理现场	5	未清理现场扣5分	5	5			
7	安全生产及其他	劳保用品穿戴齐全、正确	从总分中扣除	劳保穿戴不齐整不得进入现场，扣100分	100	100			
		操作安全		每违反一项操作安全扣5分，严重的停止操作	100	5			
		在规定时间内完成操作		每超时1min扣3分，超过10min停止操作	30	3			
	合　计		100						

考评员：　　　　　　　　　　　　　　　　　　　　　　年　　月　　日

技能操作考试试题 49

试题名称：绘制再冷凝系统工艺流程图

一、准备要求

1. 材料准备

序号	名称	规格	数量	备注
1	绘图纸	三号	1	
2	草稿纸		适量	
3	桌、椅		1 套	
4	绘图板		1 个	

2. 工具、量具、刃具准备

序号	名称	规格	数量	备注
1	三角板	个	1 副	
2	直尺	张	1 把	
3	圆规		1 个	
4	橡皮擦		1 个	
5	绘图铅笔	H B	2 支	
6	削笔刀		1	

二、操作程序规定及说明

(1)准备工作：考场照明良好，光线充足；考场要清洁规范，无干扰；
(2)绘图过程；
(3)材料回收放置。

三、考核要求

(1)准备时间：5min；
(2)正式操作时间：45min；
(3)计时从正式操作开始，至操作完毕；
(4)规定时间内全部完成，每超 1min，从总分中扣 3 分；总超时 10min，停止作业。

四、配分与评分标准

见技能考核评分记录表 49。

技能考核评分记录表 49

试题名称：绘制再冷凝系统工艺流程图　　考核时间：45min

序号	考试内容	评分要素	配分	评分标准	最大扣分	步长	扣分	得分	备注
1	准备工作	工具、用具准备	4	工具、用具少选或错选一件扣 1 分	4	1			
2	绘制边框及标题栏	识读图纸名称、图号	6	未正确绘制边框扣 3 分；绘制不规范每处扣 1 分	3	1			
				未正确绘制标题栏扣 3 分；绘制不规范每处扣 1 分	3	1			
3	绘制流程图及设备	绘制再冷凝系统的主要设备：BOG 减温器、BOG 压缩机入口分液罐、BOG 压缩机入口凝液罐、BOG 压缩机、BOG 冷换器、BOG 再冷凝器等	12	未正确绘制 BOG 减温器扣 2 分；绘制不规范每处扣 1 分	2	1			
				未正确绘制出 BOG 压缩机入口分液罐扣 2 分；绘制不规范每处扣 1 分	2	1			
				未正确绘制出 BOG 压缩机入口凝液罐扣 2 分；绘制不规范每处扣 1 分	2	1			
				未正确绘制出 BOG 压缩机扣 2 分；绘制不规范每处扣 1 分	2	1			
				未正确绘制出 BOG 冷换器扣 2 分；绘制不规范每处扣 1 分	2	1			
				未正确绘制出 BOG 再冷凝器扣 2 分；绘制不规范每处扣 1 分	2	1			
		绘制再冷凝系统的主要工艺流程：减温器 LNG 流程、分液罐入口流程、BOG 压缩机入口流程、BOG 压缩机出口流程、再冷凝器 BOG 入口流程、再冷凝器出口流程、再冷凝器 LNG 入口流程、冷换器 LNG 流程等	24	未正确绘制出减温器 LNG 流程扣 3 分	3	3			
				未正确绘制出分液罐入口流程扣 3 分	3	3			
				未正确绘制出 BOG 压缩机入口流程扣 3 分	3	3			
				未正确绘制出 BOG 压缩机出口流程扣 3 分	3	3			

续表

序号	考试内容	评分要素	配分	评分标准	最大扣分	步长	扣分	得分	备注
3	绘制流程图及设备	绘制再冷凝系统的主要工艺流程：减温器 LNG 流程、分液罐入口流程、BOG 压缩机入口流程、BOG 压缩机出口流程、再冷凝器 BOG 入口流程、再冷凝器出口流程、再冷凝器 LNG 入口流程、冷换器 LNG 流程等	24	未正确绘制出再冷凝器 BOG 入口流程扣 3 分	3	3			
				未正确绘制出再冷凝器出口流程扣 3 分	3	3			
				未正确绘制出再冷凝器 LNG 入口流程扣 3 分	3	3			
				未正确绘制出冷换器 LNG 流程扣 3 分	3	3			
		绘制再冷凝系统的次要工艺流程：凝液罐排凝流程、再冷凝器高压补气流程、泵回流至再冷凝器流程、泵放空至再冷凝器流程、再冷凝器高压力泄放流程等	6	未正确绘制出凝液罐排凝流程扣 1 分	1	1			
				未正确绘制出再冷凝器高压补气流程扣 1 分	1	1			
				未正确绘制出泵回流至再冷凝器流程扣 1 分	1	1			
				未正确绘制出泵回流至再冷凝器流程扣 1 分	1	1			
				未正确绘制出泵放空至再冷凝器流程扣 1 分	1	1			
				未正确绘制出再冷凝器高压力泄放流程扣 1 分	1	1			
		主要控制：BOG 压缩机入口温度控制、再冷凝器 BOG 入口温度控制、再冷凝器 LNG 入口流量控制、再冷凝器液位控制、再冷凝器压力控制	16	未正确绘制出 BOG 压缩机入口温度控制扣 3 分	3	3			
				未正确绘制出再冷凝器 BOG 入口温度控制扣 4 分	3	3			
				未正确绘制出再冷凝器 LNG 入口流量控制扣 3 分	4	4			
				未正确绘制出再冷凝器液位控制扣 3 分	3	3			
				未正确绘制出再冷凝器压力控制扣 3 分	3	3			

续表

序号	考试内容	评分要素	配分	评分标准	最大扣分	步长	扣分	得分	备注
3	绘制流程图及设备	绘制再冷凝系统的主要阀门：减温器温度控制阀门、再冷凝器 BOG 入口切断阀、再冷凝器 LNG 入口调节阀、再冷凝器出口切断阀、冷换器温度调节阀门、再冷凝器液位调节阀门、泵回流至再冷凝器切断阀、再冷凝器压力泄放调节阀门等	8	未正确绘制出去减温器温度控制阀门扣 1 分	1	1			
				未正确绘制出再冷凝器 BOG 入口切断阀扣 1 分	1	1			
				未正确绘制出再冷凝器 LNG 入口调节阀扣 1 分	1	1			
				未正确绘制出再冷凝器出口切断阀扣 1 分	1	1			
				未正确绘制出冷换器温度调节阀门扣 1 分	1	1			
				未正确绘制出再冷凝器液位调节阀门扣 1 分	1	1			
				未正确绘制出泵回流至再冷凝器切断阀 扣 1 分	1	1			
				未正确绘制出再冷凝器压力泄放调节阀门扣 1 分	1	1			
4	标注设备名称	标注主要的设备名称：BOG 减温器、BOG 压缩机入口分液罐、BOG 压缩机入口凝液罐、BOG 压缩机、BOG 冷换器、BOG 再冷凝器	12	未标注出 BOG 减温器扣 2 分	2	2			
				未标注出 BOG 压缩机入口分液罐扣 2 分	2	2			
				未标注出 BOG 压缩机入口凝液罐扣 2 分	2	2			
				未标注出 BOG 压缩机扣 2 分	2	2			
				未标注出 BOG 冷换器扣 2 分	2	2			
				未标注出 BOG 再冷凝器扣 2 分	2	2			
5	图纸布局和卷面考核	图样清晰整洁，比例适当，布置合理、美观	8	图纸破损扣 2 分	2	2			
				图纸不干净扣 2 分	2	2			
				图比例不适当扣 2 分	2	2			
				图布置不合理扣 2 分	2	2			
6	操作结束	工具回收、清理现场	4	未清理现场扣 4 分	4	4			
7	安全生产及其他	劳保用品穿戴齐全、正确	从总分中扣除	劳保穿戴不齐整不得进入现场，扣 100 分	100	100			
		操作安全		每违反一项操作安全扣 5 分，严重的停止操作	100	5			
		在规定时间内完成操作		每超时 1min 扣 3 分，超过 10min 停止操作	30	3			
		合 计	100						

考评员： 年 月 日